北天

※星座名の下の数字は本文記載ページ

肉眼・双眼鏡・小望遠鏡による

ほしぞらの探訪

新装版

山田 卓 著

地人書館

目 次

星空探訪の楽しみ／まえがき ………………………………………… 5

観望の前に ……………………………………………………………… 7

 星座の名前……………………… 8
  星座の学名／8
  ラテン語の発音／8
  星座の日本名，英名／8
  学名の所有格と略符号／8
 星の名前………………………… 9
  星の学名／9
  ギリシャ文字と読みかた／9
  星の固有名／10
 星の住所と天球………………10
  星にも住所と名前がある／10
  便利だが不便な地平座標／11
  星の住所は赤道座標で／11
  2000年分点とは／11
 星座の位置……………………12
 星の南中時刻と南中高度………12
  星をさがすコツ／12
  1日に4分間狂う南中時刻／12
  赤経の差は南中時刻の差／13
  南中した星の赤経はその土地の

  恒星時／13
  星の南中高度／13
 星の明るさ……………………13
  1等星，2等星，6等星／13
  1等星は2等星の2.5118864倍
  明るい／14
  明るい星は大きく／14
  実視等級と写真等級／15
 星の色…………………………15
  青白, 白, 黄, オレンジ, 赤／15
  星の色と温度／16
  スペクトル型による分類／16
  スペクトル型記憶法／17
 重星……………………………17
  重星と連星／17
  重星の楽しみ／17
  重星のデータ／18
 星雲・星団・銀河の名前………18
  メシエ・カタログ／ゼネラル・
  カタログ／ニュー・ゼネラル・

カタログ／インデックス・カタ
　　ログ／ハーバード・カタログ／
　　メロット・カタログ
　星団のいろいろ………………19
　　散開星団／19
　　散開星団の分類／20
　　球状星団／20
　　球状星団の分類／20
　星雲のいろいろ………………20
　　惑星状星雲／20
　　散光星雲／21
　銀河のいろいろ………………22
　　系外銀河／22
　　系外銀河の分類／22

観望のために………………………………………………23

　肉眼も立派な天体望遠鏡………24
　手軽で便利な双眼鏡……………25
　　双眼鏡のすすめ／25
　　双眼鏡のつかいかた／26
　　　手もちでつかうことができる
　　　固定するともっとよく見える
　　　肉眼で見えない星が見える
　　　広い視野がえられる
　　　肉眼よりすぐれた分解能
　　　正立像がえられる
　ばかにできない小口径望遠鏡…27
　　必要な望遠鏡の基礎知識／27
　　光学的能力は口径の大きさ／27
　　口径と倍率の関係／28
　　　有効最高倍率
　　　有効最低倍率
　　口径できまる集光力と極限
　　　等級／28
　　口径と分解能の関係／29
　　視界の広さ／29
　　接眼レンズは高級品を／30
　　案内望遠鏡の口径は大きいもの
　　　を／31
　　架台は頑丈すぎるものを／31
　　赤道儀と経緯台／31
　　つかいやすい経緯台／31
　　使いなれれば便利な赤道儀／32
　　「どうもよくみえない」のは／32
　　　シーイングがわるい
　　　スモッグや街の光にとけこむ星雲
　　　光軸がくるっている
　　　架台が貧弱すぎる
　　　くらやみに眼がなれていない
　　　見えていても見えない？
　　　望遠鏡の能力不足
　　　倍率不適当
　　　レンズがくもっている
　　初歩的なあやまりのいろいろ
　　　／36
　　　案内望遠鏡の調整不良／のぞく
　　　目の位置が悪い／日周運動で視
　　　野の外に出た／期待が大きすぎ
　　　る

四季の星座………………………………………………………37

春の星座 ……………… 38
春の星座のさがしかた……… 38
1. かに座……………… 40
2. やまねこ座,こじし座…… 46
3. しし座……………… 50
4. おおぐま座…………… 57
5. ろくぶんぎ座,コップ座,
   からす座……………… 65
6. うみへび座…………… 71
7. りょうけん座………… 77
8. かみのけ座…………… 83
9. おとめ座……………… 89
10. ケンタウルス座,みなみじゅうじ座,おおかみ座……… 94
11. うしかい座,かんむり座 100

夏の星座 ………………… 106
夏の星座のさがしかた……… 106
12. てんびん座………… 108
13. さそり座…………… 111
14. へびつかい座,へび座… 119
15. ヘルクレス座……… 130
16. こぐま座,りゅう座…… 135
17. いて座,南のかんむり座… 145
18. こと座……………… 157
19. わし座,たて座……… 163
20. や座,こぎつね座,いるか座,こうま座…………… 169
21. はくちょう座……… 177

秋の星座 ………………… 184
秋の星座のさがしかた……… 184
22. やぎ座,けんびきょう座 186
23. ケフェウス座……… 192
24. みずがめ座………… 196
25. みなみのうお座,つる座 203
26. ペガスス座………… 207
27. うお座……………… 212
28. アンドロメダ座,とかげ座 217
29. カシオペヤ座……… 225
30. くじら座…………… 231
31. ちょうこくしつ座,ろ座,ほうおう座…………… 238
32. さんかく座,おひつじ座 240

冬の星座 ………………… 246
冬の星座のさがしかた……… 246
33. ペルセウス座……… 248
34. エリダヌス座……… 255
35. おうし座…………… 258
36. オリオン座………… 266
37. うさぎ座,はと座,ちょうこくぐ座…………… 274
38. きりん座…………… 280
39. ぎょしゃ座………… 283
40. ふたご座…………… 290
41. いっかくじゅう座,こいぬ座……………… 296
42. おおいぬ座,とも座,りゅうこつ座（カノープス）… 303

あとがき ……………… 316
さくいん ……………… 317

星空探訪の楽しみ　＜まえがき＞

　本書は，はじめて天体望遠鏡を手にした人，その天体望遠鏡を，ほとんど活用しないまま物置の片すみにしまいこんでしまった人，あるいは，これから天体望遠鏡を手に入れたいとおもっている人のための，**星空探索のガイドブック**（星空観光案内）です．

　多くの人がはじめて手にする天体望遠鏡は，口径5〜10cmクラスの屈折式か，あるいは口径10〜15cmクラスの反射式がほとんどで，ちょっとコリ屋さんが口径20cmクラスの反射式，あるいは両者を組み合わせたシュミットカセグレンなどの反射屈折式を奮発する，といったところでしょう．

　いずれも，小口径望遠鏡の仲間にはいるものですが，コリ屋さんを除く，ほとんどの小口径望遠鏡の持ち主は，「月のクレーターと，土星のリングと，木星の縞もようと四つの衛星と，オリオンの大星雲を見たら，あとはつまらなくて見るものがなくなってしまった」，「もっと大きいのでなくちゃ楽しくないのかな……」，「望遠鏡がこんなに使いづらいとは……」などと，星空の魅力を知ることもなく，物置にしまいこんでしまうのです．はちきれんばかりに膨らんでいた天体望遠鏡への夢がしぼんで，一生ふりむきもしなくなる人も少なくありません．

　せっかく憧れの天体望遠鏡を手に入れながら，たいへん残念なことです．

　星空の魅力が感じられないのは，けっして天体望遠鏡の口径が小さいせいではありません．原因は，天体望遠鏡の性能への誤解，あるいは望遠鏡が十分使いこなせなくて，目的の天体に望遠鏡を向けられないなど，持ち主自身にあるのです．

　例えば，私たちが釣りを楽しむとき，目的は釣り道具や，釣った魚の大きさや数を競うことではありません．それは，釣りの楽しみを大きくするための一手段にすぎません．明日の食卓のために，漁獲量がすべてのプロの仕事としての釣りとも明らかに違います．

　釣竿を介して伝わってくる，魚の生きている感触に感動するのが目的なのです．したがって，釣竿がどんなに粗末でも，かかった魚がどんなに小さくても，感動の質は同じです．自分と自分以外の自然とのつながりが，実感できるひと

ときなのです.

　望遠鏡を釣竿に例えるなら,星空探訪の楽しみも,それとよく似ています.
　目的の天体が,視野の中にうまくとらえられたことを喜び,見かけがほんの微かな光のシミでも,それが何百年も前に大爆発した天体だと知って感動するのです.望遠鏡で天体をとらえようとがんばっているうちに,いつのまにか大自然との対話が生まれ,自分のこと,そして人が生きることの意味を考えます.そのことは,生きることに,より意欲的で,より積極的な人生観を育てるのに役立つことでしょう.

　本書は,前半に,星空の探訪に必要と考えられる基礎的な事項を解説し,後半は,肉眼・双眼鏡・小口径望遠鏡の観望対象となる天体を紹介しています.
　主な星と,星団,星雲を,各星座ごとにとりあげてありますが,星座は季節ごと南中順に並べてあります.
　「星座や,星団,星雲をさがすことに,どんな意味があるのだろうか?」といった疑問については,このさい何も考えないで,とにかく,星座が一巡するまでの一年間,本書を片手に,星空探訪の旅にでることにしましょう.
　もし,なにか目標が必要なら,ここに集録された"全星座と主な星"を肉眼と双眼鏡で確認し,"100個の星団,星雲"を望遠鏡をつかって,自分の目で確認できるまで,がんばってみてはどうでしょう.なかなか思うにまかせず,思ったより手こずるかもしれません.
　しかし,続けるうちに,だんだん慣れて能率もあがります.そして,目標に近づくことが楽しみになる頃,あなたの疑問に対する答は,ごく自然に,星空が教えてくれるでしょう.
　庭先で,山で,海でと,いつどこででもつかえる機動性は,小望遠鏡の魅力です.自分で操作し,自分の目で直接のぞいて見られるのも,天文台の大望遠鏡にない小望遠鏡だけに許された楽しみです.
　星空の魅力を知ったあなたにとって,望遠鏡は,いつも自分の手もとにあって,ことあるごとに,星空との対話の仲だちをしてくれる愛機となることでしょう.もう,あなたの小型天体望遠鏡が,ふたたび物置におさまることはありません.
　さあ,ガイドブックを片手に,星空探訪の旅にでかけましょう.

観望の前に

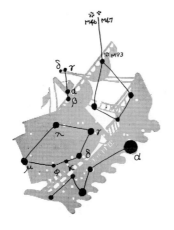

星座の名前

星座の学名（Latin name）

学名とは，世界のどこでも通用する正式な共通名，いうなれば星座の本名である．

星座の学名は，ラテン名を採用しているので，聞き慣れない名前も多いが，星の呼び名にも必要なので，とりあえず知っていたほうがいい．

ラテン名の読み方は，日頃，私たちが使っているローマ字読みとほぼ同じなので，多少の違いは気にしないでローマ字読みを強行？することをおすすめする．

たとえば，さそり座のScorpiusはスコルピウス，こと座のLyraはリラ，そして，いて座のSagittariusはサギッタリウスとなる．jはyと読めばいいから，おおぐま座のUrsa Majorはウルサ・マヨル（マイオル）でいい．

気になる人は，ラテン語辞典を参考に正しい読み方を調べてみてはいかがだろう．

ラテン読みそのものが，ヨーロッパ各国でまちまちということもあって，決め手はないが，参考までに標準的発音表を掲載した．

ラテン語の発音

文字		名称	発音
A	a	ā	a:, a
B	b	bē [bay]	b
C	c	cē [kay]	k
D	d	dē [day]	d
E	e	e	e:, ε
F	f	ěf	f
G	g	gē [gay]	g
H	h	hā	h
I	i	ī	i:, i
J	j	jē	y
K	k	kā	k
L	l	ěl	l
M	m	ěm	m
N	n	ěn	n
O	o	ō	o:, o
P	p	pē [pay]	p
Q	q	qū [koo]	k
R	r	ěr	r
S	s	ěs	s
T	ṭ	tē [tay]	t
U	u	u:	u:, u
V	v	u:	w(ヴ)
X	x	ix	x
Y	y	y:	y:, y(i)
Z	z	zeta	z

星座の日本名と英名（English name）

日常，私たちが使う星座名は日本名だが，各国それぞれ母国語名をもっている．

たとえば，おとめ座の学名はVirgo（ヴィルゴ）だが，英名はVirginで，フランス名はVierge，ドイツ名はJung Frauということになる．

本書では，日本名と共に，学名と英名を併記した．

学名の所有格と略符号

星の呼び名が，各星座ごとにギリシャ文字や数字を当てているので，星の呼び名には「○○座の……」というように，星座名の所有格（属格）をドッキングさせて使う．そして，書きあらわすときは，所有格を省略した略符をつかうことにしている．略符は3文字を使うことが多い．

わし座の学名は Aquila（アクイラ），所有格は Aquilae（アクイラエ），そして略符は Aql．たとえば，わし座の中でもっとも明るく輝く α 星（アルファ）は，アルファ・アクイラエといい，α Aql と書きあらわす．

本書では **α Aql**（アルファ・アクイラエ）のほか，わし座のアルファ，わし座の **α**，彦星など，日本で慣用されているいろいろな表現を使っているが，いずれも同じ星である．

星の名前

星の学名

肉眼で見られる星の学名は，普通，1630年にドイツのバイエルが使った符号と，その後イギリスのフラムスチードによってつけられた数字が使われる．

バイエル名（符号）は，各星座ごと，原則として明るい星からギリシャ文字のアルファベット（小文字）をあてて，足りないところはローマ字のアルファベット（小文字，a だけは α と間違えないよう大文字のAが使われた），さらに足りない場合はローマ字の大文字をあてた．ただし，Aをはぶき，R以後は一部の例外をのぞいて変光星の命名に使われている．

フラムスチード・ナンバーは，星座ごと赤径の小さい星から順に1，2，3，4，…と数字をあてるという方法でさらに多くの星に命名したものだ．

昔，武士以外は名字帯刀（みょうじたいとう）が許されなかったが，星もまた名前があって姓がない．α（アルファ）という同名の星が各星座にあるわけだ．

昔，名字のない人は，「山田村の卓べえさん」というように，住んでいる村の名前を付け加えて区別した．星は村の名前のかわりに星座名を使う．

たとえば，ぎょしゃ座でもっとも明るい星カペラは，バイエル名がα（アルファ），フラムスチード・ナンバーは13番だ．したがって，星座名 Auriga（アウリガ）の所有格 Aurigae（アウリガエ）をくっつけて α Aur（アルファ・アウリガエ），あるいは 13 Aur という．もちろん同じ星だ．

一般的に，まずバイエル名が使われ，バイエル名のないものはフラムスチード・ナンバーを使うというのが普通だ．本書もこの慣例にしたがった．

肉眼で認められるほとんどの星は，バイエル名，あるいはフラムスチード・ナンバーで命名されているが，どちらの呼び名もない微光星は，その星が記載されている各種のカタログ名と，カタログの記載番号であらわす．

たとえば，HD34029 か，SAO40186 というように表現する．

HD34029 は，ヘンリー・ドレーパー・カタログの 34029 番目に記載された星のことで，SAO40186 は，SAO カタログの 40186 番目に記載された星ということになる．実は，どちらも同一の星で，ぎょしゃ座のカペラ（α Aur，または 13 Aur）の別名なのである．

変光星，新星，電波星，X線星など，特殊な天体は，それぞれのカタログがあるので，そのカタログ名と記載番号であらわすことができる．ただし，変光星をのぞいて本書にはほとんど登場しない．

ギリシャ文字と読みかた

α アルファ	β ベータ	γ ガンマ	δ デルタ
ε エプシロン	ζ ゼータ	η エータ	θ セータ・シータ
ι イオタ	κ カッパ	λ ラムダ	μ ミュー
ν ニュー	ξ クシ・クサイ	o オミクロン	π パイ・ピー
ρ ロー	σ シグマ	τ タウ	υ ウプシロン
ϕ ファイ	χ カイ	ψ プシ・プサイ	ω オメガ

表は,日本で慣用されているギリシャ文字の読み方だが,前述の星座の学名(ラテン名)と共に,なじみのない人は読めるように練習されることをおすすめする.

慣れるまで,意識して使うように心掛けるといい.

星図を片手に,「ああ,あれがさそり座か,つまりスコルピウスだ,アンタレスはアルファ・スコルピイ(α Sco)で,こっちはベーター・スコルピイ(β Sco)だ.しっぽの毒針は,右がウプシロン・スコルピイ(υ Sco)で,左がラムダ・スコルピイ(λ Sco),そして…」といった調子である.使っているうちに耳慣れてくるものだ.そのうち,学名もまた,響きのこころよい素敵な呼び名に感じられるようになるはずだ.

星の固有名

特にめだっている星には,古くから多くの人々の注意をひき,それぞれの特徴からいくつかの固有名が生まれた.

学名に対する固有名は,本名に対するニックネームのようなものだ.

そのほとんどは,西暦150年前,アレキサンドリアの大天文学者クラウディウス・プトレマイオス(C. Ptolemäus)がまとめた13巻の天文学大系(のちにアラビア語に訳され表題も「アルマゲスト」となった)のなかに記載された48星座の中にみられるものが,現在もいきのこっているのだ.

固有名はギリシャ,ローマ,アラビアに限らない.それぞれ民族特有の固有名もいくつかある.

さそり座のアルファ星(α Sco)の固有名はアンタレスだが,日本の固有名には赤星,酒酔い星などがある.オリヒメ,ヒコボシもまた日本の固有名だ.興味のある人は,日本の固有名を集めた"日本の星"野尻抱影著,"日本星名辞典"野尻抱影著を参考にされるといい.

私たちがもっとも親しめるのは固有名だが,それは符号や数字と違って,名前の裏側に,それぞれの時代を生きた人々の生活と心が見えがくれするからだろう.

星の位置と天球

星にも住所と名前がある

星を訪ねるために,その星の名前と,位置(住所)と,地図(星図)の使い方を知る必要がある.もちろん,位置を表現するしくみを知っていることも不可欠だ.

星の位置を表すしくみは,それほど難しくない.それぞれの星の位置は,それぞれの距離を無視して,平面の地図上にプロットできるからだ.

したがって,星の位置の案内は「右に向かって△km 進んだら,今度は左に向かって □km 進んだところです」というように,二つの方向と数字を指定すればいい.

空を仰ぐと，大きな丸天井があって，星はまるで天井の節穴のようにへばりついて見える．星の距離が遠すぎて，左右両眼共に同じ方向に見えて，遠近を感じることは，とうてい不可能だからだ．したがって架空の丸天井（天球）を想像して，地球の表面と同じように，その天球上に星の位置を指定することができるのだ．

便利だが不便な地平座標

「ほら，あの煙突の10°西から，30°仰いだところに輝く星ね」と，星は方角と地平線からの高さ（仰角）で見付けることができる．

このように地平線を基線とした地平座標による星の位置表示は，常識的でわかりやすく，日常よく使われる．しかし，この地平座標による星の位置表示は，いつどこででも使える一般的な星の住所表示としては具合が悪い．

地平座標による星の位置表示は，観測者が位置を変えたり，観測時刻が違っても変わってしまうからだ．丸い地球の上では，観測位置が変わることで，地平線に対する星のみかけの位置が変わり，地球が自転することでも，時刻と共に地平線に対する星の位置が変化してしまうからだ．

星の住所は赤道座標で

星の位置は，天球上に基線をひいて表したほうがいい．そこで，地球上の赤道，経線，緯線をそっくりそのまま天球上に写しとって，天の赤道を基線に，星の位置は赤道経度（赤経）と赤道緯度（赤緯）で表すことにした．

赤道座標による星の住所表示は，基線が天球上にあるので，地球上のどこで見よう

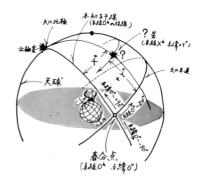

星の住所は赤道座標で

と，地球がどれだけ回ろうと，変わることはない．

赤道座標は，地球の赤道の真上を**天の赤道**として，北極と南極の真上を，それぞれ**天の北極**，**天の南極**とした．

赤緯目盛りは，天の赤道から天の北極までを 0°から +90°，天の南極までを 0°から -90°とし，赤経目盛りは春分点を通過する経線を 0°として，東回りに 0°から 360°まで目盛った．春分点とは，春分の太陽が，天の赤道を通過する点のことをいう．

ところで，赤経目盛りは，天球が一日に一回転することから，通常，360°を24時間に換算して使われる．

たとえば，冬の夜空に輝くおおいぬ座のシリウス（α CMa）は，天球上の位置（2000年分点）が，赤経 $6^h 45^m$（6時45分），赤緯 $-16°43'$（マイナス16度43分）ということになる．つまり，シリウスは，春分点から6時45分（約 101°）だけ東側に，そして，天の赤道より 16°43′ だけ南に離れたところで輝いているということだ．

2000年分点とは

本書に登場する星やその他の天体の位置は，2000年分点の赤道座標で記載した．

2000年分点とは，西暦2000年の春分点を原点とした赤道座標という意味だ．

春分点が少しずつ移動するので，厳密にいうと，星の赤経，赤緯による位置表示もまた年々変化してしまう．したがって，いつの春分点を原点にした位置表示かということを示す必要がある．

たとえば，シリウスの位置は，1500年分点では赤経 $6^h 43^m$，赤緯 $-16°39'$ だったのが，2000年分点では，赤経 $6^h 45^m$，赤緯 $-16°43'$ となる．50年程度では，肉眼や双眼鏡・小望遠鏡の対象とする天体の位置表示としては，誤差の範囲内といえる小さな違いだが，何千年という長い年月を経ると，驚くほどの変化となる．

原因は，地球の自転軸の傾く方向が，およそ26000年という周期で大きく首を振るため，春分点の位置が年々 $50''$ ずつ黄道上を西に移動することによる．この動きを歳差運動という．

星座の位置

星座は，全天を88に分割した星空の区域だ．経線と緯線にそった直線で区切られてはいるが，昔の人々によってつくられた星座の原形にできるだけ忠実に…というコンセプトで境界を設定したため，形と大きさはさまざまである．

星座は，赤経・赤緯とは別の意味で，星の住所表示として役立っている．

「あなたの住所は？」と聞かれて，「東経 $135°40'$，北緯 $35°10'$ です」というより，「都内〇〇区〇〇町の△公園の東入口にあるトイレのすぐ前」といったほうがわかりやすい場合がある．それは「〇〇座の△星と□星の中間，やや△星側にある」というのと似ている．

空を仰いだとき，経線や緯線が見えるわけではないので，星の配列で見当が付けられるこの住所表示は，具体的でわかりやすく親しみやすい．

どの星座の隣に，どの星座があって，その隣に…というように，夜空の星座の位置がイメージできる人にとっては，星座は強い味方になる．もちろん，天体観望の能率もずいぶん違ってくるはず．

ところで，赤経・赤緯による星の住所表示だが，星座と比べると無味乾燥，数字が苦手な人には敬遠されるのだが，これはこれで，なくてはならない役割がある．特に天体望遠鏡を使って，星空の探索を始めようという人には大切で便利な数字となる．

赤道儀式の天体望遠鏡には，赤経軸と赤緯軸があって，それぞれの軸に，赤経目盛りと赤緯目盛りがくっついている．目的の天体の赤経・赤緯さえわかれば，望遠鏡はこの目盛り環をつかって，たちどころに目的の天体に向けられる…といった便利な使い道があるからだ．

星の南中時刻と南中高度

星をさがすコツ

星は，1日に1度は，地平線上の子午線（ま南―天頂―ま北）を通過する．

星が子午線上にあるときを正中といい，極上正中（ま南―天頂―天の北極までの子午線を通過するとき）を南中というが，星は南中するとき，もっとも高くのぼり，さがしやすく，観望条件もいい．

したがって，目的の星や星座をさがすのに，南中時をねらうのもいい方法なのだ．

あなたは子午線で網をはって，星が南中するのをまっていればいい．

南中する時刻と，南中高度がわかれば，簡単にさがせるからだ．

1日に4分間狂う南中時刻

地球は星にたいして1日に1回転するだけでなく，さらに1/365回転する．つまり，子午線を通過した星は，約23時間56分4秒で，ふたたび子午線上にやってくる．

地球が太陽のまわりを1年に1回転（公転）するために，みかけの太陽は，星空の中（黄道上）を，1日1/365ずつ東へ移動するからだ．

四季のうつりかわりと共に，星座の位置がずれるのは，そのためだが，この1日約4分間のずれを知っていると便利だ．

1日に約4分のずれは，1か月に120分（2時間）のずれをつくる．

つまり，今夜8時の星空（月や惑星を除く）は，明日の夜の7時56分の空と同じで，来月の今夜の6時の星空とも同じということになる．

赤経の差は南中時刻の差

赤経 1^h の星は，赤経 2^h の星より，1時間さきに南中するというように，星の赤経がわかれば南中時刻の差がわかる．

南中した星の赤経は
その土地の恒星時

春分点（0^h）が南中したとき，その土地の恒星時を 0^h としたので，南中した星の赤経と恒星時は一致する．

したがって，その土地の恒星時（地方恒星時）がわかれば，南中している星の赤経がわかり，さらに，赤経の差から，目的の星の南中時刻もわかるというわけだ．

日常，私たちが使っている太陽時から，地方恒星時への換算は，観測地の経度がわかれば，理科年表のグリニジ視恒星時から計算できるが，およその見当をつけるには星座早見を使うという手がある．

たとえば，今夜8時の恒星時が知りたかったら，星座早見盤の目盛りを今月今夜の8時に合わせて，南中している星空の赤経を読み取ればいい．

早見盤が明石（東経135°）を基準につくられたものなら，観測地と経度差1°を約4分の割合で修正する必要がある．

星座早見盤で読み取った恒星時（明石の地方恒星時）が20時なら，名古屋（東経137°）は経度差が2°あるから，時刻の差は4分×2＝8分をプラスして，名古屋の地方恒星時は20時8分ということになる．

星の南中高度

星の赤緯がわかれば，その星の南中高度がわかる．

北緯35°の観測地で見る天の赤道は，真東から真南の高度55°をとおって真西につながる．したがって，赤緯0°（赤道上）の星は，真東からのぼって，南中高度55°を通って真西に沈む．

北緯35°の観測地で，赤緯 −17°のシリウス（α CMa）の南中高度は 55−17＝38° となり，赤緯 +46°のカペラ（α Aur）の南中高度は 55+46＝101° となる．南中高度101°は，南から仰ぐと，天頂からさらに11°北ということで，つまり，南中時のカペラは，北から 90−11＝79° 仰いだところで輝くということだ．

星の明るさ

1等星，2等星，3等星，…6等星

星のみかけの明るさのちがいは，星をみわけるのに，必要で重要な手がかりの一つだ．

かって，肉眼でみられる星を，1等星から6等星まで，6つのランクに呼びわけていたのだが，現在もその慣例にしたがっている．

もちろん，現在は，1等星は6等星の100倍明るいとしたこと，標準光度をボン星表記載の6等星の平均光度で決めるとか，測定済みの北極星付近の標準星たちと比較して決定するとか，国際的なとりきめにしたがっている．しかも，昔のように肉眼で判断するのではなく，光電観測によるデーターに基づいて決定するので，等級は小数点以下の端数まで表現できるようになった．

したがって，一般に1等星といっても，それは小数点以下を四捨五入したもので，1.35等のしし座のレグルス（α Leo）も，0.77等のわし座のアルタイル（α Aql）も含んでいる．

1等星は2等星の 2.5118864 倍明るい

1等星が6等星の100倍明るいととりきめをしたので，各1等級の光度のちがいは $\sqrt[5]{100}≒2.5118864$，つまり，約2.5倍ずつちがうことになるのだ．

1等星の2.5倍明るい星は0等星，さらに2.5倍明るい星は−（マイナス）1等星，さらに−2等星，−3等星というあらわしかたをする．

全天の恒星の中でもっとも明るいおおいぬ座のシリウス（α CMa）は −1.46 等で，太陽はなんと −26.9 等になる．

太陽は1等星の約1億4千倍も明るいということだ．ということは，1億4千個の1等星が輝いたら，夜空が昼間のように明るくなるというわけだが…？

明るい星は大きく

星図の上で，星の明るさをあらわすことはむずかしい．そこで多くの星図は，明るい星を大きくかいてあらわしている．

実際には，明るい星が大きく見えるわけではないが，心理的には大きく感じる．星図では，明るい星が暗い星より目立つようす，星の大きさを変えて，星像の面積比で表現している．

実際の星空と，星図の上の星空との違いは，星図を使って，何度も実際の星空と見比べている内に慣れてくる．慣れれば，星図を見ただけで，不思議に実際の星空の様子が思い浮かべられるようになるのだ．

星図を使うとき，漫然と眺めるだけでなく，星図上の表現と，本物の星空との違いを，意識して見比べるよう心掛けることをおすすめする．

実視等級と写真等級

写真にうつる星の明るさは，肉眼で見た

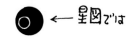
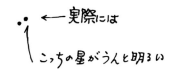

星図上の星空と実際の星空

明るさと同じではない.写真は,肉眼に比べて,青白い星に強く感じ,赤い星に弱いからだ.

もっとも,この基準になるフィルムは,現在,一般に使われているパンクロフィルム(赤にも感度がいい全整色フィルム)と違って,昔,使用された非整色フィルムによるものだが,写真等級(m_p)といって,肉眼でみた実視等級(m_v)とは区別している.もっとも,現在では実際に目で見て等級を決めることはないので,適当なフィルターを使って撮影して,実視等級に近似させた写真実視等級(m_{pv})を使う.

本書では,各星座ごと,主な星の光度を記載した.等級は **Yale Catalogue of Bright Stars 5th (2000.0)** のデータを採用した.特にことわっていない限り,実視等級,あるいは写真実視等級である.

星の色

青白,白,黄,オレンジ,赤

夜空の星は,その気になって眺めると,それぞれわずかずつ色がちがって,その星特有の表情をもっていて楽しい.

その特長のいちじるしいものには,昔の人々が,色を意識した固有名をつけている.

さそり座のアンタレス(α Sco)には,「火星の敵」という意味がある.赤い輝きのせいで「赤星」「大火」などの呼び名もある.おとめ座のスピカ(α Vir)の青白い輝きには「真珠星」が似合う.

青白いこと座のベガ(α Lyr)が美しいオリヒメに,やや黄色味を帯びたわし座のアルタイル(α Aql)がヒコボシになったのも,二つの星の色の対比と無関係ではなさそうだ.

はくちょう座のアルビレオ(β Cyg)の

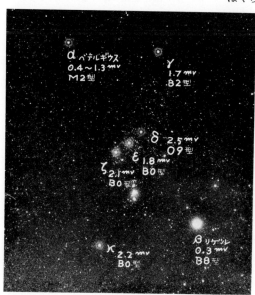

オリオン座のおもな星
実視等級とスペクトル型と写真のうつり方をくらべてみよう.M型のベテルギウスは写真ではとても暗いことがわかる.

星の明るさ

ように，色の違う星が接近して並ぶと，色の差が強調されて，まるで種類の違う宝石を眺めるように美しい．

星の色と温度

みかけの星の色のちがいは，星の表面温度に大いに関係がある．

高温星は青白くみえ，低温星は赤くみえるのだ．

つまり，アンタレスの3,500°に対し，ベガの9,500°という温度のちがいが，私達にアンタレスを赤く，ベガを青白く感じさせているのだ．

高温星ほど青白くみえるのは，放射するエネルギー分布の極大が，短波長の青い領域にあり，低温星はその極大が長波長の赤い領域にあるからだ．

スペクトル型による分類

星の色のちがいは，星の連続スペクトルの中にみられる吸収線の系統的な変化としてとらえることができるので，スペクトル型による分類ができる．

現在ひろくつかわれているのは，ピッカリングらによってきめられたハーバード方式によるものだ．

$$O-B-A-F-G-K \begin{matrix} \nearrow R-N \\ -M \\ \searrow S \end{matrix}$$

青白い星 ←—— ——→ 赤い星

上図は左から青白，白，黄，オレンジ，赤と移りかわる．O型やB型星は高温の青白い星，M型は赤くみえる低温星ということだ．

もちろん，O型からM型までの変化は連続的なので，さらにくわしくは，一つの型を0〜9までこまかくわけてあらわすようにしている．

同じM型星でも，M1型はK型にちかく，M1型にくらべるとM8型のほうが赤くみえるということになる．

図で枝わかれをしているR型やN型星は，M型やS型にくらべて炭素（C^2 やCN）を多く含む炭素星で，M型とS型のちがいは，重い酸化金属のふくまれかたのちがいによるものだ．

冬の星空の中からすこしひろってみると

O型星―オリオンδ（三つ星の一つ），
　　　オリオンλ（オリオンの頭）

B型星―オリオンε（三つのまん中），
　　　オリオンβ（リゲル）

A型星―おおいぬα（シリウス），ふたごα（カストル）

F型星―りゅうこつα（カノープス），
　　　こいぬα（プロキオン）

G型星―ぎょしゃα（カペラ），太陽

K型星―ふたごβ（ポルックス），おうしα（アルデバラン）

M型星―オリオンα（ベテルギウス）

N型星―うさぎR（真紅の星として有名，5.9等〜10.5等の長周期変光星）

S型星―ふたごR（6.0等〜14.0等の長

周期変光星）といったところだ.

ふたご座のカストル（α Gem）と，ポルックス（β Gam）に，日本では「銀星と金星」という呼び名がある．カストルはA型星で，ポルックスがK型というスペクトル型の違いが，この呼び名を生んだことは明らかである.

本書は，主な星のスペクトル型を記載した．データは Yale Catalogue of Bright Stars 5th（2000.0）による.

肉眼で色が感じられるのは，1等星か，あるいは明るい2等星までで，それより暗い星の色を感じることはできない．色を楽しむためには，双眼鏡や天体望遠鏡の集光力の助けが必要になる.

望遠鏡でのぞくとき，ピントを少しはずして星像に面積をもたせると，色がよくわかるという．近くの星と比較して見るのも，色がよく感じられるコツの一つ.

スペクトル型記憶法

O型からM型まで，スペクトル型のおもしろい記憶法がある.

知っていてソンはないとおもう.

「oh Be A Fine Girm Kiss Me Right Now, Sweetheart（オー ビー ア ファ インガール キス ミイ ライト ナウ, スイートハート）」

と読んで，頭文字を並べたらいい.

重星

重星と連星
　　　（Double and Multiple star）

肉眼では1つにしかみえないが，望遠鏡でみると，なんと2つにみえたり，3つにみえたり，4つかたまっていたりする星がある.

それぞれ，二重星，三重星，四重星（三重星以上はひっくるめて多重星ともいう）とよんでいる.

明るいほうを主星，暗いほうを伴星と呼ぶことにしているが，重星には，たまたま同じ方向にあって，見かけの上で接近して見える光学的重星と，実際に重力関係にある物理的重星（連星）がある.

共通重心をまわりあっている連星は，天文学的に意味があるので，みかけの重星とは区別している.

望遠鏡でみわけられる連星を実視連星という．小口径で分離できる重星のなかにもいくつかの実視連星がある.

重星が連星である可能性は，視（角）距離が小さいほど大きく，確率では視距離が4″以下の重星はほとんど連星で，1′以上のものはみかけの重星だと考えられる.

重星の楽しみ

重星の視距離はいろいろで，肉眼から，双眼鏡，そして，それぞれの口径にむいた組み合せがある.

自分の肉眼で，あるいは，自分の望遠鏡で，"分けられた，いや分かれない" という楽しみがある．各口径向けのテスト星としてえらばれているものもいくつかあって**本書では，各口径の分解能のテスト星に選ばれた重星もいくつか記載したので，自分の肉眼や望遠鏡の能力を試してみてほしい.**

ただし，望遠鏡の重星を分解して見える能力は，口径による分解能と，重星の角距離だけで，単純に決められない難しい点がいくつかあることも知っていてほしい.

たとえば，望遠鏡をのぞくあなたの視力や観測能力も大きく影響するし，星の光度や主星と伴星の光度差の関係，その日のシーイングの状態……などなど．

視力のある人で，望遠鏡をのぞきなれた人が，シーイングのいい日に，光度差のない，しかも明るすぎず暗すぎず，適当な明るさの重星を，性能のいい望遠鏡で，適当な倍率で見たとき，はじめて，その望遠鏡の持つ性能ギリギリの分解能を発揮することになる．

重星のもう一つの楽しみは色だ．

オレンジとブルーの対照がみごとな，はくちょう座のアルビレオ（β Cyg）は，色の美しい代表的な重星である．

接近して並んだ星は，ごくわずかな色の違いにも気づかせてくれる．表面温度の違う二つの色の対照は実に美しい．

望遠鏡のピントを少しはずして見るという手も，色の対比がよくわかって，重星をより美しく見るコツ．

視距離の小さい，ごく接近した重星の場合は，思いきって倍率を上げてみよう．逆に，視距離の大きい重星は，あまり倍率を上げ過ぎないようにしよう．離れ過ぎた重星なんて，面白くもおかしくもなくなってしまうからだ．

視距離：主星と伴星が，見かけの上で，どれだけ離れているかを「視角」で表す．単位は分（′）または秒（″）．

位置角（方向角）：主星に対して，伴星がどこにあるかを方向角であらわしたものだ．

主星の北側を 0°として，→東→南→西→北と 360°に目盛って，角度で表す．

位置角が 270°なら，伴星は，主星の西側にあるということだ．非常に接近して分

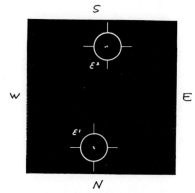

こと座の $ε_{1,2}$

離が難しい重星の場合，位置角がわかると見当が付けられるので便利．

一般的に，主星をA，伴星をB，C…と呼ぶことにしている．

望遠鏡の視野の中で東西南北は，望遠鏡を固定したとき，日周運動で星が視野の外に出ていく方向が西になる．

たとえば，有名なこと座の四重星エプシロン（ε Lyr）の見え方を，データから想像すると上図のようになる．

$ε_1$ー$ε_2$
　4.7等ー4.5等　207″　172°(1924年)
$ε_1$(AーB)
　6.0等ー5.1等　2″.8　2°(1957年)
$ε_2$(AーB)
　5.1等ー5.4等　2″.3　101°(1957年)

測定年：光度，視距離，位置角は年とともに変化するので，参考のために測定年を示すことにしている．

本書では，データの最後の（　）中に測定年を入れたが，連星のデータは変化が早いので，推定年を記載したものがある．

星雲・星団の名前

プレアデス星団，子持ち銀河，リング星

雲，カニ星雲，干潟星雲など，固有名があるのはごく一部で，ほとんどの星雲・星団・銀河には固有名がない．

したがって，星雲や星団や銀河は，収録されているそれぞれのカタログ名と，カタログ番号で表すことにしている．

メシエ・カタログ
（Messier Catalogue）略符 M

彗星の捜索で有名なフランスのシャルル・メシエは，みかけの姿が彗星とまぎらわしい星雲や星団のカタログ（1784年）をつくった．

メシエ・カタログに記載された天体は，メシエ天体とか，M（エム）天体といい，カタログ番号の前に，メシエ（Messier）の頭文字Mをつけて書き表す．

メシエは，かつて彼がハレー彗星と間違えたことがあるカニ星雲（おうし座）にトップの座を与え，M1とした．オリオン座の大星雲はM42，プレアデス星団はM45．

メシエカタログに記載された天体は，45個からスタートして，1817年に彼がこの世を去ったとき100個だった．その後，何人かの天文学者が追加して現在は110個．

110個のメシエ天体の一部は，メシエの勘違いか，記録違いのせいで，それらしき天体が認められないものもあるが，ほとんどは小口径望遠鏡の対象として適した天体ばかりである．メシエが使用した望遠鏡の口径が 5 cm～15 cm だったからだ．

ゼネラル・カタログ
（General Catalogue）略符 GC

GC カタログは，1864年，ジョン・ハーシェル（John Herschel）が 5,079 個の星雲・星団を集めたものだ．

ニュー・ゼネラル・カタログ（New General Catalogue）略符 NGC

星図をみて，もっとも多くおめにかかるのが，この NGC 番号だ．

1888年，ドライヤー（J. L. E. Dreyer）が GC カタログに約 3,000 個ちかくの天体をおぎなって，7,840 個の星雲・星団を赤経順にならべて整理した大カタログだ．

M天体は，プレアデス星団（M45）をのぞいて，すべて NGC カタログに含まれている．

M1（カニ星雲）は NGC 1952，有名なアンドロメダの大銀河は M31 であり，NGC224 でもある．

インデックス・カタログ
（Index Catalogue）略符 IC

1895年，ドライヤーは 1,529 個の星雲・星団を追加して IC カタログをつくり，さらに，1907年，写真観測による 5,386 個を第2IC カタログとしてまとめた．

その他

ハーバード・カタログ（略符 H），メロット・カタログ（略符 Mel）などがある．

本書では，小口径望遠鏡に適した天体をとりあげたので，M天体がほとんどだ．

星団のいろいろ

散開星団（Open Cluster）

ゴチャゴチャまとまりのない集団なので散開星団と呼ばれるが，若い星の集団で銀河面に多いので銀河星団ともいわれる．

十数個から数百個まで，規模はいろいろだが，それぞれに個性があって楽しい．双

散開星団 分類 d (M34)

散開星団 分類 f (M37)

眼鏡や小望遠鏡に適した対象が多くある.

　M45（プレアデス）も，代表的な散開星団の一つだ．ガス星雲のなかで生まれて間もない星たちで，写真に撮ると，まだ星々が淡いガスにつつまれているようすがわかる．双眼鏡で眺めると実に美しい．

散開星団の分類

　散開星団の明るさを表現するのはむずかしい．星団の中で5番目に明るい星の光度を記載したり，合成光度を記載して，平均的な明るさのおよその見当がつけられるようにしている．

　いずれにしても，星団の明るさは，見かけの大きさ（視直径）や星数，密集度などとの兼ね合いを考えながら見当をつけないと，望遠鏡をのぞいたとき，期待を裏切られることになる．

　本書では，合成光度と視直径と星数，そして密集度を記載した．

　密集度はシャプレイ Shapley による5段階の分類にしたがって記載した．

　　c：最もまばらなもの
　　d：ややまばらなもの
　　e：ふつう
　　f：すこし密集している
　　g：もっとも密集している

球状星団（Globular Cluster）

　非常に星数が多く，数万〜数十万個の星が，まるでボールのように密集している．

　球状星団は，かつて銀河の誕生とともに誕生した老齢の星々の集団で，星の化石ともいわれる．

　球状星団は，銀河面に多くある散開星団とちがって，銀河を中心にボールのように分布している．現在，150個ほど発見されているが，遠距離にあるものが多く，小口径望遠鏡で，個々の星が分解できる球状星団は多くない．

球状星団の分類

　星の集中度はシャプレイによるIからXIIまでの分類を記載した．

　Iがもっとも密集しているもので，XIIがもっともまばらなものだ．

　球状星団のほとんどは視直径が小さいので，魅力的な姿を楽しむために，少し倍率を上げたほうがいい場合がある．

球状星団 分類 Ⅴ（M13）

球状星団 分類 ⅩⅠ（NGC5897）

星雲のいろいろ

惑星状星雲（Planetary Nebula）

円盤状、あるいは楕円状にみえる星雲なので、見かけが惑星に似ているということで惑星状星雲と呼ばれるが、惑星とはなんら関係がない。

小質量の恒星は、進化の過程で、外層部分を放出して、次第に収縮して末期をむかえる。放出されたガスが、中心星の紫外線をうけて輝くのが惑星状星雲なのだ。太陽も50億年後に惑星状星雲になるだろう。

視直径が小さいものは、おもいきって倍率を上げたほうがいい。

天体写真では、中心に青白い高温星が見られるが、残念ながら小口径望遠鏡では暗すぎて認められない。

惑星状星雲（M1）

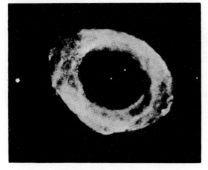

惑星状星雲（M57）

散光星雲（M42）

散光星雲（Diffuse Nebula）

誕生した恒星の光を吸収して自ら発光するガス星雲と，恒星の光を反射するガス星雲がある．どちらも形は不規則．

代表的な発光星雲にオリオン座の大星雲（M42）がある．水素のHα線（赤色）を放射するので，撮影すると美しいピンクがみごとだ．

系外銀河（External Galaxy）

私たちの銀河系は，太陽を含む2千億以上の恒星の集団である．そして，私たちの宇宙には，それに匹敵する銀河系外の銀河が，数え切れないほどある．

すぐお隣の系外銀河は，有名なアンドロメダ座の大銀河だが，それでも230万光年の彼方にある．その他の系外銀河たちは，それ以上遠いのだから，それこそ気が遠くなるほどの距離にある．

したがって，望遠鏡で見る系外銀河は，一部をのぞいてほとんどがごく小さく，淡い．天体写真でみる見事な渦巻きを期待してのぞくと，がっかりさせられるかもしれない．しかし，その淡い光が何百万年，あるいは何千万年もかけて，やっと届いた光だと思うと，宇宙の神秘を感じてゾクゾクするはず．

系外銀河の分類

系外銀河もいろいろなタイプがある．ハッブルによる形の分類が便利なのでよく使われる．

Eは楕円銀河，Sは渦巻き銀河，SBは中心部をつらぬく棒状構造がある渦巻き銀河，a, b, cは渦の巻き具合の違い，Irは形が不規則な銀河．

見かけの形は，必ずしもこの形に見えるわけではない．同じ渦巻き銀河でも，斜めから見ているものは，アンドロメダ座の大銀河のように楕円形になるし，真横から見ているものは細い棒のように見えるからだ．

ハッブルの分類

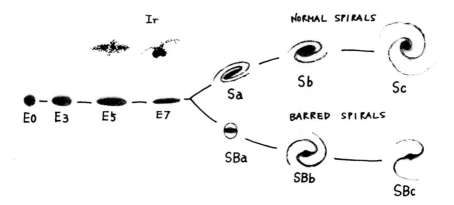

観望のために

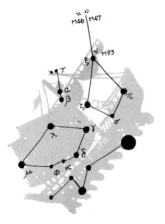

肉眼も立派な天体望遠鏡

普通の視力があれば，6～6.5等星まではみとめられるという．

つまり，**肉眼の極限等級は6～6.5等**ということだ．

特別な視力をもった，ごくかぎられた人には，7から8等星までみえるのだが，あなたの視力では，およそ何等星までみられるだろうか？

もちろん，月のない夜，空気のすみきった透明度のいい空でのことだ．

条件のいい夜にめぐりあったら，自分の極限等級にいどんでみてほしい．

自分の目や，望遠鏡の極限等級を一応知っておくといい．テストに使う星野が，なるべく天頂近くにある条件のいい時に試してみよう．

本書に記載した各星座の主な星は，普通の視力なら，すべて認めることができるはずだ．その他，いくつかの重星や変光星，星団，星雲なども認められる．

個人差はあるが，肉眼も有効径＝口径（瞳孔の直径）5 mm～7 mm，倍率1倍，分解能 1′の立派な望遠鏡なのだ．

望遠鏡の光学的性能は，基本的に集光力と分解能だといっていい．そして，それはレンズ（鏡）の口径（有効径）の大きさによってきまる．

したがって，肉眼望遠鏡の性能を上げるために，すこしでも口径を大きくして使うようにこころがけなければいけない．

人の目は，明るさに応じて，瞳孔（ひとみ）の直径が大きくなったり小さくなったりする．

もっとも口径を大きく使うためには，星を見る前に，明るいものを見ないようにして，暗いところで十分目をならすことを忘れてはいけない．

"極限等級の記録に挑戦しよう"と思いたったとき，まだそれだけでは不十分だ．

視界の中に明るい光がまったくみられない場所をえらぶことだ．

星図をみるときは赤セロハンを何枚もかぶせたかい中電灯を使うこと．栄養とすい眠を十分とって体調をととのえること．そして，精神を統一して，あわてずじっくりかまえてみること．だれかさんとケンカをしたあとなど情緒不安定な夜は絶対にダメ．じいっとみつめてみえないときは，ちょっと目をそらせて，感度のいい網膜の周辺部分を使って見るようにすること，月のないよく晴れた夜，人工光の影響が最小になる夜半すぎを選ぶこと，天頂付近にのぼる星野を選ぶこと，安定した姿勢で見る工夫をすること，などなど….

以上，おおげさなようだが，肉眼に限らず，快適な星空探訪に欠かせない基本的な条件なのだ．

極限にちかい暗いものをみとめる能力やこまかく分けてみる能力（分解能）は，あるていどは訓練で向上する．

また聞きで恐縮だが，戦争中，夜間戦闘用の兵を養成するのに，昼間から黒めがねをかけさせて，暗やみにそなえる訓練をしたら，たいへん効果があって，ネコのように，夜の山道をはしりまわることができるようになったという．

たしかに．同じ性能の望遠鏡を使っても，観測になれた人と，そうでない人では，みえかたがずい分ちがうものだ．

おそらく，本書に記載した星雲・星団を，かたっぱしからさがしてみて，みおわるころのあなたの目と，みはじめるころの

ムムッ，彼と彼女は肉眼
分解能の限界にきている

あなたの目とくらべたら，ずい分観測能力が向上しているはずだ．

本書の星空探索を終えたら，もう一度，極眼等級に挑戦して，初期のころしらべた極限等級とくらべてみてはどうだろう．

肉眼の分解能は約 1′ とされている．
満月の直径の約30分の1を見分ける能力ということになるのだが，能力の限界ぎりぎりまでを引き出すためには，空の条件と共に，観測者自身が前述のようないくつかの条件をクリアする必要がある．

余談だが，ドイツのカールツアイス社製の大型プラネタリウム（東京・名古屋・大阪・明石にある）で投影されている星は，肉眼でみられるすべての星ということで，6.5等星までの星が全部でている．

手軽で便利な双眼鏡

双眼鏡のすすめ

自分の肉眼の限界をためしたあとで，双眼鏡を使うと，その偉力に驚異を感じるはずだ．

ひとくちに双眼鏡といっても，2×25（倍率2倍，口径25mm）のオペラグラスから，7×15のプリズム双眼鏡も，7×30，6×30，8×35，7×50 というように口径と倍率の組み合せは，メーカーによってさまざまだ．

すでに，双眼鏡をお持ちのかたは，その性能をギリギリまで引き出す工夫をされればいい．これから手に入れようという場合は，目的をはっきりさせて慎重に選んでほしい．

手軽にポケットに…という人には口径20〜30mm，じっくり星空探訪…という人には口径 30mm 以上，できれば 7×50（7倍・口径 50mm）程度の 大型 をお勧めしたい．手持ちで使う双眼鏡は，倍率を6〜10倍程度にとどめるべきだろう．それ以上の高倍率では，視野の中の星がビリビリふるえて逆効果になる．動くものを見る視力は，静止するものを見る視力に比べると，驚くほど悪いからだ．

手持ちで使えないのでは双眼鏡のメリットがなくなってしまう．おまけに，倍率を上げると視野がせまくなる．これもまた，双眼鏡の魅力を半減させる．

双眼鏡の魅力は低倍率の広視野なのだから，特別な目的がないのなら，双眼鏡の高倍率は避けたほうがいい．倍率が高い望遠鏡のほうが高性能だと，初歩的な勘違いをする人が案外多い．それにつけこんで，高倍率を売り物にしたマユツバ的な宣伝を見かけることもある．なかには高倍率を表示しているが，実は6〜7倍というものもある．双眼鏡は千差万別，できるだけ信用のおけるメーカーのものを選ぶべきだろう．

三脚につけた双眼鏡

最近，手持ちのブレを防止する装置のついた超高級双眼鏡も売り出された．べらぼうに高価なので，視力でなく，資力に自信のある方にはお勧めできる．

双眼鏡の使いかた

手もちで使うことができる　小さなものならポケットに，7×50 の大型でも，肩にひっかけて持ち運びができるので，いつどこででも，手軽に手もちで使うことができる．天体望遠鏡にないこの利点は大いに活用すべきだ．

このごろの私の山行きやスキーには，いままでの 6×30 にかわって，7×50 の大型がいつもおともすることになった．すこし荷物にはなるが，それだけの楽しみは十分あるからだ．

固定するともっとよくみえる　視力 1.0 の人が，時速40キロの車を運転している時には 0.7 ぐらいに低下してしまうそうだ．

双眼鏡を手もちでのぞくとき，気をつけなければいけないことは，視野の中の星を動かさないようにすることだ．

たとえ，倍率2倍の低倍率でも，視野の中の星は，手のぶれの2倍の速さでぶれるのだから，せっかく性能のいい双眼鏡を使っても，ぶれがあなたの視力を低下させてしまうのだ．

6～7倍の低倍率といえども，けっしてあなどれない．できるだけブレさせない工夫が必要だ．

私の場合，車の屋根に両ひじをついたり，天頂付近はボンネットの上にあおむけになってみることが多いが，それだけでもずい分みえかたがちがう．

じっくり観察をしたいときは，双眼鏡をカメラの三脚にとりつける工夫をするといい．それにおりたたみ式のかんたんな腰掛けがあれば万全だ．

とりつけ用の簡単な金具を売っているメーカーもあるし，おりたたみ式の腰掛けは釣具店にある．

7×50 以上の大型双眼鏡を，三脚に固定させると，その性能は，もうりっぱな天体望遠鏡といっていい．

近頃，三脚など架台を使うことを前提とした 20×100 とか，25×150 などという超大型双眼鏡もある．これは双眼天体望遠鏡というべきもので，庭に据え付けて使うことができる人には最高だが，手軽というわけにはいかない．もちろん，資力も必要．

肉眼でみえない星がみえる　たとえ，口径 25 mm のオペラグラスでも，優秀といわれる口径7 mm の肉眼の13倍の集光力があるのだから，肉眼でみられない微光星がたくさんみえてくる．

星のみえない街の中では，星座をたどるのにもなくてはならない．

広い視野がえられる　低倍率で広視野が双眼鏡の魅力．平均の視野が 7°もあるから，ヒヤデス星団など視野いっぱいに広がってすばらしいし，いるか座とか，や座な

ど, 星座ごとすっぽり入ってしまう.

星座をたどることはもちろん, 手がかりになる目だつ星と目的の微光天体を同視野におさめてしまうことができるので, 星雲・星団の位置をさがすのに大いに役立つだろう.

肉眼よりすぐれた分解能 当然のことだが, 有効径が大きいことは, 分解能もすぐれているわけだ.

肉眼ではだめだが双眼鏡でなら分離する重星もかなりある.

さそり座の $\mu_1\mu_2$, $\omega_1\omega_2$, $\zeta_1\zeta_2$ などを, 肉眼と見くらべると, その性能ははっきり認められるだろう.

月ならクレータをみることができるし, 木星なら四大衛星は楽にみられる.

正立像がえられる 天体望遠鏡の案内望遠鏡は, 肉眼で見た星空とは上下左右がさかさまになるので, 慣れない人は目的の天体を探すのにてこずるものだ. その点, 双眼鏡は正立像がえられるので, 星図と星空を対照させながら, ストレートに探すことができる.

むずかしい対象は, いきなり案内望遠鏡をのぞかないで, まず双眼鏡で下調べをすると, たいへんさがしやすく便利だ.

ばかにできない小口径天体望遠鏡

必要な望遠鏡の基礎知識

小口径といえども, 望遠鏡としての取り扱いは大口径とかわるものでもない.

したがって, 天体望遠鏡としての一応の基礎知識をもっていないと, 十分使いこなすことができない.

「はじめて望遠鏡を買ったけど, どうも

よくみえない」という原因のほとんどが, 望遠鏡をあつかう人の能力に関係のあることからも, それがわかる. この章のおわりに, その原因をならべたので参考にしてほしい.

天体望遠鏡の扱いについては, 付属のガイドブックはもちろん, わかりやすい参考書が何冊か出版されているので, 自分にとって読みやすいものを選んで, 手元に置くことをお勧めしたい. ある程度の基礎知識がえられることと, 困った時の神頼みならぬ参考書頼みができるように….

光学的能力は口径の大きさ

天体望遠鏡の能力といっても, 有効倍率の範囲, 分解能, 実視野の広さ, 集光力, 明るさ, 極限等級……と, いろいろある.

ところが, 光学的能力にかぎってみると, そのほとんどが, 対物レンズ(反射望遠鏡では主鏡)の有効径(ふつう口径というが, 筒の直径でなく, 実際に星の光を通すレンズの直径をいう)に関係があるのだ.

そこで, 天体望遠鏡の能力は口径の大きさで代表させることにしている.

もし, あなたの肉眼の瞳孔径(ひとみ径)が 7 mm で, 6.0等星までみられると

光学的能力

口径	集光力	分解能	極限等級	有効倍率	
				最高	最低
肉 眼	1倍	60″	6.0等	—	—
25 mm	13倍	4″.65	8.8等	25倍	4倍
50 mm	51倍	2″.32	10.3等	50倍	7.5倍
75 mm	115倍	1″.54	11.1等	75倍	10倍
10 cm	204倍	1″.16	11.8等	100倍	15倍

するなら，口径と光学的能力の関係は前表のようになる．

口径と倍率の関係

望遠鏡の倍率は，一般に対物レンズの焦点距離を，接眼レンズの焦点距離でわることでえられる．

したがって，天体望遠鏡の倍率は，接眼レンズをとりかえることで何倍にでもかえられるのだが，口径の大きさによって実用上の限界があるのだ．

効果的なつかい方をするには，"もっとも適性な倍率をえらぶことだ"とさえいわれる．

自分の望遠鏡の有効倍率を知っていて，その範囲で，対象にもっとも適した倍率をえらぶことだ．

有効最高倍率は，口径のセンチ数当り10倍から15倍と考えたらいいだろう．口径1cmなら10倍～15倍，口径10センチなら100倍～150倍が有効最高倍率で，それ以上倍率を上げたとしても分解能を上げることができないので意味がないのだ．過じょう倍率は像が暗くなり，大気の動きの影響をうけやすく，シーイングも極度に悪くなり，かえってみにくくなる．

有効最低倍率は，口径のミリ数を7でわった倍率と考えればいい．

口径6cm (60 mm)なら$60 \div 7 \fallingdotseq 9$で最低有効倍率は9倍となり，それ以下に下げることは無意味というより無駄なことなのだ．

それは，倍率を低くすることで，接眼レンズから出る光の束の直径（射出瞳径またはアイリング径）が，肉眼の瞳孔径の7mmをこえて，ひとみから一部はみだしてしまうからだ．

口径できまる集光力と極限等級

集光力は，当然レンズが大きいほうが大きいわけだ．それはレンズの面積に比例するので，つまり口径の2乗に正比例すると考えていい．

口径7mmの肉眼の集光力に対して，口径5cmの望遠鏡は$50^2/7^2 =$約51倍の集光力をもつ．

集光力が大きければ，より暗い星がみえることも当然なことで，極限等級は集光力を星の等級におきかえたものなのだ．

つまり，あなたの肉眼の極限等級が6等だとすると，集光力が肉眼の約2.5倍あれば，そのレンズの極限等級は7等ということになる．

それは$M = 1.77 + 5 \log D(\mathrm{mm})$の式であらわされる．

Mは極限等級
Dは口径mm
口径5cmの場合
　$M = 1.77 + 5 \log 50$
　$M = 1.77 + 8.495 = 10.265 \fallingdotseq 10.3$
　極限等級は10.3等となる．

もちろん，この数値は，大気の影響，レンズ面での反射，観測者の視力などによって，実際には，ずい分ちがってしまうのだが，観望対象をえらぶ一応のめやすにはなるものだ．

ところで，この極限等級は恒星のように点光源の場合は，すなおに口径の2乗に比例してくれるが，星雲・星団のように，ひろがりのある天体の場合の全光度には，そのままそっくりあてはめることはできない．

光度が同じでも，ひろがりの大きい天体ほど各部の光度が小さくなるから，淡くて

みえにくくなる.

　光度10等で視直径5″の系外銀河は,光度10等の恒星のようには見えない.恒星のピントをはずして,星像が視直径5″まで広がったときの見え方に似ている.こういう天体は,むやみに倍率をあげると,ますます広がって淡くなり,バックの夜空の中に溶け込んでしまう.だからといって,すべての星雲や星団がそうだというわけでもない.中心への集中度が高く,けっこう恒星と同じデータで認めることができるものもある.

　その場合は,倍率を上げてもみにくくならないし,極限等級の数字がわりとあてになるのだ.

　つまり,星団・星雲の光度は,それぞれ輝きかたに個性があって,データをみただけではみえかたの予測がむずかしいということだ.

　データから一応の予想をたててのぞいてみるようにすると,あなたの推理力の養成に役立つのではないだろうか.

口径と分解能の関係

　もののこまかな部分をみわける能力は,一般に,倍率を上げればいいというようにまちがって考えられている場合が多いが,小さなフィルムにうつったものを,いくら引伸してもこまかな部分がみえてこないのと同じで,口径の大きさ(写真の場合はフィルムの大きさ)による限界があるのだ.

　望遠鏡では,それを分解能といって,視角の大きさであらわしている.

　イギリスのドーズは実験の結果,口径1インチの望遠鏡で,等光度の重星なら角距離4″.56まで分離できるという数字をだした.

したがって,このドーズの限界から口径別の極限分解能が計算されるわけだ.

　口径1インチあたり4″.56だから,口径1ミリあたりが116″となる.

　口径5cmの分解能は116″/50で2″.32だ.

　ところで,望遠鏡をのぞく肉眼の分解能が目のいい人で60″なのだから,口径5cmの望遠鏡をのぞいた場合,倍率をあるていどあげてやらないと,口径のもっている能力がまったくムダになってしまう.

　倍率を2倍にすると,肉眼の分解能は30″に,20倍にすると3″に高められる.したがって口径5cmの分解能を発揮するためには,最低26倍以上(実際にはもっと高く)に上げなければいけないのだ.

視界の広さ

　いまみているのは,星図上のどれくらいの範囲なのだろうということが,わかっているかいないかで,観望の能率はずい分ちがうものだ.

　双眼鏡や案内望遠鏡で,微光天体をたどるときは,星図上でたどる途中,同一視野に入ってくるはずの,目標となる星をたしかめておけば便利だ.

　「エー,Aを入れて,Aを視野の北へよせるとBとCがならんで入ってくるから,こんどはBからCへむかって,Cの先へ移動すると,Cが視野の外へでるかでないかといったところでDがみえてくるはずだ.そこで……」といったつかいかただ.

　視界の広さは直径を角度であらわすことにしている.

　双眼鏡や案内望遠鏡の視界は5°～10°といろいろだ.自分の望遠鏡の視界の広さは調べて知っていたほうがいい.

天体望遠鏡の視界は，倍率を上げることによってせまくなる．

　望遠鏡の視界は，基本的にはまず接眼レンズの視野絞りによってきめられる．接眼レンズの見かけ視界というが，それは接眼レンズの種類やメーカーによってちがいがある．

　もっともよくつかわれるケルナー（K）やオルソスコピック（Or）で40°～50°，ハイゲン（H）が30°～40°，広視野用として双眼鏡などにつかわれるエルフレ（E）は60°～70°といったところだ．

　実際に望遠鏡をのぞいたときにみられる視界の広さを実視界というが，かんたんには，使用している接眼レンズの見かけ視界を，倍率で割ればえられる．

　焦点距離750mmの対物レンズに焦点距離18mmのケルナー（見かけ視界40°として）をつかった時の実視界は，

　　750°÷18≒41.7（倍）…倍率
　　40°÷41.7≒1°…実視界

およそ1°ということになる．

　見かけ視界40°の接眼レンズをつかえば，倍率40倍でおよそ1°，80倍で30′，160倍で15′ということになる．

　"約30′はなれてならんでいるペルセウス座の二重星団は，80倍にすると2つが視野の両はしにわかれてしまうので，同視野にみるには，もっと倍率を下げなければいけない"というような予測ができるわけだ．

　実視界は自分でかんたんに調べることができる．

　天の赤道上の星は，約24時間（もうすこし正確には23時間56分4秒）で360°移動するので，赤道上の星（たとえばオリオン座δ）が，日周運動で，視野のはしからはしまで移動するのに必要な時間をはかれば，実視界は計算できるのだ．

　24時間に360°だから，1時間に15°，4分間に1°，1分間に15′となる．

　たとえば，オリオン座δが2分間で視野をよこぎったら，実視界は30′あるということだ．月の視直径は約30′だから，視野一杯にひろがった大きな月がみられるはずだ．

接眼レンズは高級品を

　接眼レンズ（アイピース）は，望遠鏡をかうと付属品として2～3本ついているものだが，一応，低倍率用，中倍率用，高倍率用の3本は最低ほしい．

　低倍率用は口径のセンチ数の2倍～4倍の倍率がえらべるものを，中倍率用は5倍～10倍，高倍率用として11倍～15倍くらいになるものからえらぶといい．

　口径5cmなら低倍率として10倍～20倍，中倍率として25倍～50倍，高倍率として55倍～75倍ていどがえらべる接眼レンズをえらぶといい．

　接眼レンズの焦点距離は4，5，6，7，9，12.5，18，20，25，30，40，50mmなどいろいろある．

　接眼レンズは，レンズの組み合せの構造によって，いくつかの形式にわけられるが，屈折望遠鏡は2枚のレンズを組み合せたハイゲン（H）か，その改良型のミッテンズエー・ハイゲン（MH）をつかい，口径に対して焦点距離のみじかい反射望遠鏡（屈折は一般にF15ぐらいあるが，反射はF8～10）には，3枚合せのケルナー（K）か4枚合せのオルソスコピック（Or）という高級品をつかったほうがいい．

　ただし，同じオルソスコピックでも，メ

ーカーによってずい分差があるものだ。もし，接眼レンズを買い足すことになったなら，できるだけ信用のおけるメーカーのいいものを買うことをおすすめする．

なぜなら，からだは小さくても，接眼レンズは望遠鏡の光学的性能の半分を，堂々とけもっているのだから……．

たとえ対物レンズが世界にほこる最高のレンズであっても，接眼レンズが最低レンズであったら，みえかたは最低になることを忘れてはいけない．

案内望遠鏡の口径は大きいものを

ファインダー（案内望遠鏡）は目的の天体をさがすという役目があるので，明るくて広い視野がえられるものでなくてはならない．

ファインダーは天体望遠鏡の付属品として，かならずついているものだが，私にはどうも，ファインダーの口径が小さすぎるように感じられる．いつもつかっている7×50の大型双眼鏡にのぞきなれてしまったせいもあるが，本書の目的である星空の探索をするためには，口径4～5cmのファインダーがほしいとおもっている．

ほとんど使い物にならないような小さなファインダーをくっつけたものが，入門用の小型望遠鏡に多いのは残念なことだ．

初心者ほど，立派なファインダーが必要だ．できれば，双眼鏡のような，正立像が見られるファインダーがほしいところだ．

工作が好きな人は，単眼鏡か，中古の双眼鏡を分解して自作という手もある．うれしいことに，最近，オプションで正立像用を用意したメーカーがある．検討してみるだけの価値はありそうだ．

正立像のファインダーは，肉眼でみる視野に対して，星図をさかさまにしなくてもいいので，たいへんさがしやすい．

小口径望遠鏡用としては倍率5～7倍，実視界6～8°くらいのものであればいい．

倒立像のファインダーは，慣れるまでたいへん使いづらいが，視野の中の星が，日周運動で動く方向を西と考えて，星図の向きを合わせるのがコツ．もちろん，肉眼で見た星空とは，向きが逆になるので，使いがってが悪いことに変わりはないが….

目的の天体を，ファインダーの十字線の中央に入れると，主望遠鏡の視野に捕らえられるように，主望遠鏡と案内望遠鏡が平行になるようにセットすることは，忘れてはいけない使用前の大切な作業だ．

架台は頑丈すぎるものを

どんなに立派なレンズを使った望遠鏡でも，それをささえる台がなければ価値はゼロに等しい．

小口径望遠鏡をえらぶとき，三脚を含めて架台（マウンティング）がしっかりしているものをえらべば，まずまちがいはないといってもいいすぎではない．

固定ネジをすべてしめつけてから，筒や三脚をゆすぶってみるのだ．

グラグラしたり，ビリビリ筒がゆれるようなのは，まずさけたほうがいい．

大げさなほど，しっかりした架台をもっていてちょうどいいのだ．そういう良心的なメーカーの製品なら，光学系もまずまちがいはないだろう．

赤道儀と経緯台

望遠鏡の筒が，水平と垂直の2方向（地平座標にそって）に動くようになっているのが経緯台で，地球の自転軸（地軸）と平

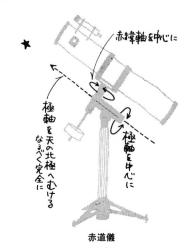
赤道儀

経緯台

行な極軸と，極軸と直角な赤緯軸（天球の赤道座標にそって）にそって，鏡筒が動くのが赤道儀式架台だ．

それぞれ一長一短はあるが，すでに手に入れた人は，その長所を十分生かして使えばいい．

つかいやすい経緯台

軽くて，移動も楽だし，気軽にあつかえる点では，気ままな星空の散策にむいている．鏡筒が上下左右に動く点も自然で，なれない人にもあつかいやすい．

すこしめんどうなのは，視野をでてしまった星を追いかけるのに，上下軸と左右軸の両方を動かさなければならない点だが，一人でのぞくぶんにはなんら不自由を感じない．

つかいなれれば便利な赤道儀

一度視野に入れた星は，赤緯軸を固定して，極軸だけの回転で日周運動が追いかけられるという利点がある．

そのためにめんどうなのは，架台を設置するたびに，極軸を地軸と平行にする（天の北極へむける）という作業をかならずしなければいけないことだ．

極軸のセットが完全にできれば，極軸と赤緯軸についている赤経赤緯の目盛環をつかって，ファインダーでみえない天体も赤経赤緯さえわかればさがすこともできる．

赤道儀式の望遠鏡を手に入れたら，①重量バランスをとること，②極軸をあわせること，③赤経赤緯目盛がつかえるようにすること，はかならずできるようにしてほしい．できなければ赤道儀をもっている意味がない．そういう人にとって赤道儀は，重くてやっかいであつかいにくい機械だ．

付属の説明書だけで不足なら，ガイドブックを買って，練習するぐらいの意気ごみがないと，本当に赤道儀をつかいこなすことはできないのだ．

「どうもよくみえない」のは？

シーイングがわるい　どんな優秀な望遠鏡でも，大気につつまれた地球上で観測するときは，大気の状態の変化による影響を

さけることはできない．

空気がつねにゆれ動くゆがんだレンズの役わりをするからだ．

気流の変化がはげしい夜は，点状にみえなければいけないはずの恒星が，たえずビリビリゆれて惑星ほどの大きさにふやけてしまう．

こんな夜の惑星は，表面の模様はまったくみられず，まるで綿のボールにアルコールをしませて火をつけたように，はげしくゆれうごくのだ．こういうときを"シーイングが最悪"という．

観測データの精度は，シーイング（Seeing）の良否に大きく左右されるので，データと共にかならずシーイングの状態を記録することになっている．

シーイングの状態をあらわすのには，星の焦点像と回折リングのみえかたでわけたW．H．ピカリングによる標準スケール（スケールA・口径15 cm 60〜100×用．スケールB・口径12.5 cm 60×用）があるが，一般には最良を5として 5,4,3,2,1 の5段階にわけてあらわしている．

一応，ピカリングのスケールBと，その簡略法を記載するので参考にしてほしい．

口径が½（口径6 cm）なら，スケール番号から2を引いて修正すること．

上は理想的な焦点像．
下はみだれた焦点像．
中央をディスク (disc)
周囲を回折リングという

簡略法 スケール B

最悪 (Very Poor)

スケール1：ディスクとリングの区別が不明瞭で，星像が実際のリングの直径の2倍にまで拡がっているとき．

スケール2：ディスクとリングの区別が不明瞭で，星像がときどきリングの直径の2倍の大きさまで拡がっているとき．

スケール3：ディスクとリングの区別が不明瞭で，星像はすこし伸びているが，中心の光が強いとき．

悪 (Poor)

スケール4：ディスクがときどき見え，またリングもときどき短かい弧をえがくとき．

スケール5：ディスクが常に見え，リングの弧も見ている時間の半分くらいは見えるとき．

良 (Good)

スケール6：ディスクが常に見え，リングの弧もはっきりはしないが，常に見えるとき．

スケール7：ディスクがときどきシャープに見え，またリングもかなりはっきり見えるとき．

優良 (Very Good)

スケール8：ディスクが常にシャープに見えるが，内側のリングがたえず動揺しているとき．

スケール9：ディスクが常にシャープに見え，内側のリングが静止しているとき．

最優良 (Perfect)

スケール10：ディスクが常にシャープに見え，リングがすべてピタリと静止しているとき．

ところで，シーイングは，口径が大きい望遠鏡ほど，倍率を高くするほどわるくなることを知っていてほしい．

シーイングのわるい日は，観望の対象をかえたり，倍率をさげてつかうのもテクニックのひとつだ．

大口径望遠鏡でも，300倍以上で安定した像がえられる夜はめったにない．

地平線ちかくのシーイングがよくないのも，常識だ．観望対象ができるだけ高くのぼったときをねらうべきだ．

カラッと晴れた星のまたたきが美しい冬の夜，案外，望遠鏡のシーイングはよくないものだ．シーイングのいい夜は，肉眼でみる星のまたたきにしっとりとした落着きがある．すこしモヤがかった感じの夜，驚くほどいいときがある．

ところで，星空観望には，シーイングのわるいくらいは，なんのその，明るい散開星団などは，躍動する星の集団といった姿が，かえって美しく楽しいものだ．

スモッグや街の光にとけこむ星雲 ちかごろ市街地や工場地帯付近の空は，地上の光やスモッグによって白っぽく明るくなって，星をみえなくしてしまった．

こういう空へ望遠鏡をむけたとき，恒星状の点光源は，比較的影響はすくないが，星雲状の天体は，明るいバックグラウンドにめりこんで，まったく姿を消してしまう．

芯のない淡い天体ほど，極端に見えかたがわるくなることを知っていてほしい．

光軸がくるっている どんなにピントをあわせようとしても，星像がいびつで，片側に扇のようなしっぽがでることがある．

このしっぽを退治するには，狂った光軸を調整する必要がある．

屈折望遠鏡の光軸がくるうことは，よほ

土星のたこ踊り？がみえる

どのことがないかぎり，まず考えられないが，反射望遠鏡のように，主鏡・斜鏡共に調整ネジがむきだしになっている場合は，ちょっとしたことで狂っていることがあるのだ．

反射望遠鏡を手に入れたら，光軸修正が自分で簡単にできるように，まず練習をすることをおすすめする．

架台が貧弱すぎる 倍率を高くすればするほど，わずかなブレの影響が大きい．

原因が三脚なら，すこし工夫して補強したらいい．機械部分の改造や補強はむずかしいが，筒その他の重量バランスをとりなおしたり，止まらない止めネジを改良するくらいのことはできるだろう．

しかし，できることなら，買うときに，頭でっかちで下半身の弱い望遠鏡はさけるべきなのだ．

くらやみに目がなれていない 人間の眼は，自動露出カメラと同じように明るさに応じて，瞳孔の絞りが自動的に働き，口径

を大きく変化させる．と同時に，目の神経も，それに対応できるように反応するのだが，暗闇に完全になれるのには，けっこう時間がかかる．

星空探訪の前に，まず，目を暗闇に慣らして（暗順応）おくことが大切．十分明るい所から，いきなり暗闇に入ると，しばらくは盲目同然になって，完全に暗順応するのに，15分くらいはかかってしまう．

近くに明るい光源がある場所での観望もよくないし，星図をみるとき明るすぎるライトを使うのもさけるべきだ．

見えていても見えない？ 天体望遠鏡にのぞきなれていない人には，非常に淡い星雲をみるとき，視野の中に入っているにもかかわらず，まったく認められないことがある．

経験をつむうちにみえるようになってくるものなのだが，不器用な人は，ちょっと目をそらして，感度のいい網膜の周辺部でみるようにするとか，筒を指の先でポンポンとたたいて振動をあたえるとか，微動装置をほんのわずか動かしてみるとか……といったテクニックを，意識してこころみてみよう．

動くものには注意がいきやすいので，視野の中の微光天体を動かしてみようという訳だ．ふとしたひょうしに「なんだみえるじゃないか」とひょっこり姿をあらわすことがある．

望遠鏡の能力不足 のぞいている天体が，暗すぎて極限をこえているものは，いくらがんばっても見えてこない．

たとえば，望遠鏡の口径による極限等級が10.3等だからといって，光度9等の系外銀河は絶対見える…というわけではない．

その系外銀河が，芯のない全体にぼんやり見えるタイプで，しかも，大きく広がっている場合は，合成光度がたとえ8等であっても見えないことがある．

星雲や系外銀河など，広がりのある天体は，光度だけで見えかたを判断することは難しいのだ．

倍率不適当 視直径の小さい惑星状星雲を低倍率で見ると，一見，恒星のような点状にみえて，どこにあるのかが判断できないことがある．逆に視直径の大きい散開星団を高倍率で見ると，広がりすぎて星団らしくみえないこともある．

暗い天体を，明るく見ようと倍率を下げすぎて，星空のバックグラウンドのほうが明るくなって，かえって見えなくしてしまうこともある．

光度や視直径などデータを参考に，倍率もいろいろ工夫をして試してほしい．

市街光の多いところでは，常識とは逆に倍率をあげてみたら，バックグラウンドが減光して，天体とのコントラストがついて見やすくなった…などという発見もある．

ところで，目標天体を探すとき，主望遠鏡の倍率は，視野の広い低倍率にしておくようにしよう．ファインダーの視野にとらえた天体が，主望遠鏡の視野に入りやすいようにしておくのだ．

まず，視野の中にとらえてから，順に，接眼レンズ（アイピース）をさしかえて，倍率を上げていくのだ．

倍率を変えたとき，そのつど，ピント調節も忘れてはいけない．

レンズがくもっている レンズについた夜露に気がついても，布やティッシュペーパーなどで，ゴシゴシ拭きとろうとするのは止めたほうがいい．

気長にうちわであおぐか，用意のいい人

はドライヤーを使って乾かしたあと,残った汚れをそっと拭きとるていどにしたほうが無難だ.

予備の接眼レンズを,うっかりだしっぱなしにして,夜露にさらしてしまわないように気をつけよう.ところで接眼レンズだが,ていねいに扱っているつもりでも,小さいので,ついレンズに指が触れたりすることがある.要注意だ.

初歩的なあやまりのいろいろ

1. ファインダーの未調整 ファインダーの十字線の中心に,目的の天体をとらえたのに,主望遠鏡の視野に入ってこない場合は,ファインダーの調整が必要.

2. のぞく目の位置がわるい 接眼レンズから目を遠ざけすぎている場合,ななめからみている場合,などいろいろある.

3. 日周運動で,目的の天体が視野の外に出てしまっている 星は倍率を高くすればするほど,視野の中からはやく出てしまう.

たとえば,天の赤道付近の星なら,倍率150倍の視野の中をおよそ1分間で横切ってしまう.だから,視野の中央にあった星は30秒で視野の外に消えてしまうのだ.

長時間,見続けるためには,常に,赤道儀なら,極軸(赤経軸)の微動装置を,経緯台なら上下左右両方の微動装置を操作して,追いかけなければならない.

4. 期待が大きすぎて裏切られた 天体写真で見ると,みごとな渦巻きの腕が見られる系外銀河も,直接,望遠鏡で見ると淡い淡い光のシミにしかすぎない.

うっかり,天体写真と同じ姿を,視野の中でさがすと,**何も見えない**という結果に泣くことになる.初心者に圧倒的に多いのが,この期待過多症候群.

沈み行く夏の星座

四季の星座

春の星座のさがしかた

　春は冬の星座にくらべると，まとまりのない星座が多い．
　めじるしは，**しし座と春の大三角形**，そして**春の大曲線**がある．
★**しし座**は，春はやくから姿をみせる．ふたご座のあとに，かに座，しし座とつづくのだが，かに座は暗くて人目をひきにくいので，まずしし座が目につくだろう．
　しし座のレグルスと，それをむすぶクエスチョンマーク（？）ににた星のならびはさがしやすい．
　？マークの東に小さな直角三角形がさせるだろう．もっとも東の一つは，デネボラと呼ばれるしっぽの2等星だ．
★しし座のレグルスの下をさがすと，たった一つだけ，2等星がポツンと輝いている．このいかにもさみしげな2等星は，**うみへび座**の心臓をあらわすアルファルドだ．
★しし座のレグルスとふたご座のポルックスを結んだ途中，目のいい人には**かに座**の中心プレセペ星団が発見できるだろう．
　カニはしし座にむかってはさみをふりかざしている．
★南中したしし座のデネボラから，北東に一つ，南東に一つ，1等星が2つあって，大きな正三角形ができる．**春の大三角形**だ．
★大三角形の一つ，オレンジ色に輝いて南中時にほとんど天頂ちかくにのぼる1等星は，**うしかい座**のアルクトゥルスだ．
　アルクトゥルスの北に5角形をさがすことができたら，そこに，たくましいうしかいの上半身がえがけるだろう．
★うしかい座の5角形のすぐ東にならん

で，**かんむり座**がある．おわんのように半円形にならんだかわいい星座だ．
　半円形の星のならびは，ネックレスにもみえる．
　となりのうしかいの5角形とアルクトゥルスをむすぶと大きなネクタイができるので，梅雨あけの頃のよい空，天頂をあおぐとネックレスとネクタイが並んでいるようにみえる．
★うしかい座の西，**おおぐま座**のしっぽのすぐ下あたりに，うしかいにつれられて熊を追う**りょうけん座**がある．
★りょうけん2匹に追われるオオグマは，北斗七星とかひしゃく星で有名な七つ星がよくめだつ．**北斗七星**は5月5日ごろのよい空に，北極星の上，つまりもっとも高くのぼるのでコイノボリボシという呼名もある．そうおもってみると，なるほど五月の風になびくコイノボリにみえなくはない．
★春のよいのおおぐま座は，北からあおぐと背中を下にして，北極星の上でのんびり昼ね？をしている．
★おおぐま座の足の下（南）にしし座がある．北斗七星のα，βを，北極星とまったく逆の方へのばすと，かんたんにしし座が発見できるはずだ．
★春の三角星の中で，もっとも青白く輝く1等星は**おとめ座**のスピカだ．
★スピカを基点に，ローマ字のアルファベットのY字形にならんだ星が，おとめ座を象徴している．
★スピカの西南に**からす座**の4辺形がみつかるだろう．ほかけ星という呼名があるほ

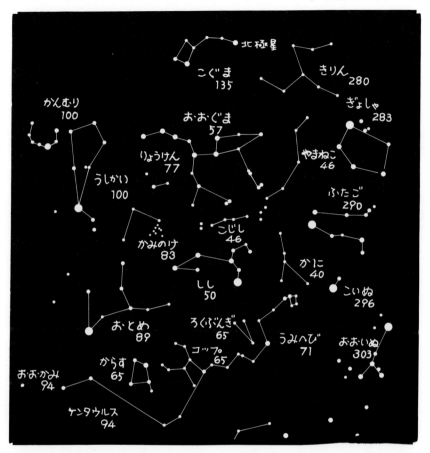

どで，小さな舟のほのような形をしたかわいい4辺形だ．この4辺形，うみへび座のしっぽのあたりの上にちょこんとのっかっている．

★**うみへび座**は，頭がかに座の下（南）にあって，さらに西の**こいぬ**座のプロキオンをねらい，首はうねうねと心臓のアルファルドへつながり，しっぽの先は，なんとかからす座，おとめ座の下を通って**てんびん座**の前で終っている．

★**コップ座**は，からす座のすぐ西どなり

で，やはり，うみへび座の背中の上にのっかっている．星が暗くてコップの形をえがくのはむずかしいだろう．さらに西に**ろくぶんぎ座**があるのだが，これはもっともっとさがしにくいめだたない星座だ．

★**おおぐま座のしっぽ（北斗七星）**がすこし折れまがっているので，その曲線をたどると，アルクトゥルス，スピカ，からす座の四辺形まで，雄大な曲線がえがける．北の空から，南の地平線までをつなぐという**春の大曲線**だ．

1. かに座 <日本名>

Cancer. Cancri. Cnc <学名，所有格，略符>
the Crab <英名>
赤経 $7^h 53^m \sim 9^h 19^m$　赤緯 $+7° \sim +33°$ <概略位置>
505.87平方度 <面積>
3月下旬 <20時ごろの子午線通過>

春一番，春の星座のトップをきって舞い上がるのがかに座だ．

すべて4等星以下という星座で，なれない人にはさがしにくいが，ふたご座のポルックスと，しし座のレグルスをさがして，2つを結んだ中間，ほんの少しだけポルックスよりに，月のない夜ならぼんやり星雲状にみえる光のシミがみられるだろう．散開星団M44，通称プレセペ星団だ．特に目のいい人には，M44をかこむ4つの暗い星（γ—δ—θ—η）もみえるだろう．

γとδをカニの目，ι_1とαをカニのはさみ，βをはじめ手足をあらわす星もいくつかあるのだが，全体に暗すぎてカニの姿がなかなかうかんでこない．

都会では，低倍率の双眼鏡の力をかりるより手はない．

プレセペと聞いて，バイキンの名前みたいという人も，しゃれててレストランの名前みたいだという人もいる．実はどちらにもむいていなくて"かいば桶"という意味なのだ．アラビアで，γとδを2匹のロバにみたてたせいだろう．南北にならんだロバのカップルが，なかよく夕食を楽しんでいる．

さて，このカニ，伝説では怪物ヒドラと一緒

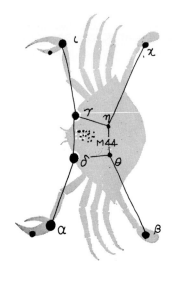

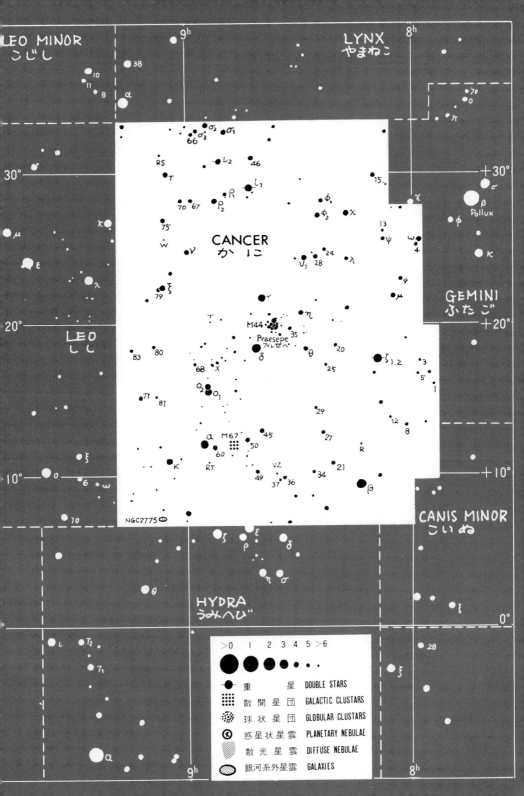

M44（プレセペ）

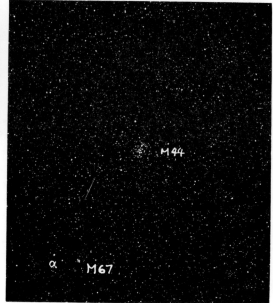

かに座 M44 付近

に沼に住んでいた，気のいいオクビョウな化けガニなのだ．

　怪力ヘルクレスに，友達のヒドラが退治されたとき，みるにみかねて，すけだちにでたのだが，もちろん，かなうはずがない．大きな足でグシャと踏みつぶされてカニセンベイとなった．

　以来，カニは甲らが平たくペチャンコで，横ばいしかできなくなったとか．しかし，神は勇気のある友達おもいのカニの行為をみのがさなかった．えらい奴だと，天に上げて星座にしたのだ．

　カニはそれがテレクサイのだろう．かに座が暗くてさがしにくいのはそのせいなのだ．

　かに座のみものは，もちろんM44だ．プレセペのほか，中国名の"積尸気（ししき）"が，肉眼でみた印象をうまく表現している．シシキとは，死がいからたちのぼる妖気？が天にのぼって集っているというのだ．

　M44は，双眼鏡か，小望遠鏡の低倍率でみたときもっとも美しい．高倍率では星がまばらになりすぎるし，全体が視野からはみだしてしまうからだ．その印象は"ビーハイブ（ハチの巣）""はじけたザクロの実""黒ビロードの上にまきちらしたダイヤ"といったところだ．

おもな星

α／アクベンス　Acubens（つめ）

　　カニの左（南）のはさみにあたる．右（北）の ι とともに，はさみを開いてしし座にたちむかっている．
　　＜8^h58^m　＋11°51′　4.2等　A5＞

β／アルタルフ　Altarf（おわり）

　　カニの足の先にかがやく．
　　M44を δ—γ—η—θ の4辺形でかこみ，それをさらに α—β—χ—ι の大きな4辺形がつつんでいる．
　　双眼鏡の助けをかりないでみえたら，あなたの目は立派．
　　＜8^h16^m　＋9°11′　3.5等　K4＞

γ／アセルス・ボレアリス　Asellus Borealis（北のロバ）

　　アラビヤで γ と δ を南北2匹のロバにみたてて，M44を"銀のかいばおけ"にみたてたのだ．
　　酒の神ディオニソス（バッカス）が，沼をわたる途中，ひどい頭痛でたおれた時，この2匹のロバにたすけられたのだともいう．
　　"2匹のロバがM44よりめだっていると天気がくずれる"といういい伝えがある．たしかに空にモヤがかかるときは星はみえてもM44のような星雲状の天体は極端にみえにくいのだ．科学的な一理があっておもしろい．
　　＜8^h43^m　＋21°28′　4.7等　A1＞

δ／アセルス・アウストラリス　Asellus Australis（南のロバ）

　　カニをえがくと，δ と γ はカニの目にあたる．黄道が δ のすぐ南をかすめるので，このあたり，月や惑星が通ることが多い．
　　＜8^h45^m　＋18°09′　3.9等　K0＞

$\zeta_{1,2}$　カニの甲らのはしに輝く．

　　口径5cmで楽しめる重星だが，ζ_1 はさらに5等星と6等星にわかれて三重星となる．これは，口径10cmで倍率をあげてもどうかな，といったところだ．
　　連星 ζ_1—ζ_2　5.1等—6.2等　72°　5″.9（2000年）　周期1150年
　　　〃　ζ_1　　5.6等—6.0等　86°　1″.0（2000年）　周期60年
　　　　$\begin{cases} \zeta_1 & 8^h12^m & +17°39′ & 5.1等 & F9+F8 \\ \zeta_2 & 8^h12^m & +17°39′ & 9.2等 & G5 \end{cases}$

ι_1　カニの右のはさみをあらわしている.

口径 5 cm むけの重星，黄と青の微妙な色の差を楽しんでほしい．
重星 4.0等—6.6等
＜8^h47^m　＋28°46′　4.0等　G7＋A3＞

散開星団

M44　NGC2632/Praesepe（プレセペ）

春がすみの中ではちょっとつらいが，暗夜なら肉眼でよくみえる．

うすボンヤリとひかる大きなかたまりが，正体不明の不気味な印象をあたえたのだろう．中国では"積尸気（ししき）"とよんで，人の死がいからたちのぼる妖気がここに集まっていると考えた．

双眼鏡でみるプレセペには，まったく不気味な感じはなく，プレセペという名前のかわいいひびきにふさわしい可憐な星団だ．

ところで，このプレセペの星を肉眼でいくつか数えられるという人もいるが，あなたの視力ではどうだろうか？

すばらしい夜にでっくわしたら，一度挑戦してみてほしい．

双眼鏡や口径 5 cm クラスの低倍率では色のちがったいろいろな星がみられて楽しい．

余談だが，大型プラネタリウムのプレセペも肉眼で星雲状，双眼鏡では星団としてみられる．

プラネタリウムに双眼鏡をもちこんでみると，なんとその他M31，M42はもちろん，h・χ M13，M 8 等，まだまだいくつかの星団・星雲が同じように表現してあって，けっこう楽しい観望ができるのだ．

M44　双眼鏡 7×30

M44　口径 5 cm　×40

M67

＜8^h40^m　＋19°59′　3.1等　95′　75個　d＞

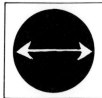

※写真の双眼鏡の視野は、直径を約6°〜7°にして、望遠鏡の視野の直径は ×40 を約1° ×80 を約0.5°にした.

※図の中の φ は、矢印の方向が北. 円の直径は約1° としたので参考にしてほしい.

M67　NGC 2682

M67　口径 10 cm　×40

双眼鏡で δ から $o_2 o_1 \to \alpha$ とたどれば，西の60と50の間にかんたんに発見できるだろう．α の2°西にある．（実直径12光年．距離2,700光年）

口径 5 cm でにじんだ光のシミの中にいくつか星がみえはじめるが，口径 10 cm 以上では星列がはっきりしてくる．

"まるで王冠のようだ" と表現する人もいるが，半円形にあつまっているからだろう．

<$8^h 50^m$　11°49′　6.9等　15′　65個　f>

M67のさがしかた

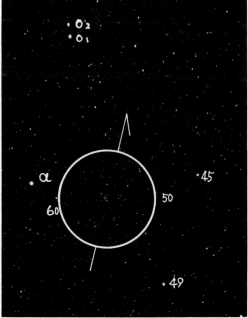

M67　口径 5 cm　×20

2. やまねこ座<日本名>

Lynx. Lyncis. Lyn<学名,所有格,略符>
the Lynx<英名>
赤経 $6^h13^m \sim 9^h40^m$　赤緯 $+33° \sim +62°$<概略位置>
545.39平方度<面積>
3月下旬<20時ごろの子午線通過>

こじし座<日本名>

Leo Minor. Leonis Minoris. LMi <学名,所有格,略符>
the Lesser Lion <英名>
赤経 $9^h19^m \sim 11^h04^m$　赤緯 $+23° \sim +42°$<概略位置>
231.96平方度<面積>
4月下旬<20時ごろの子午線通過>

やまねこ座

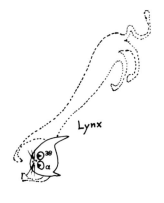

やまねこ座は,となりのこじし座などとともに1690年に新設した星座だ.

くらやみのジャングルで,突然ひくいウナリ声が聞える.「山猫がいるから気をつけろ.✓」といわれて,目をこらすんだが闇にまぎれて正体をみせない.あやしくひかる山猫の両眼だけが不気味にみえる.…というような光景を想像して,この星座をつくったのだろうか?

南東のはしに並んだ α—38 の2星以外はこれといって目だつ星がない. α,38を暗闇に光るヤマネコの目にみたらいい.

ヘベリウスはこの星座をつくったとき「この星座の星をみるにはヤマネコのような目が必要だ」といったとか.

ところで,やまねこ座の α,38は, おおぐま座の1本たりない前足の代用としてつかえる.

おおぐま座の足の先には, それぞれ ξ—ν,

λ—μ, ι—κ とつめがあるが，もう1本前足のつめがないのだ．

おもな星

α　このαが3等星であるほかは，すべて4等星以下でめだたない．
　　＜9ʰ21ᵐ　+34°24′　3.1等　K7＞

38　38はαとならんで"暗やみのえものをねらうヤマネコの目"の感じだ．
　　重星だが口径5cmクラスではちょっとむずかしい．
　　重星　4.0等−6.0等　231°　2″.9 (1957年)
　　＜9ʰ19ᵐ　+36°48′　3.8等　A3＞

系外銀河

NGC2683

この星座には，これといったおすすめ品がないのだが，こじし座をねらう山猫の目（αと38）をさがしたら，αからNGC2683をたぐってみよう．

　小さな小さな光のしみが，口径5cmで発見できたら大成功だ．あなたはずい分腕をあげたのだ．

　ほんとうはよこ長なのだが，5cmでは中心部しかみられないだろう．

＜8ʰ53ᵐ　+33°25′　9.7等　8′.0×1′.3　Sb＞

NGC2683のさがしかた

しし座，こじし座，かみのけ座付近

こじし座

　こじし座は，ドイツのヘベリウスの新設星座（1624年）だ．

　しし座の首ねっこの上に，ちょこんとすわったかっこうは，いかにも，シシの親子といった感じでほほえましい．

　ただし，親ジシのように，星をむすんだだけで子ジシの姿をえがくことはできない．

　せいぜい，おおぐま座の2本の後足のつめ（ ν, ξ と μ, λ）の間にできる $o-\beta-21$ の∧の字がみられる程度だ．

　しかも 3.8等―4.2等―4.5等と暗く，肉眼では，さがすのにかなり苦労する．

　こじし座はやはり，しし座をさがしたとき，ついでに想像する付録星座なのだ．

　ヘベリウスは，こじし座とともに，きりん，りょうけん，こぎつね，とかげ，やまねこ，たて，いっかくじゅう，ろくぶんぎなどを新設したが，いずれも，めだつ著名な星座にはさまれてさえない．

　実は，これらの星座は従来の星座のすき間をうめるために採用した星座なのだ．

おもな星

β　　おおぐま座のあと足に踏まれた感じで β と o がならんでいるが，その気になってさがさないとみのがしてしまう．
　　　＜10^h28^m　+36°42′　4.2等　G9＞

o　　こじしのしっぽ？
　　　＜10^h53^m　+34°13′　3.8等　K0＞

系外銀河

NGC3245　　この小さな星座の中に系外銀河がずい分たくさんあるのだが，残念ながらどれもあまり小口径向きではない．

　　　口径10cm以上がある人はさがしてみるといい．

　　　＜10^h27^m　+28°30^m　10.8等　1′.8×0′.9　E5＞

3. しし座 <日本名>

Leo. Leonis. Leo <学名, 所有格, 略符>
the Lion <英名>
赤経 $9^h18^m \sim 11^h56^m$　赤緯 $-6°\sim+33°$ <概略位置>
946.96平方度 <面積>
4月下旬 <20時ごろの子午線通過>

　春の王者しし座はシンボルマークを先頭に登場する.
　主星αをキーステーションに, α—η—γ—ζ—μ—ε を結んで, 大きなハテナのマーク？ をつくるのだ. αの下の31が小さいチョボテンになるのだが, ちょっと暗すぎてめだたない.
　ところで, この？は裏がえしになっている. 気がついた人にはハテナでなくて, ナテハのマークだ.
　空の明るい街の中でさがすしし座の？は, 2等星γと1等星αだけになってしまう.
　？の東に δ—θ—β の直角三角形ができれば, δとγを結んでシシの姿がえがける. ？をシシの胸と頭にして, 直角三角形をオシリとシッポにすると, 威風堂々胸をはる大ジシがカニをにらみつけている.
　αの固有名は"レグルス(小さな王)", あるいは "コルレオニス（シシの心臓）"という.
　レグルスは, 純白の輝きをみせることと, ほぼ黄道上にあるめずらしい1等星であることから, "王者の星"と呼ばれるにふさわしい星だ.
　シッポのβは, "デネボラ（しっぽ）"と呼ばれる2等星だが, 春の大三角の一角を受けもつ重要な星である. βからさらに東に2つの1等

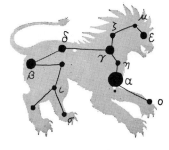

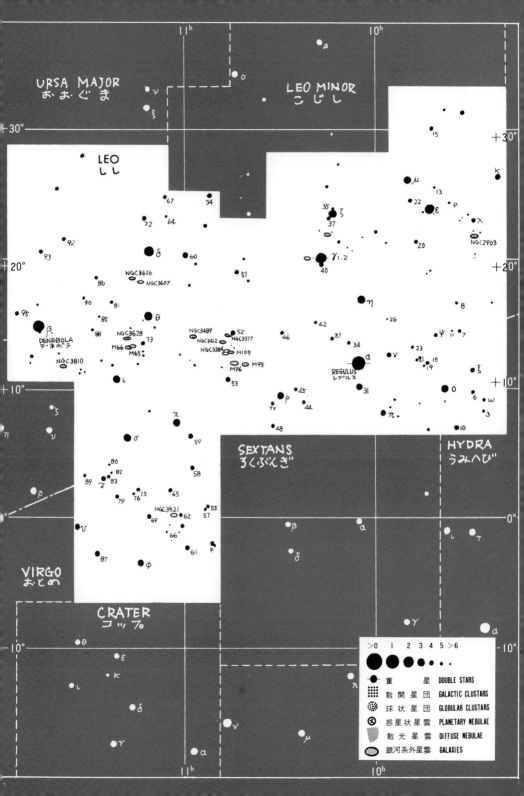

しし座の星々

星があって，結ぶと大きな三角ができるだろう．

　2つの1等星は，おとめ座のスピカとうしかい座のアルクトゥルスだ．

　ネメヤの森の中に，人食いジシが住んでいた．ご存知，ヘルクレスの冒険物語のひとつだ．

　豪傑ヘルクレスは弓矢でたちむかったが役に立たなかった．なにしろ，放った矢ははねかえり，こん棒はベシッと折れてしまう石頭だ．こうなったら最後の手段と，組みついて首をしめ，なんと三日三晩がんばって，やっとしとめた怪物ジシ．神はヘルクレスの冒険を記念してシシを天に上げて星にしたという．

　シシの前にかに座がある．星座絵をみると，シシとカニの対決といった感じでむかいあっていて"シシカニ合戦"という物語が生まれそうだ．

　原因はもちろんカニのもっていたオニギリ，M44は"オニギリ星団"と名付けよう．

　しし座の学名はレオ．背中の上のこじし座はレオ・ミノル．レオと聞いてテレビマンガの主人公をおもいだす人もいるだろう．森の正義を守るために，黄道をつっぱしるシシの親子にみえてくる．

おもな星

α／レグルス **Regulus**（小さな王）

別名コル・レオニス Cor Leonis（ししの心臓）の名のとおり，しし座の胸に輝く美しい白色星だ．

赤味がかった γ とくらべると，レグルスの純白がよけいにめだつだろう．

ほぼ黄道上にある唯一の1等星なので，しばしば月のむこうにかくれることがある．光度1.3度ときわだって明るい1等星ではないが，百獣の王の心臓に輝くことを考えあわせると，なるほど"王の星"にちがいない．星占いでは王の運命をつかさどる星とされている．

近くに8等星があるが，光度差が大きく，口径5 cm でもみわけるのがむずかしい．

重星　1.34等—7.64等　307°　177″（1924年）
<10^h08^m　+11°58′　1.3等　B7>

β／デネボラ **Denebola**（ししの尾）

シシのしっぽに輝く2等星．β—δ—θ でできる直角三角形が，シシのおしりの部分となるのだ．

β—うしかい座 α—おとめ座 α でつくる正三角形は，有名な春の大三角星だ．

<11^h49^m　+14°34′　2.1等　A3>

$\gamma_{1,2}$／アルギエバ **Algieba**（ししのひたい）

シシの首のつけねにあるのだが，固有名から考えると，うしろをふりかえったシシを想像したのだろうか．

口径5 cm クラスで分離する色の美しい重星として有名．はくちょう座 β とともにみのがせない．

連星　$\gamma_{1,2}$　2.6等—3.8等　125°　4″.4（2000年）　周期619年
$\begin{cases} \gamma_1 & 10^h20^m\ +19°51′\ 2.6等\ K1 \\ \gamma_2 & 10^h20^m\ +19°51′\ 3.8等\ G7 \end{cases}$

δ／ゾスマ **Zosma**（腰）

ズール Zuhr（背中）という呼名もあるように δ—γ がシシの背中をあらわしている．

<11^h14^m　+20°31′　2.6等　A4>

ε

シシのひたいに輝くが，うしろをみたシシならたてがみにあたる．

<9^h46^m　+23°46′　3.0等　G1>

ζ／アダフェラ **Adhafera**（まゆ毛）
　　＜10^h17^m　＋23°25′　3.4等　F0＞
η　　ししののどぶえあたりに輝く．
　　＜10^h07^m　＋16°45′　3.5等　A0＞
θ　　ししのあと足のつけねといったところだ．
　　＜11^h14^m　＋15°25′　3.3等　A2＞

系外銀河

M65　　　　しし座には系外銀河がかぞえきれないほどた
(**NGC3623**)　くさんある．眼視光度12等以上のものだけでも
M66　　　　30以上になるほどだ．
(**NGC3627**)　　したがって，ここでは，同じ視野の中に2つ
NGC3628　以上の系外銀河がとびこんでくるのもめずらし
くないのだ．ただ残念なことは，そのほとんど
が，小口径望遠鏡の能力ではちょっとものたり
ない．
　そこで，このM65, M66, NGC3628のくみあ
わせは，口径5cmクラスでみられる貴重なグ
ループだ．
　1つだけみたとき，淡い光のシミにしかみら
れない天体も，2つとか，3つまとめて見る
と，意外にスバラシイみものになるのだ．
　空が暗いときをねらって，ぜひ望遠鏡をむけ
てほしい．
　θから ι へいく途中，73番星の東約1°に，M
65とM66が東西に0.5°はなれてならび，さら
にNGC3628がM66と南北に約1°はなれてなら
んでいる．
　低倍率ではチョン，チョン，チョッと3つが
同視野にならんでしまうのだ．最後のチョッは
NGC3628 のこと．3つの中でもっとも暗くて
みにくいことと，視野ギリギリではみだしそう
だからだ．

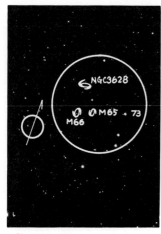

口径5cm　×20
NGC3628, M66M, 65

しし座＜春＞ 55

口径 10 cm 以上　×40
M66, M65, NGC3628

これらは，みかけだけでなく実際に同じ銀河団にぞくしている仲間らしい．

さて，双眼鏡でみたトリオは，M66がわずかに淡い光点にみられれば上等だ．

口径 5 cm×30 ていどで，まずM65とM66がみえてくるだろう．ならんだ2つの明るく，ひとまわり大きいほうがM66だ．

ふとっちょのM66にくらべると，やや，やせてひかえめなほうがM65だ．

NGC3628 は，あとの2つを視野の上（南）によせて（つまり，北側の NGC3628 を視野の中央へひきよせるのだ）みよう．

M65よりもっとやせてしょぼくれているが，極く極く淡い光のしみとしてみれるはずだ．あんまり見つめるとかえってわからなくなるものだ．

ちょっと目をそらせたり，ちょっと位置をかえた瞬間"オヤッ？"と気がつくだろう．

不思議に一度確認すると，今後はいつでも楽にとらえられるようになる．

さて，これだけ苦労した人が，口径 10 cm か，できれば20 cm クラスで，同じところをみたら，"ウーン，これかー"と，口径の偉力を感じさせられるだろう．

写真で味わうことができない暗黒の宇宙をみる迫力に胸をうたれ，大げさな表現をするなら，宇宙の神秘にふれた感激に，涙をながさないまでも，武者ぶるいの一つぐらいはするはずだ．

$<11^h19^m$　$+13°05'$　9.3等　$7'.8×1'.5$　Sb>
$<11^h20^m$　$+12°59'$　8.4等　$8'.0×2'.5$　Sb>
$<11^h20^m$　$+13°36'$　9.5等　$12'.0×1'.5$　Sb>

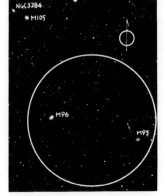

M96, M95　口径 10 cm 以上　×40

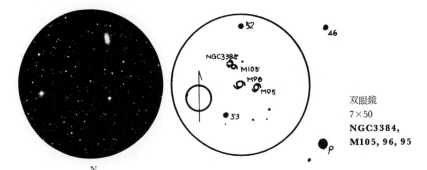

双眼鏡
7×50
**NGC3384,
M105, 96, 95**

NGC2903　口径 10 cm 以上　×60

M95
(**NGC3351**)
M96
(**NGC3368**)
M105
(**NGC3379**)
NGC3384

M65, M66, NGC3628 シリーズにくらべると，まとまりがわるく見おとりするが，口径10 cm 以上があったらぜひみておきたい．

口径 5 cm でも，かすかな光のシミとしてみられるが，その気になってさがさないとみおとしてしまう．一番明るいのがM96だ．

口径 10 cm 以上なら銀河の形がわかり，M105 にくっついて（約 7′ はなれて）NGC3384 も，ごくかすかにみられるはずだ．

θ からか，あるいは α から52番星をさがし，52と53の間をさぐってみよう．

M95 は M96 から約 1° はなれて西南西にならび，M105はM96から約1°はなれて北北東にある．

<M95　　10^h44^m　+11°42′　9.7等　3′.0×3′.0　SBb>
<M96　　10^h47^m　+11°49′　9.2等　4′.0×3′.0　Sa>
<M105　10^h48^m　+12°35′　9.3等　2′.2×2′.0　E1>
<NGC3384　10^h48^m　+12°38′　10等　4′.4×1′.4　E7>

NGC2903

**NGC2903 の
さがしかた**

λ の約1.5°南にある．

口径 5 cm でも，すこしつぶれた楕円状の形がかすかにみられるだろう．

<9^h32^m　+21°30′　8.9等　11′.0×4′.6　Sb>

4. おおぐま座 <日本名>

Ursa Major. Ursa Majoris. UMa <学名, 所有格, 略符>
the Greater Bear <英名>
赤経 8^h05^m〜14^h27^m　赤緯 $+29°$〜$+73°$ <概略位置>
1279.66平方度 <面積>
5月上旬 <20時ごろの子午線通過>

　おおぐま座は知らないが"ひしゃく星"とか"北斗七星"は知っているという人が，案外大人に多い．
　北斗七星は，おおぐま座の一部なのだ．
　おおぐま座から．北斗七星をとりあげると，あとには3等星以下の暗い星がまばらにのこるだけだ．
　北斗七星は，オオグマのしっぽをあらわすのだが，しっぽが目立ちすぎて，クマ全体の姿をえがくことは，きわめてむずかしい．
　ウサギの足跡のように並んだν—ξとμ—λをあと足に，ι—κを前足とし，οを鼻づらにみたてると，大きなクマができるのだが，星図の上でむすぶほどうまくいかない．こぐま座とのつり合い上，無理に肉づけをして大きくしたせいだろう．
　しかし，ふしぎなもので，一度苦労してたどってみると，その人にとっては，いつみても，オオグマにみえるものだ．一度でいいから，なんとかオオグマの姿を，星をむすんでたどってみてほしい．
　ギリシャの伝説"大熊と小熊の物語"は知らないものはないほど有名だが，ここには，それ以上に，北斗の七つ星に関する話題が豊富だ．

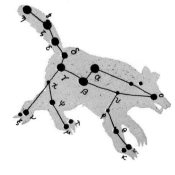

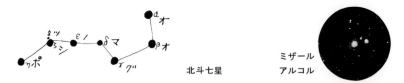

北斗七星　　ミザール　アルコル

　北斗七星は，中国名だ．"斗"とはますのことだが，そういう呼名も，数えあげたらきりがないほど多い．

　北斗七星を筆頭に，七つ星，ひしゃく星，七曜の星，四三（しそう）の星，舟星，かじ星，かぎ星，からすき（農具）星，シチューナベ，アーサー王の車，馬車と車引き，ひつぎと行列，熊と三人のかりうど，かみなりの車，大ナマズ，大工といびつな家，七人のおしょう，ダビデ王の戦車，牛と牛どろぼう，リヤカー星，スプーン星，フライパン星（最近のこども達による命名）．

　北斗七星の学名は，おしりからしっぽにむかって順に $\alpha, \beta, \gamma, \delta, \varepsilon, \zeta, \eta$ とならんでいておぼえやすい．

　$\alpha, \beta, \gamma, \delta$ でつくる四辺形で水をくんで，ε—ζ—η がその柄になるのだ．

　α—β を約5倍，αのほうへのばすと，北極星がある．さらにそのままのばすと，北斗七星と対称的な位置にカシオペヤ座のWがある．

　α—β をまちがえて，βのほうへのばすと，しし座のγかα（レグルス）を発見することになる．おおぐま座の足の下に，こじし座としし座があるからだ．

　ζのすぐちかくに4等星の g (80) がよりそっている．

　星に興味をもった人は，一度はみている有名な肉眼二重星だ．

おもな星

α／ドウベ Dubhe（くま）

　　北斗七星の最初の1つだ．北斗の七つ星は，はしから並んだ順にバイエル名がつけられている．

　　$\alpha, \beta, \gamma, \delta$ の4辺形はクマのオシリ，δ—ε—η がクマのシッポをあらわす．

　　α—β 間は約5°，α—δ 間は約10°を知っていると便利だ．双眼鏡や，案内望遠鏡の視野が一般に6〜7°だから，α, β は同視野にみられるが，α, δ はどっちかはみだしてしまうわけだ．

　　α—β は指極星と呼ばれ，αのほうへ約5倍ほどのばして北極星をさがすことは，あまりに有名．

　　＜11^h04^m　+61°45′　1.8等　K0＞

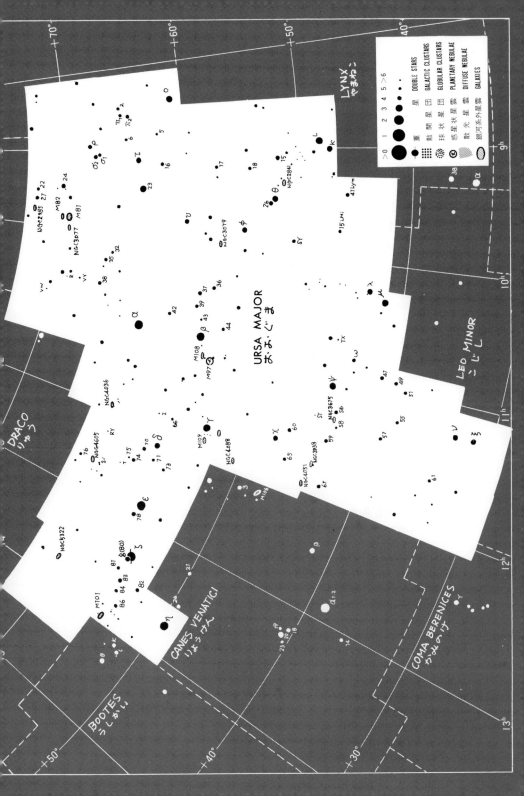

β／メラク Merak（腰）
　＜11^h02^m　＋56°23′　2.4等　A1＞
γ／ファクダ Phakda（もも）

　　四捨五入して，子ども達に北斗七星は2つの3等星と5つの2等星と教えるのが正しいと主張する人がいる．γがベクバル星表で2.54等という微妙な光度であるからだが，あまりかたいことをいうべきではない．光度は測定の方法によっていくらか数字はかわるものだ．

　　それより，子ども達には実際の空をみた印象を大切にしたい．7つの内，明らかにδだけが暗くみえるはずだ．北斗七星は"1つの3等星と，6つの2等星"と表現をするほうがてきとうだと思う．最近の理科年表ではエール大の輝星カタログをつかっているので2.4等となって"一件落着"といったところだが……

　　＜11^h54^m　＋53°42′　2.4等　A0＞

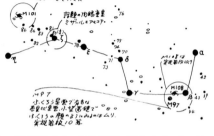

δ／メグレズ Megrez（尾のつけね）
　　北斗七星の柄のつけねにある．
　　＜12^h15^m　＋57°02′　3.3等　A3＞

ε／アリオト Alioth（?）
　　＜12^h54^m　＋55°58′　1.8等　A0＞

ζ／ミザール Mizar（腰おび）

　　有名すぎるほど有名な肉眼重星．705″はなれてg(80)がならんでいる．gは4等星なので肉眼でみえたら，あなたの視力はまあまあ合格というわけだ．

　　gには固有名アルコル Alcor（かすかなもの）のほか，サイダク（試験）という呼名もある．かつてアラビヤでは視力テストにこの星をつかったらしい．

　　ζは，望遠鏡重星でもある．口径5cm低倍率で，またまた4等星が1つ分離するという楽しい星だ．

　　肉眼重星　ζ—g　2.2等—4.0等　71°　705″
　　重星　　ζ　　2.3等—4.0等　150°　14″.5（1956年）
　　｛ζ　 13^h24^m　＋54°55′　2.2等　A1＋A1｝
　　｛80　13^h25^m　＋54°59′　4.0等　A5　｝

η／ベネトナッシュ Benetnasch（ひつぎにつきそう女の長）

　　つまり，葬儀委員長ということだ．奇妙な名前がつけられたのは，アラビヤでα, β, γ, δの4辺形を棺おけに，ε, ζ, ηを参列する三人の泣き女と

みたからだ．

父親を殺されて，復しゅうのため犯人（北極星）のまわりを毎夜まわっている三人娘という伝説もある．ηはその内の長女であろう．

中国では"破軍星"といって，ζ→η→のさす方角によくないことがおこるという．

<13^h48^m　$+49°19'$　1.9等　B3>

ι—κ, λ—μ, ν—ξ

それぞれ2つずつ並んで，クマの足をあらわしている．ポチポチとならんだかわいらしさは，オオグマの足にふさわしくないが……．

惑星状星雲

M97　NGC3587/Owl Nebula（ふくろう星雲）

円盤の中に2つの暗部がならんでみえるので"ふくろう星雲"というユーモラスな名前があ

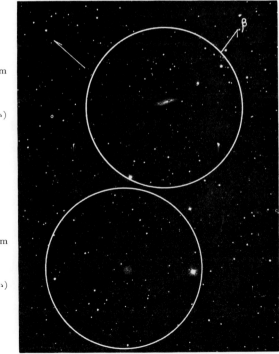

口径 10 cm
×60
M108
（丸のなか）

口径 10 cm
×60
M97
（丸のなか）

るのだが，残念ながら，小口径ではそのフクロウの目をみることはできないだろう．

βのちかくなので，さがすのは比較的かんたんだ．しかも低倍率では同視野に入ってしまう（約45′）ほどちかくにM108があって楽しいところだ．約20′はなれて6等星とならんでいる．

M97は一般にM天体のなかでは見にくい仲間に入れられ"どうもM97はみえない"という人がいるが，見にくいという知識が妙な先入観をつくってじゃまをしているのではないだろうか．

M81

実は，口径 5 cm でも，空が暗ければかすかに認められるし，口径 10 cm なら，だれがみても"ああこれか"とか"なんだみえるじゃないか"といったていどには見られるはずだ．

すこし倍率を上げると淡いが大きな円ばん状の姿が暗黒の視野の中にうかんでいる．

M82

$<11^h15^m\ +55°01'\ \ 11.2等\ \ 203''\times199''>$

系外銀河

M81
(NGC3031)
M82
(NGC3034)

おおぐま座の中では最高のみものだ．

天体写真でみるM81は，アンドロメダ銀河をしのぐほど，よく整った美しい渦状銀河だし，M82は話題の爆発銀河だ．

αから38—35をさがして，さらに24をさがしてすこし（約2°）バックするというのが私のたどりかただ．γからαをねらって約12°先に24番星がある．

双眼鏡では，M81がぼんやりした恒星状にみえるだろう．口径 5 cm ×40ならM81とM82が，同じ視野の中にならんでみられる．ただしM82はかなり淡い．すこしふとった楕円のM81と，横に長いM82がハの字状に，40′ほどはな

M81(上)**M82**(下)　口径 10 cm ×40

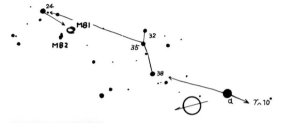

M81, M82 のさがしかた

M101

れて並んでいる．

　口径 10 cm では，M82の中央がすこしくびれているのがみえて，いかにも爆発銀河らしくなるのが楽しい．

<M81　9^h56^m　+69°04′　6.9等　16′×10′　Sb>
<M82　9^h56^m　+69°41′　8.4等　7′×1′.5　Ir>

M101　NGC5457/Pinwheel（回転花火）

　ζから80（アルコル）81→83→84→86とほぼ等間かくにならんでいてたどりやすい．M101は86から45′北，そして80′東にある．

　視直径が22′となっているが，みえるのは中央の明るい部分（10′×8′）だ．双眼鏡で淡い淡い小さなシミにみえたら上等．口径 5 cm ×40で小さなまるい光がかすかに見えるかどうか？といったところ．

　口径 10 cm ならベタッとした円ばん像にみえるが，渦巻きの腕をみることはできない．

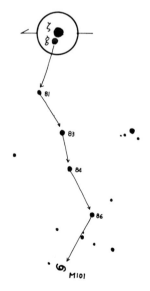

M101 のさがしかた

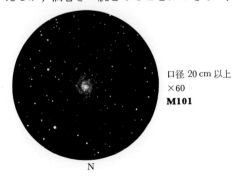

口径 20 cm 以上
×60
M101

回転花火のようなみごとな渦状銀河の雰囲気をみるためには，すくなくとも口径20 cm ぐらいはほしい．
　　<14^h03^m　+54°21′　7.7等　22′×22′　Sc>

M108　NGC3556

M97といっしょにさがしてみよう．45′はなれてならんでいる．

口径 5 cm では非常に淡い．めだつ星（8等星）を1つはさんでM97があるのでみくらべてみよう．

口径 10 cm なら細長い形がよくわかる．
　　<11^h12^m　+54°40′　10.1等　7′.7×1′.3　Sc>

M109　NGC3992

M109　口径 10 cm 以上　×60

γと同視野に入ってしまうので，見当をつけるのはむずかしくないが，非常に淡い．γと約40′はなれている．

口径 5 cm でみとめるには視力だけでなく，熟練が必要だ．

口径 10 cm なら淡いぼんやりした楕円形がみられるだろう．

確認できたことで満足しなければならないほどみにくい対象だ．
　　<11^h57^m　+53°23′　9.8等　6′.2×3′.5　Sb>

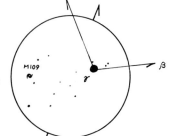

M109 のさがしかた

5. ろくぶんぎ座＜日本名＞

Sextans. Sextantis. Sex ＜学名，所有格，略符＞
the Sextant ＜英名＞
赤経 $9^h39^m \sim 10^h49^m$　赤緯 $+7° \sim -11°$ ＜概略位置＞
313.52平方度＜面積＞
4月下旬＜20時ごろの子午線通過＞

コップ座＜日本名＞

Crater. Crateris. Crt ＜学名，所有格，略符＞
the Cup ＜英名＞
赤経 $10^h48^m \sim 11^h54^m$　赤緯 $-6° \sim -25°$ ＜概略位置＞
282.40平方度＜面積＞
5月初旬＜20時ごろの子午線通過＞

からす座＜日本名＞

Corvus. Corvi. Crv ＜学名，所有格，略符＞
the Crow ＜英名＞
赤経 $11^h54^m \sim 12^h54^m$　赤緯 $-11° \sim -25°$ ＜概略位置＞
183.80平方度＜面積＞
5月下旬＜20時ごろの子午線通過＞

ろくぶんぎ座

ろくぶんぎ座はしし座の主星レグルスの下（南），うみへび座の主星アルファルドの左（東）にある．

αが4.5等星ということは，都会の空ではまったく星のない星座ということになる．いずれにせよ双眼鏡のたすけが必要な星座だ．

αから $β—δ—ε—γ—α$ と結んで扇形ができたら，なんとか六分儀らしき形になるのだが…．

この星座は，ヘベリウスが新設（1690）した．なんと，彼がながく愛用した六分儀が焼けてしまったので，そのおもいでとしてつくったというのだ．

αはほぼ赤道上にある．

おもな星

α　主星αですら，肉眼でさがすのがつらいめだたない星座だ．
　しし座αの下（南），うみへび座αの左（東）に，α―β―δのよこに細長い三角がみえないだろうか．双眼鏡の視野一杯にちょうどすっぽり入る三角だ．
＜10ʰ08ᵐ　−0°22′　4.5等　A0＞

系外銀河

NGC3115　いい目標がなくてたどりにくいが，うみへび座のαからγ→その先約3°のあたりをさがしてみよう．
　口径 10 cm クラスで，恒星とはちがう感じにみられる．口径 5 cm ではちょっとつらいといったところで，星座にしてあまりさえない．
＜10ʰ05ᵐ　−7°43′　9.2等　4′.0×1′.2　E6＞

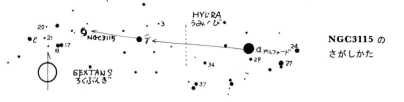

NGC3115のさがしかた

コップ座

コップ座は，からす座の西どなり，うみへび座の上にちょこんとのっかっている．

コップといっても，優勝カップのように台のついた立派なコップだ．

酒の神ディオニソス（バッカス）の杯だと

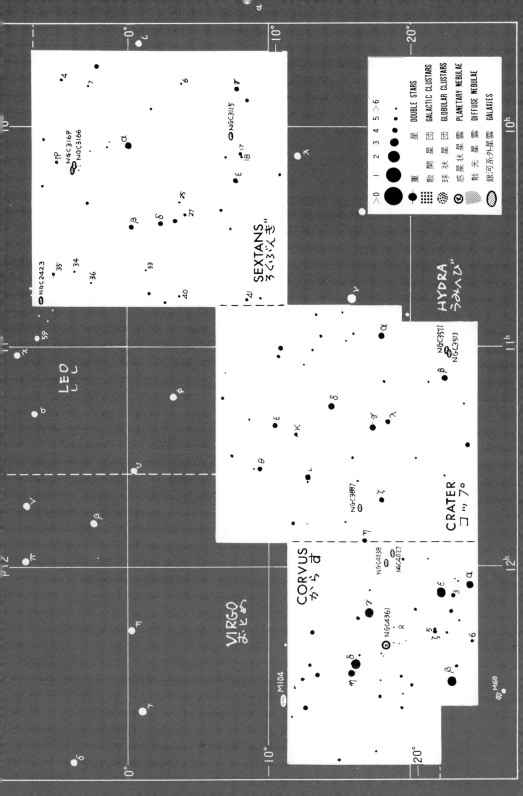

か，日の神アポロンがカラス（からす座）にもたせて水くみにやったコップだとか，あるいは，豪けつヘルクレスのつかった酒杯だとか…もちぬしがいろいろあって誰のものともきめかねるが，カラスのとなりにあることから，一応アポロンのコップということにしておこう．
（からす座を参照）

ところでこのコップ，4等星以下というかすかな星を結んで，コップの姿がえがけたら優秀だ．

η—ζ—γ—δ—ε—θ とつないで，おわん型のコップだ．

それに γ—δ—α—β の台がつくのだが，肉眼でたどれたら，かなり目のいい人だ．

双眼鏡のたすけをかりてもいいから，一度挑戦してほしい．

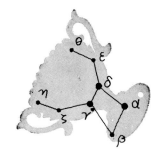

おもな星

α／アルケス Alkes（はち，コップ）

4等星 $\alpha, \beta, \gamma, \delta$ でつくる4辺形は，からす座の4辺形によくにているが，3等星と4等星の差で，こっちはまったくめだたない．

4辺形はコップの台をあらわしている．

コップといっても，優勝杯のようなコップ（クラテル）を想像してほしい．

台の上に η—ζ—γ—δ—ε—θ でつくる半円が，杯をあらわすのだが，オペラグラスか双眼鏡をつかって確かめてほしい．肉眼でたどるのは好条件と強力な視力が必要だ．

$<11^h00^m$ $-18°18'$ 4.1等 K0$>$

β コップのだい．

$<11^h12^m$ $-22°50'$ 4.5等 A2$>$

γ 光度差が大きく口径5cmではむりだろう．分離できたら優秀．

重星 4.1等—9.5等 97° 5″.2（1913年）

$<11^h25^m$ $-17°41'$ 4.1等 A5$>$

からす座

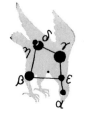

からす座はウミヘビのしっぽの上に、ちょこんとのっかった小さな星座だ。

めじるしの四辺形 γ—δ—β—ε が、こじんまりまとまっていて、意外とさがしやすい。

四辺形の東におとめ座のスピカがある。上辺の γ—δ を η の方へまっすぐのばしたところに輝く青白い1等星がスピカだ。

からす座の四辺形を、日本では"帆かけ星"とか"はかま星"と呼び、アラビヤでは"砂ばくの天幕"にみた。そして、現代のちびっ子達は"スカート星"と命名した。なるほど、δ のとなりにちょこんと並んだ η がホックにみえる。形からいってさしづめミニスカートだ。

それにしても、この四辺形、どうみてもカラスにはみえないのだが、それもそのはず、うそつきカラスがみせしめのために天井ではりつけにされているのだ。ヤミ夜のカラスがみえるわけはない。夜空にみえているのは、はりつけにつかった銀の釘なのだろう。

カラスはむかし、銀色の羽根をもち、人の言葉を解するりこうな鳥で、日の神アポロンの使い鳥として活やくした。

しかし、このカラス、おしゃべりのうえに、うそつきなのが玉にきず。

アポロンのいいつけで、泉へ水くみにでかけたある日、途中で好物のイチジクの実をみつけて、すっかり道草をしてしまった。

そこでカラスは、ちょうど泉にいた小さなヘビをとらえてかえり、「このヘビめが、水くみのじゃまをしまして…」と、例によって調子のいい口からでまかせ。その日、虫のいどころのわるかったアポロンは、「このうそつきめっ！」

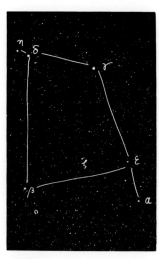

からす座

とまっ黒にして天にほうり上げてしまった．

　カラスに利用された小さなヘビは，とてつもなく大きなヘビにしてもらって，からす座の下で見張り役として星座（うみへび座）になったともいう．

　εの下にポツンと輝くαは，カラスの頭らしい．そうおもってみると「すまんすまん」とヘビに頭をさげるカラスの姿にみえないこともない．

　よくにた見かたが日本にもある．四辺形を"ムジナの皮はり"というのだ．ムジナの皮をはいで四すみを針でとめてかわかしている．

　カラスの下にうみへび座のM68がある．これはからす座のδとβをむすんで下にのばしてさがすといい．

おもな星

α／アルキバ Alkhiba（テント）
　　　δ―γ―ε―β でつくる4辺形がいずれも3等星なのに，主星αはどういうわけか4等星．かっては，この星がもっとも明かったのだろう．
　　　からす座の中では，カラスのくちばしに輝く．
　　　<12ʰ08ᵐ　-24°44′　4.0等　F2>

β／クラズ Kraz（?）
　　　β, δ, γ, ε の4辺形は意外とさがしやすい．βは足のあたりにある．
　　　<12ʰ34ᵐ　-23°24′　2.7等　G5>

γ／ギエナ Gienah（つばさ）
　　　γ→δ→と約10°のばした先に，スピカがあるので，4辺形を「スピカのスパンカー」とも呼ぶ．
　　　<12ʰ16ᵐ　-17°33′　2.6等　B8>

δ／アルゴラブ Algorab（カラス）
　　　4等星ηがすぐ左（東）にならんで，スピカの方向を指さしているようだ．

　　　美しい小望遠鏡向き重星でもある．黄色と紫の色の対照が美しいと表現する人がいる．私の目には，紫にみえないが，さて，あなたの目にうつったδはどんな色にみえるだろうか．

　　　口径5cmでちょっとむずかしいかも知れないがためしてほしい．口径8～10cmなら大丈夫わけられる．

　　　重星　3.1等—8.4等　212°　24″.2（1926年）
　　　<12ʰ30ᵐ　-16°31′　2.9等　B9>

6. うみへび座 <日本名>

Hydra, Hydrae, Hya <学名，所有格，略符>
the Water Snake <英名>
赤経 $8^h08^m \sim 14^h58^m$　赤緯 $+7° \sim -35°$ <概略位置>
1302.84平方度 <面積>
4月下旬 <20時ごろの子午線通過>

　星座の中で，もっとも大きいのがうみへび座だ．

　カチッとまとまった冬の星座にくらべて，春はズボラな星座が多い．なかでもうみへび座は，全長約100°になろうという長いからだを，のたりのたりとくねらせるズボラ中のズボラ．

　海蛇（ウミヘビ）の頭は冬のこいぬ座のオシリをつけねらうが，なんと自分のしっぽは，夏のさそり座にねらわれているというウワバミ？のような星座だ．

　さて，このうみへび座，「ウミヘビ総身に星がまわりかね」といったところで，2等星は主星αがただ1つ．あとはすべて3等星以下でめだたない．よほどのマニヤでも，頭の先からしっぽの先までたどったことのある人は少ない．星図をたよりに，1つずつたどるのもなかなか

頭をだしたうみへび座

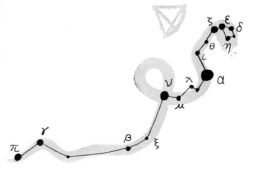

楽しいものだ．ぜひ一度ためしていただきたい．

　うみへび座がさがせない人は，まず，しし座のレグルスの下にポツンと輝く2等星αをさがすといい．

　近くに明るい星がなく，4月のよいは南の地平線からあおいで最初に目につく2等星だ．

　かに座の下（南），こいぬ座のプロキオンの左（東）に，めだたないが $\sigma-\eta-\rho-\varepsilon-\delta$ でつくる5角形がある．ウミヘビの頭だ．

　さて，首ねっこのζから $\omega-\theta-\tau-\iota-\alpha$ と心臓につなぎ，さらに $\kappa-\lambda-\mu-\phi-\nu-\chi-\xi-o-\beta-\varphi-\gamma-\pi$ とたどると，もうその先は夏のてんびん座とさそり座だ．

　主星αは，ウミヘビの心臓に輝くのでコル・ヒドレ（ヘビの心臓）の呼名がある．

　伝説のウミヘビは，実は沼に住むヒドラという9本首のヘビの怪物なのだ．

　英雄ヘルクレスが，こん棒でボインボインと，かたっぱしからヒドラの首をたたき落したが，敵もさるもの，落ちても落ちてもそのあとから首が2本ずつニョキニョキとでてくるしまつ．

　そこでヘルクレスは，ボインとうち落したあとを，すかさずたいまつの火でジュウッと焼くことにした．

　みごとに，このボインジュウ作戦は成功．カニ（かに座）のすけだちのかいもなくヒドラはヘルクレスに完敗した．

　ところで，αは"コル・ヒドレ"のほか"アルファルド"という固有名で有名だ．

　アルファルドには"孤独な星"といった意味がある．

　春の宵，南の空にポツンと，赤味をおびたにぶい光で輝くようすが，いかにもさびしげなのだ．

おもな星

α／アルファルド **Alphard**（孤独）

　　　白く輝くしし座のαの下に，ポツンと，いかにもさみしげに，にぶい赤味をおびた輝きをみせる2等星がある．

　　　しかし，同じ星が，ここにウミヘビをえがくと，コル・ヒドレ Cor Hydrae と呼ばれる毒蛇の心臓となるのだ．

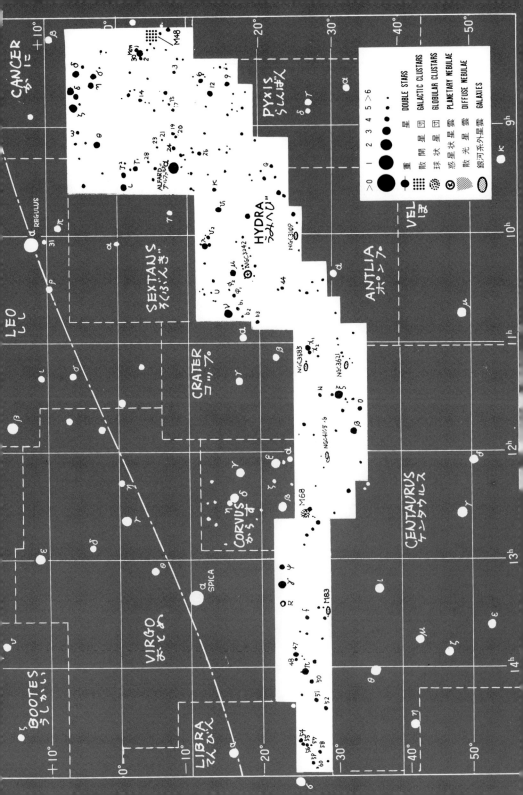

蛇の心臓と思ってみると，さみしげなはずの赤味をおびた輝きが，不気味にみえてくるから不思議なものだ．
＜9^h28^m　$-8°40'$　2.0等　K3＞

ε→π　ε—δ—σ—η—ζ でつくる5角形が，こいぬ座のオシリをねらうウミヘビの頭だ．

一度，双眼鏡をつかって，星図を片手に，頭からしっぽの先まで，全長100°のオバケヘビに挑戦してみてはいかがだろう．

首のζから ω—θ—τ—α—κ—$υ_1$—$υ_2$—λ—μ—ν—χ—ξ—β—γ—π というふうに，確認しながらたどれたらご立派．

春の夜ながのたいくつしのぎにちょうどいい．

散開星団

M48　NGC2548

メシエの記録のあやまりで，M48の位置には星団がなかったのだが，おそらくNGC2548のことだろうと，あとで確認されたものだ．

かなり広くひろがっていて，暗野なら肉眼でボンヤリと認められるほどだ．

双眼鏡では星雲状に，口径5cm 低倍率で星の集団としてみられる．

口径10cmクラスならスバラシイ．

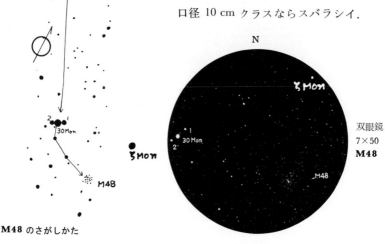

M48のさがしかた

双眼鏡 7×50 M48

うみへび座＜春＞ 75

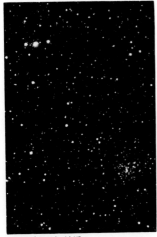

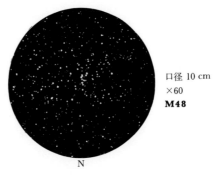

口径 10 cm
×60
M48

M48（右下）付近

ヒドラの頭から，2—C (30 Mon)–1 と3つならんだところをみつけたら，そのグループから約3.5°南西にある．
<8^h14^m　$-5°48'$　5.8等　54′　80個　f＞

球状星団

M68　**NGC4590**

からす座δからねらってβの先約3°（南々東）にある．約1°はなれて6等星があるので，

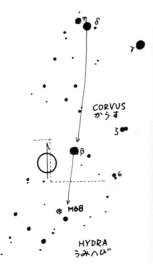

M68 のさがしかた

M68 双眼鏡 7×50

それを目じるしにすれば，低倍率で同視野に入ってくる．

口径 5 cm で，すこし小さな星雲状にみえるていど．

口径 10 cm でやっと球状星団らしくなるだろう．

＜12^h40^m　$-26°45'$　8.2等　3′　X＞

系外銀河

M83　NGC5236

うみへび座のしっぽちかくにある．おとめ座のスピカから γ をさがしたら，約 7.5° 南々東に，6 等星と 40′ はなれてならんでいる．

双眼鏡でも位置確認ができるほどで，意外とよくみえる．

口径 5 cm なら ×30 で，中心が明るく，まわりに淡いひろがりがみとめられる．

口径 10 cm でその気になってみると，渦巻き銀河の雰囲気が感じられるというのだが…？

スピカが南中のころをねらってさがしてみよう．ケンタウルス座の ω 星団もちょうど同じころ南中する．

＜13^h37^m　$-29°52'$　7.6等　10′.0×9′.5　Sc＞

M83 のさがしかた

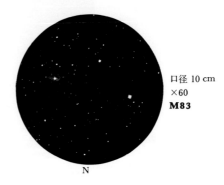

口径 10 cm
×60
M83

7. りょうけん座 <日本名>

Canes Venatici. Canum Venaticorum. CVn <学名, 所有格, 略符>
the Hunting Dogs <英名>
赤経 $12^h04^m \sim 14^h05^m$ 赤緯 $+28° \sim +53°$ <概略位置>
465.19平方度 <面積>
6月初旬 <20時ごろの子午線通過>

おおぐま座を追う2匹の猟犬がいる.

おおぐま座のしっぽ（北斗七星）のすぐ下に, αとβがならんでいるが, 共に3等星以下なので, その気にならないとさがせない.

したがって, ここに歯をむきだして, さわがしくクマにいどむ猟犬の姿を想像しろといわれても困ってしまう.

りょうけん座は, むしろ, 牛飼い（うしかい座）につれられた犬で, 大熊と牛飼いの追いかけっこをひきたてるバイプレーヤー的存在とみるべきだろう. 主役にはなれないが, 助演賞がもらえそうな役わりをはたしている.

ただ一つの3等星αは, コル・カロリと呼ばれ, めだたないわりに知られた星だ.

ハレーすい星で有名なイギリスの天文学者エドモンド・ハレーが, 国王チャールズのために"チャールズの心臓"という意味で命名したのだ.

亡命したチャールズが, ロンドンに帰った1660年に, このコル・カロリが, それを祝福して, 異状に明るく輝いたといわれる.

りょうけん座には, みのがせない風光明媚な観光地が2カ所ある.

それはM3とM51だ. M3は有名な球状星

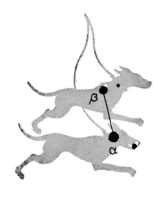

団，M51はわれわれの銀河系と同型の渦巻き銀河で，伴銀河を1つくっつけたみごとな姿は，だれもが一度は天体写真でおめにかかる"りょうけん座の名物"だ．

おもな星

$\alpha_{1,2}$／コル・カロリ Cor Caroli（チャールズの心臓）

おおぐま座のしっぽの下（南）に，α―β がかんたんに発見できる．

α を "南の犬" β を "北の犬" とみて，二匹のりょう犬を想像したのだ．

固有名は，チャールズ二世が王位についたときを記念して，ハレーが命名したという．

口径 5 cm でなら低倍率で楽に分離できる重星だ．

重星 2.9等—5.4等　228°　19″.56（1951年）
$\begin{cases} \alpha_1 & 12^h56^m & +38°19′ & 5.6等 & F0 \\ \alpha_2 & 12^h56^m & +38°19′ & 2.9等 & A0 \end{cases}$

β／カラ Chara（犬の名前）

$<12^h34^m$　$+41°21′$　4.3等　G0$>$

15—17

α のすぐとなりに，15と17が並んで双眼鏡重星をつくっている．どちらも6等星なので，もし肉眼でみられたら，あなたの目は立派．一度ためしてみよう．

双眼鏡重星15—17　6.3等—5.9等　約290″
$\begin{cases} 15 & 13^h10^m & +38°32′ & 6.3等 & B7 \\ 17 & 13^h10^m & +38°30′ & 5.9等 & A9 \end{cases}$

球状星団

M3　NGC5272

絶対にみのがせない大きくて明るいスバラシイ球状星団．

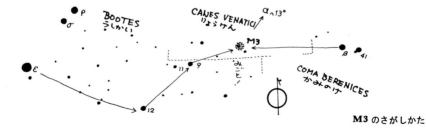

M3 のさがしかた

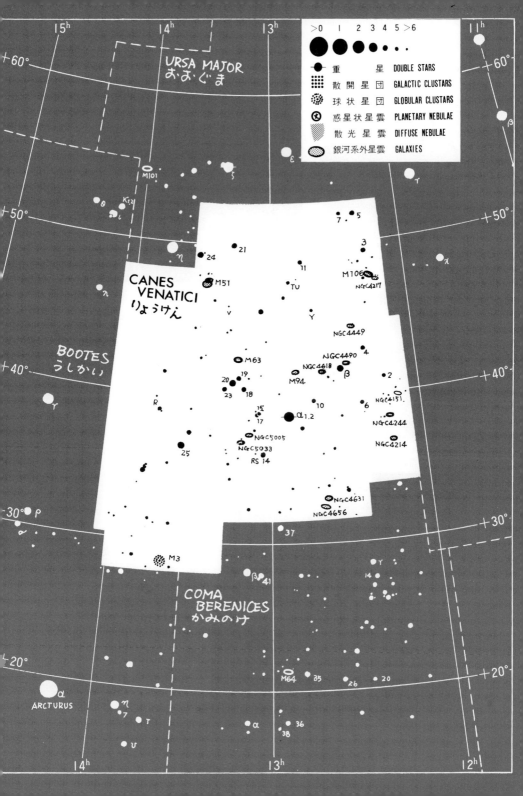

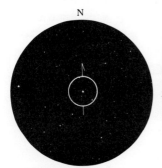

M3 口径5cm×40（小さい丸）
双眼鏡7×50

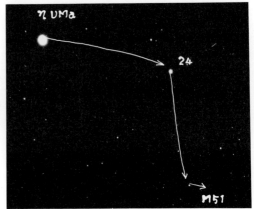

M3 口径10cm ×40

M3

系外銀河

　肉眼でも恒星状にみとめられ，双眼鏡ではまわりに淡い光がつつむようすがみられる．
　広野のまっただなかにポツンといった感じで，めぼしい星が近くにないので，目標になる星からの道のりが長くて，なかなか道がおぼえられないといった感じだ．
　αから，アークトウルス（うしかい座α）にむかって進むか，かみのけ座のβから約6°東をさがすとか，いろいろこころみるといい．
　約0.5°南西に6等星がならんでいるので，低倍率では同視野にとらえられる．
　口径5cmでキメのこまかいマリモのような光るボールがすばらしい．
　口径10cmなら，倍率をあげると周辺の星が分解されて，ブツブツした感じがじつにみごと．
<13^h42^m　+28°23′　6.4等　10′　VI>

　りょうけん座も小口径向きの系外銀河の多いところだが，M番号のついたものだけは，ぜひたどってみたいものだ．なかでもM51は絶対に見のがせない．

りょうけん座＜春＞ 81

M51　NGC5194／Whirlpool（子持ち銀河）
NGC5195

小さな伴銀河をくっつけた"子持ち銀河"で有名なみごとな渦状銀河だ.

おおぐま座のη（北斗七星のえの先）の約2°西に24番星があって，そのさらに約2°南西にある.

明るいので双眼鏡でも淡い光点としてみとめられるだろう.

口径 5 cm × 30 では大小2つの光点と，それをつつむ淡い光が感じられてかわいい.

条件のいい夜，口径 10 cm で渦巻きの腕らしきひろがりがみえるときがある.

もし，みえたら"ブラボー！"と叫んでとびあがるほどのねうちはある.

伴銀河 NGC5195 は小さな光点にしか見えないが，それがまたこのカップルをよけいに愛らしくみせてくれるのだ.

<M51　13^h30^m　+47°12′　8.1等　10′.0×5′.5　Sc>
<NGC5195　13^h30^m　+47°16′　9.6等　2′.0×1′.5　Pec>

M51 のさがしかた

M51　口径 10 cm　×80

M51

M63　NGC5055

αから15，17→18，23，20，19→の先，約1.5°北にある.

口径 5 cm で非常にかすかな銀河として，口

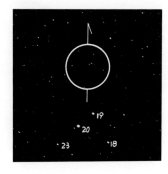

口径 5 cm
×40
M63

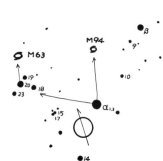

M63, M94 のさがしかた

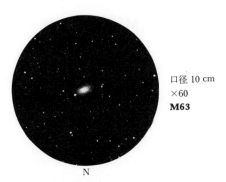

口径 10 cm
×60
M63

M94

M106

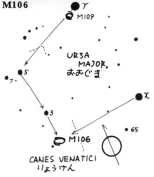

M106 のさがしかた

径 10 cm なら中心の明るい楕円形の形がわかる
<13^{h}16^m +42°02′ 8.6等 10′.0×5′.0 Sb>

M94　NGC4736

αの北約 3°, βの東約 3° にある.

双眼鏡で恒星状, 口径 5 cm でにじんだ星, 口径10 cm でまるい一見球状星団, 実は系外銀河といった感じ.
<12^{h}51^m +41°07′ 8.3等 5′.0×5′.5 Sbp>

M106　NGC4258

おおぐま座γから 5 → 3 → の先 1.5° 南にある.

口径 5 cm では非常にかすか, 口径 10 cm で, その淡い光がぼんやりたてにのびたようすがわかる.
<12^{h}19^m +47°18′ 8.3等 19′.5×7′.0 Sbp>

口径 10 cm
×60
M106

8. かみのけ座＜日本名＞

Coma. Comae. Com＜学名，所有格，略符＞
Berenice's Hair ＜英名＞
赤経 $11^h57^m \sim 13^h33^m$　赤緯 $+14° \sim +34°$＜概略位置＞
385.48平方度＜面積＞
5月下旬＜20時ごろの子午線通過＞

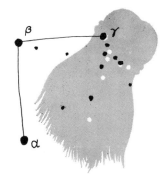

　かみのけ座は，おとめ座の頭の上にある．
　星の美しいところでなら，ぼんやりとした微光星のかたまりとしてみえるだろう．
　α が4.47等，β が4.32等という星座なので，個々の星をたどって形を楽しむことはできないし，街のよごれた空で楽しめる星座ではない．
　しかし，暗い夜空でみるかみのけ座はすばらしい．双眼鏡のたすけをかりると20〜30の星が目のなかへとびこんでくる．
　ちょうど，おとめ座が愛用するヘヤピースといった感じだが，このかみのけには，淡い星の

かみのけ座と
Mel 111

むれにふさわしい美しい伝説があるのだ．
　世界でもっとも美しい髪をしたエジプト王妃ベレニケの物語だ．
　夫が強国アッシリヤに遠征をしたとき，ベレニケは夫の無事をいのって「夫にもし勝利がさずけられれば，いのちにもかえがたいこの髪をあなたにささげます」と女神に誓った．
　そして，エジプト軍の大勝利の知らせをうけとった彼女は，おしげもなくその髪をバッサリ切りおとし，女神の神殿にささげた．
　ベレニケの美しい髪は，いつのまにか神殿から姿をけしてしまった．
　女神ウエヌス（ビーナス）が，その髪をそおっともちだして，天に上げて星にしたのだ．以来この星のむれを「ベレニケのかみ」という．
　かみのけ座は「銀河の原」ともいわれ，系外銀河の宝庫として知られている．このせまい星座の中に，光度11等以上のものだけでもざっと20以上，そのうちM番号のついたものが7つある．
　望遠鏡をつかうと，ボンヤリした光のシミがいくつも同視野にとびこんできて，どれが何番なのか判断にくるしんでしまう．
　まさに，銀河の原っぱであそぶといった感じである．望遠鏡の口径が大きければ大きいほど，みえる銀河がふえて広大な宇宙をみる感激が大きくなるところだ．

おもな星

α　　これといってとりあげる星はないが，しし座β，うしかい座α，りょうけん座αでつくる三角の中に，5〜6等の微光星のむれが肉眼でも美しい．
　　　　双眼鏡をむけるとさらにみごとだ．どれがαで，どれがβかなど，どっちでもいい感じだが，"銀河の原"といわれるこのあたりの地形？は知っていたほうが，銀河さがしに役立つのでたしかめておくといい．
　　　　αから10°ほど上（北）にβ，βから10°ほど右（西）にγがある．
　　　　<13^{h}10^m　+17°32′　5.2等　F5>

β　　α, β, γでできるカギ形をさがしてみよう．
　　　　<13^{h}12^m　+27°53′　4.3等　F9>

γ　　γのちかくは散開星団 Mel 111 があって，とくに微光星が多く美しい．
　　　　<12^{h}27^m　+28°16′　4.4等　K1>

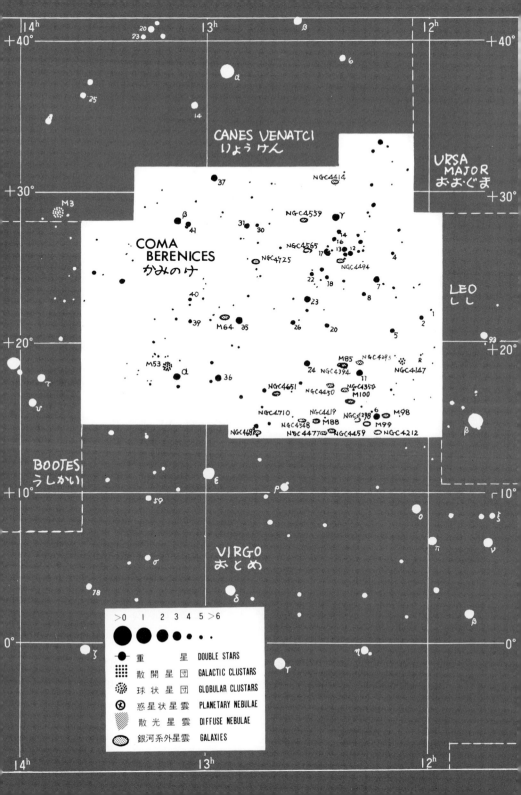

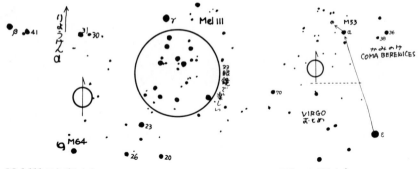

Mel 111 のさがしかた　　　　　　　　**M53** のさがしかた

散開星団

Mel 111　　かみのけ座のもっとも星がにぎやかなあたりは，実は近距離の散開星団なのだ．

γの南のあたりに双眼鏡をむけると，視野いっぱいに 5～6 等星がひろがって美しい．

かみのけ座らしい女性的なやさしい星団といった感じがする．

＜12^h23^m　＋26°24′　2.7等　275′　30個　C＞

球状星団

M53　**NGC5024**

αの北東約1°のところにあって，双眼鏡でわかる．

口径 5 cm では小さな中心が明るく，まわりはきわめて淡い．口径 10 cm なら，もっとはっきりまるい星雲状がみられる．倍率をあげても，星に分解するのはむずかしいようだ．

＜13^h13^m　＋18°10′　7.7等　12′　V＞

系外銀河

かみのけ座は，まさに"銀河の原"だ．

M天体だけでも，M64, M85, M88, M98, M91, M100 と 6 つもある．

M88

M98

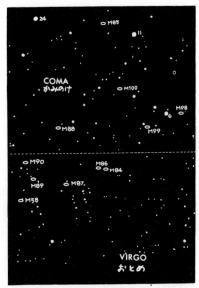
かみのけ座の系外銀河

M99

M100

　星図をみると, このあたりに望遠鏡をむけたら, 視野から系外銀河がボロボロこぼれるんじゃないかと錯覚するほどだ.
　もちろん, 実際にのぞいてみるとそういうわけにはいかない. 小口径望遠鏡でみる系外銀河は, 星図上の記号のようにあざやかにみえないからだ.
　しかし, 小口径でも, わずか微動させるだけでつぎからつぎへ視野の中にとびこんでくることは確かで, ひとつずつみている内に食傷気味でウンザリしてしまうほどだ.
　もっとも, このあたりは手あたりしだい筒をふりまわして, "なにが見えてるのかわからないがまた1つつかまえたぞ"といったみかたも楽しいものだ.
　"あてのない銀河の原を散歩する"といった

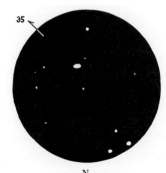

M64　口径10cm×60

M64

キザなせりふもおかしくないほど，宇宙のエキスがあなたの心をしびれさせるだろう．

小口径向きといっても口径5cmではごく淡くかすか，口径10cmでかすかだがどうにか形がわかるといった程度なので，めぐまれたシーイング，気力，体力，ともに十分のとき試みるといい．

のぞいている内に，つくづく十分な大口径がほしくなるだろう．欲求不満を感じはじめたら，あっさりあきらめて，もっとあざやかな対象に目標をかえて気分転換をはかるといい．

M64　NGC4826／**Black-eye**（黒眼銀河）

"ブラック・アイ銀河"というのは，中央が暗くみえるからだが，口径10cmていどではその感じがわからない．

双眼鏡でもみとめられる．

αから35をさがしたら，約1°北東にある．M64から南へ3°，そして東へ3°でM53がみつけられる．

さてM64は，口径5cmでも円にちかい形がボンヤリみとめられるだろう．

<12^h57^m　+21°41′　8.5等　6′.5×3′.2　Sb>

M85　**NGC4382**
11番星の東へ約1°にある．
<12^h25^m　+18°11′　9.2等　2′.1×1′.7　Ep>

M88　**NGC4501**
<12^h32^m　+14°25′　9.5等　5′.5×2′.4　Sb>

M98　**NGC4192**
<12^h14^m　+14°54′　10.1等　8′.4×1′.9　Sb>

M99　**NGC4254**
<12^h19^m　+14°25′　9.8等　4′.6×3′.9　Sc>

M100　**NGC4321**
<12^h23^m　+15°49′　9.4等　5′.3×4′.5　Sc>

9. おとめ座 <日本名>

Virgo. Virginis. Vir <学名，所有格，略符>
the Virgin <英名>
赤経 $11^h35^m \sim 15^h08^m$　赤緯 $+14° \sim -22°$ <概略位置>
1294.43平方度 <面積>
6月初旬 <20時ごろの子午線通過>

比較的大きな星座なのに，明るい星にとぼしく，配列にまとまりがないのでめだたない．

もっとも，それがはじらうおとめを感じさせて，ただ一つの1等星スピカの青白い輝きが，さらに彼女の清純な印象を強めている．

初夏のよいの南の中空に，澄んだ輝きをみせるおとめ座の主星α（スピカ）をさがすことはそんなにむずかしくない．

αからθ—γ, そしてγ—η—β, γ—δ—εと結ぶと大きなY字型ができるが，そのあたりがおとめ座だ．

おとめ座のサインはYなのだ．

ところで，このおとめ，南中時にはハシタナクよこにねてしまう．Yが＜になるのだ．

陽気のいい春のよいに，さすがの彼女も，ついうとうと，春眠にはじらいを忘れてしまったのだろう．

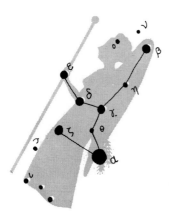

おとめ座のまわりに，かわいい星座がたくさんある．それが"オシャレおとめ"の小道具にもみえておもしろい．

頭上にヘヤピース（かみのけ座）と，ペットの子犬（りょうけん座）が2匹．左手の下にはハンドバック（からす座）．そして，彼女の足の下には，体重計（てんびん座）がある．大きなからだを気にしているおとめ心が感じられてか

わいい．

　となりに，彼女への贈り物（かんむり座）をかかえて立っている男性は，たぶんボーイフレンド（うしかい座）なのだろう．

　伝説のおとめ座は，背中につばさをもった女神だ．農業の女神デーメーテールだとも，正義の女神アストライヤの姿だともいわれる．

　女神デーメーテールの娘ペルセホネーは，さらわれて冥府（めいふ・あの世）の王プルトーンの后（きさき）にされた．

　女神は大神ゼウスにたのんで娘をとりかえした．ところが，娘はすでに冥府のザクロの実を4粒だけ口にして，1年のうち4カ月だけは冥府でくらさなければならなくなっていた．

　冬の4カ月間，草木が枯れてしまうのは，娘のいないことを悲しんだ女神（おとめ座）が，穴の中に姿をかくしてしまうからだ．

おもな星

α／スピカ Spica（むぎのほ）

　　春の三角星(おとめ座α，しし座β，うしかい座α)の一角に輝く1等星．
　　スピカは女神のもつ"むぎのほ"をあらわしている．いかにも，せん細なおとめらしい青白い輝きをみてほしい．
　　うしかい座のアルクトウルス（男星）と，同じころそろって南中するが，アルクトウルスが天頂高くのぼるのに対して約45°と低く光度も低い．すきとおるような美しさをもちながら，つねに"男星"に対してひかえめなこの"女星"に，私はたいへん魅力を感じている．
　　$<13^h25^m$　$-11°10'$　1.0等　B1$>$

β／ザビジャバ Zavijava（かど）

　　おとめの肩に輝く．
　　βから，η, γへ，εから δ, γへ，そしてγからθ→α と結ぶと，乙女のサイン"Yの字"ができる．
　　$<11^h51^m$　$+1°46'$　3.6等　F9$>$

γ／ポリマ Porrima（おとめ）

　　Yの字の中心星，おとめのへそにあたる星．
　　美しい小口径向け連星の1つだ．口径5cmクラスで挑戦してみたい．
　　連星　3.6等—3.7等　267°　1″.8 (2000年)　周期171年
　　$<12^h42^m$　$-1°27'$　2.9等　F0+F0$>$

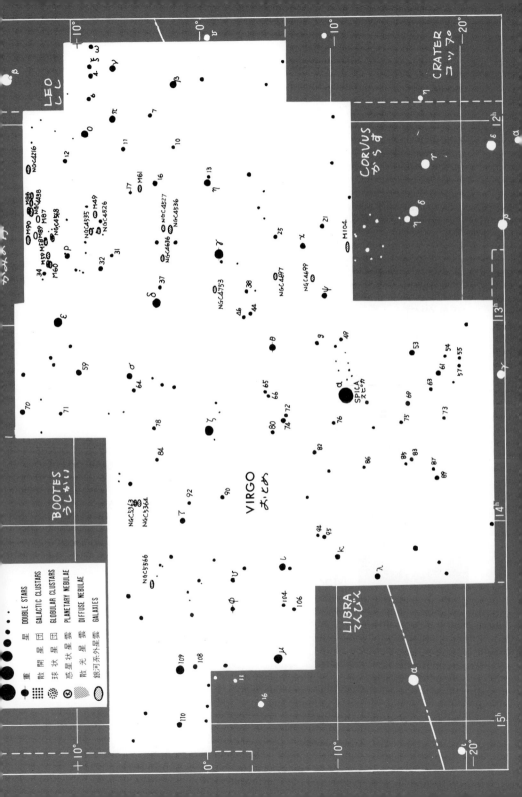

δ／ミネラウバ **Minelauva**（**?**）
　　〈12^h56^m　$+3°24'$　3.4等　M3〉

ε／ビンデミアトリックス **Vindemiatrix**（ぶどうつみ）
　この星をみて，ブドウのとりいれの日を知ったのだという．農業の女神デーメーテールが，左手にムギのほ（スピカ）をもち，右手にブドウのふさをもっているようにもみえる．
　　〈13^h02^m　$+10°58'$　2.8等　G8〉

ζ　おとめ座のひざのあたりに輝く．
　　〈13^h35^m　$-0°36'$　3.4等　A3〉

η　おとめ座のつばさにある．
　　〈12^h20^m　$-0°40'$　3.9等　A2〉

系外銀河

M104　口径10 cm×60

M104

　かみのけ座の"銀河の原"をたどる内に，いつのまにか"おとめの原"にでてしまう．
　おとめ座とかみのけ座の境界あたりはMナンバーの系外銀河がひしめきあっている．
　双眼鏡ならスッポリ同一視野の中におさまってしまうほど集中しているのだが，残念ながらいずれも双眼鏡ではおよばず，口径 5 cm クラスでも非常に淡い．口径 10 cm 以上がある人はぜひたどってみてほしい．

M49　**NGC4472**
　　〈12^h30^m　$+8°00'$　8.6等　$2'.8×1'.8$　E4〉

M58　**NGC4579**
　　〈12^h38^m　$+11°49'$　9.2等　$4'.4×3'.5$　Sb〉

M59　**NGC4621**
　　〈12^h42^m　$+11°39'$　9.6等　$2'.7×1'.6$　E3〉

M60　**NGC4649**
　　〈12^h44^m　$+11°33'$　8.9等　$2'.0×1'.8$　E1〉

M61　**NGC4302**
　　〈12^h22^m　$+4°28'$　10.1等　$5'.6×5'.3$　Sc〉

おとめ座＜春＞ 93

M87

M84　NGC4374
　　　＜12ʰ25ᵐ　+12°53′　9.3等　1′.6×1′.4　E1＞

M86　NGC4406
　　　＜12ʰ26ᵐ　+12°57′　9.7等　2′.1×1′.4　E3＞

M87　NGC4486
　　　＜12ʰ31ᵐ　+12°24′　9.2等　1′.9×1′.8　E4＞

M89　NGC4552
　　　＜12ʰ36ᵐ　+12°33′　9.5等　1′.3×1′.3　E0＞

M90　NGC4569
　　　＜12ʰ37ᵐ　+13°10′　10.0等　7′.5×2′.2　Sc＞

M104　NGC4594/Sombrero（ソンブレロ）

M104 のさがしかた

　銀河の原からひとつ離れて，からす座との境界付近にあるのだが，これはみのがさないでほしい．

　メキシコ人のかぶるつばの広い帽子，つまりソンブレロに似ているので，その名があるのだが，ソンブレロになじみのない私には，どっちかというと"ハンバーガー銀河"にみえてしまう．

　円ばん状の渦巻き銀河をまよこから見た美しい姿がみられる．

　からす座のδ，ηから北へたどるか，χから南へたどるといい．

　双眼鏡でも位置確認ができる．口径5cmで中央部がぼんやりした光のシミとしてみられる．条件のいい夜なら，すこし倍率をあげるとよこ長の全体像もみられるだろう．

　口径10cm以上で紡錘状の形がみられ，中央のふくらみも，きれながの美人の目のようにチャーミングだ．

　ときには，サンドイッチされた中央の暗黒のおび（実は暗黒星雲）がみられるという幸運な夜にめぐまれるかも知れない．

　　＜12ʰ40ᵐ　-11°37′　8.3等　6′×2′.5　Sb＞

10. ケンタウルス座 <日本名>

Centaurus. Centauri. Cen <学名，所有格，略符>
the Centaur <英名>
赤経 $11^h03^m \sim 14^h59^m$　赤緯 $-30° \sim -65°$ <概略位置>
1060.42平方度 <面積>
6月下旬 <20時ごろの子午線通過>

みなみじゅうじ座 <日本名>

Crux. Crucis. Cru <学名，所有格，略符>
the Southern Cross <英名>
赤経 $11^h53^m \sim 12^h55^m$　赤緯 $-55° \sim -65°$ <概略位置>
68.45平方度 <面積>
5月下旬 <20時ごろの子午線通過>

おおかみ座 <日本名>

Lupus. Lupi. Lup <学名，所有格，略符>
the Wolf <英名>
赤経 $14^h13^m \sim 16^h05^m$　赤緯 $-30° \sim -55°$ <概略位置>
333.68平方度 <面積>
7月上旬 <20時ごろの子午線通過>

ケンタウルス座　ケンタウルス座は，残念ながら日本では全体をみることができない．

理論的には北緯25°で，南中時なら地平線の上にすべてをみせることになるが，実際にはスレスレの星はみえないから，北緯20°以南へかけるべきだろう．

おまけに，ケンタウルス座で一番みたいαとβが，この星座の最南端にあるのだからしまつがわるい．

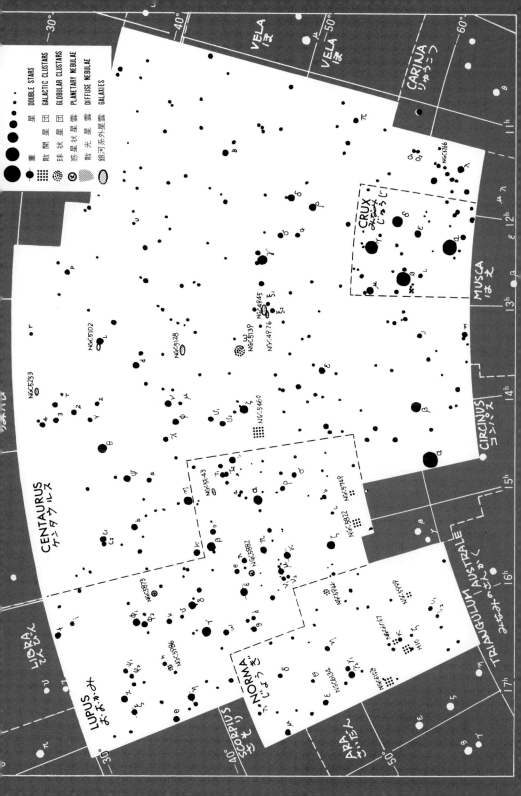

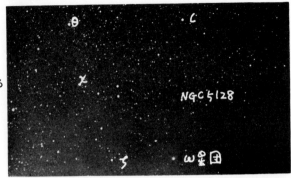

日本からみられる
ケンタウルス座

　日本で，ケンタウルス座の全容がなんとかみられるのは，東京・奄美・沖縄ぐらいだ．もちろん，東京といっても東京都，小笠原村〇〇島ということだ．
　神話にでてくるケンタウルス族は，上半身は人間で，下半身は馬という怪人だ．山野にすみ，素ぼくで乱ぼうだが，人間には好意をよせている種族としてえがかれている．

おもな星

α　　残念ながら，南十字星のみられるところでなければみられない．
　　　太陽にもっとも近い（4.3光年）恒星で，みなみじゅうじ座のすぐ東にあって輝き，α→β→の先に"南十字"をみつけることができる．
　　　＜14^h40^m　－60°50′　0.0等　G_2+K_1＞

β　　みかけはαと同じ光度だが，実は200光年のかなたで，太陽の1300倍も明るく輝いているのだ．
　　　＜14^h04^m　60°22′　0.6等　B_1＞

球状星団

　　　NGC5139　/ω（オメガ星団）
　　　　ケンタウルス座には，系外銀河も散開星団もけっこう多いのだが，日本から低すぎてほとんどは楽しめない．
　　　　その中で，この"ω星団"だけは，ぜひ一度ねらってみてほしい．
　　　　"もっとも美しく，もっとも大きい球状星

ケンタウルス座・みなみじゅうじ座・おおかみ座＜春＞ 97

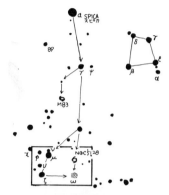

NGC5139 のさがしかた

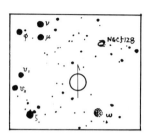

左図の拡大

口径 5 cm ×60
ω＝NGC5139

団"とハーシェルにいわせたスバラシイもので，肉眼でも 4〜5 等星ぐらいにはみられるというが，残念ながら低くてなかなか観望のチャンスがやってこない．

北緯 35°の土地で，南中高度が 7°しかないので，南に工場や市街地のある家では絶望的で（もっとも，それはω星団にかぎったことではないのだが），望遠鏡を車にのせて郊外へでかけなければならない．

双眼鏡でボーッとした光のかたまり，口径 5 cm 以上で大きく明るくキメのこまかいみごとな球状星団が楽しめるだろう．

ω（オメガ）というバイエル名があるのは，昔，恒星と感ちがいされていたせいだ．
＜13ʰ27ᵐ　−47°29′　3.7等　23′　Ⅷ＞

系外銀河

NGC5128

NGC5128

ω星団がさがせるほどのいい空にめぐまれたら，ついでにさがしてみよう．

ωの上（北）約 4°に，ケンタウルス座電波源 A で有名な銀河がある．天体写真でみると球形のまん中に黒帯の入った奇妙な形をしている．

電波望遠鏡でしらべると，近年話題の"爆発する銀河"の 1 つなのだ．この中心ですくなくとも 2 つの爆発がおこっていることが電波図から想像できる．

さてこの爆発銀河，口径5cmでかすか，口径10cmなら，ぼんやりまるい銀河の形がみとめられるだろう．

私にはその経験がないが，視力のすぐれた人なら，暗黒のおびが左右からきれこんでいるようすが，わかるともいう．

<13ʰ26ᵐ －43°01′ 7.0等 18′ I>

みなみじゅうじ座

からす座が南中するころ，南の地平線のすぐ下に"みなみじゅうじ座"がある．よい空の南十字がもっとも北にやってきて，しかも，γを上にしたもっともカッコいい十字になるのはこの頃だ．

日本でも，からす座をめあてにどんどん南へ進むと，小笠原あたりでかわいい十字が顔をみせるだろう．

4つの星を結べば，みな十字星になるので，うっかりすると，もっと大きな十字をえがきたくなるのだが，本物は意外に小さく，なんと，88星座中もっとも小さい星座である．

最大のうみへび座の1302.84平方度にたいして，みなみじゅうじ座は68.45平方度しかないのだ．

ちかくに，もっと大きな"ニセ十字星"ができるが，本物はホクロのようなεが目印になる．ちょうど，紙幣のスカシのようなものだ．

天の川の中にあるので，小さなくせにずい分にぎやかな星座で，なんと，この小さなからだに α, β の2つの1等星をもっている．

みじかい β—δ と，長い γ—α でつくる2本の軸のバランスがすばらしい．ポツンと輝くεは，その十字にアクセントをつけて，なおいっ

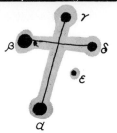

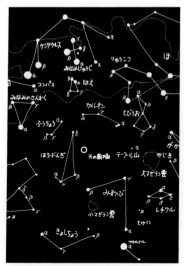

みなみじゅうじ座付近

そうこのデザインを完成品にちかづけている．

「一度は南十字を」とあこがれ，「もう一度あの星を」となつかしむのも無理はない．

十字のγからαにむかって4倍ちょっとのばしたところが，天の南極だ．

天の北極を北斗七星でさがすように，天の南極は南十字でさがすといい．残念ながら，南極星にあたる輝星がなく"なんにもナイキョク星"なのだが，昔，タヒチの土人達は，丸木舟で赤道をこえて，なんとハワイあたりまで足をのばしたらしい．

おそらく，南十字星をたよりに航海したのだろう．

もし，まちがえて"ニセ十字"をつかって航海したら大変だ．きっと本当にコウカイすることになる．

おおかみ座

さそり座の右下（南西）に，ケンタウルスの槍（やり）に突かれて，あおむけにのけぞったオオカミがいる．

ケンタウルス座に属していたのだが，ヒッパルコスによって独立させられた．といっても紀元前のことだが，このオオカミ，ケンタウルスともつれあって，どこまでがケンタウルス座で，どこからおおかみ座なのかはっきりみわけられない．

星図の上では，θ—η—χ あたりを頭にして，η—γ を首，γ—δ—β—α—ζ—ε とみていくと，なんとなくオオカミらしい雰囲気はでてくる．

残念ながら，実際の空では，低すぎてたどることもむずかしいだろう．

11. うしかい座 <日本名>

Bootes. Bootis. Boo <学名, 所有格, 略符>
the Herdsman <英名>
赤経 $13^h33^m \sim 15^h47^m$　赤緯 $+7°\sim+55°$ <概略位置>
906.83平方度 <面積>
6月下旬 <20時ごろの子午線通過>

かんむり座 <日本名>

Corona Borealis. Coronae Borealis. CrB <学名, 所有格, 略符>
the Northern Crown <英名>
赤経 $15^h14^m \sim 16^h22^m$　赤緯 $+26°\sim+40°$ <概略位置>
178.71平方度 <面積>
7月中旬 <20時ごろの子午線通過>

うしかい座

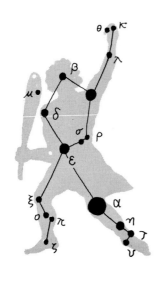

　6月のよいに、おもいきって頭上をあおぐと、ほとんどテッペンにオレンジ色の輝星が発見できる。

　それは、うしかい座の主星αにちがいない。光度0.2等と、なかなかの輝星だ。

　さて、αのほんの少し北に西洋凧のような五角形が描けたら、あなたは牛飼いの上半身をみていることになる。

　牛飼いは、猟犬（りょうけん座）をつれて大熊（おおぐま座）を追っている。

　この追いかけっこ、北極星のまわりをまわって秋までつづく。

　αのオレンジ色が、日焼けした健康そうな牛飼いの顔を想像させてくれるだろう。

　βを頭にして、δ—γを肩、ε—σ—ρを腰とみると、逆三角形のたくましい上半身がえがける。

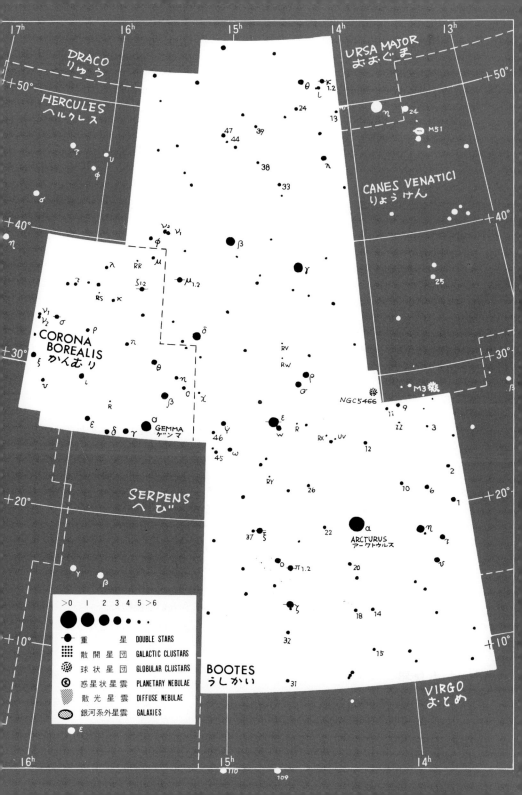

腰の下にある主星αは，牛飼いのひざっ小僧あたりに輝くが，牛飼いを，現代流にカウボーイとみれば，早射ちボーテスの腰にぶらさがった拳銃にもみえてくる．

おそらく，南東の地平線からのぼるさそり座にむかって，華麗なガンさばきをみせようというのだろうか．

αの固有名はアルクトウルス．

アルクトウルスには"熊の番人"という意味がある．

なるほど，いつも"おおぐま座"のシッポにぶらさがっている．アルクトウルスは，シッポ（北斗七星）の先をのばしてさがす手もあるのだ．

6月，麦のとり入れのころ，アルクトウルスはよい空の真上に輝くようになる．

麦のとり入れで，忙がしい日をおくり，気がついたらもう日は暮れてしまった．つかれた腰をのばして空をあおぐと，頭上にムギ色をした一番星が輝いていた，ということなのだろう．そのせいだろうか，日本に"むぎ星"という呼名がある．

6月といえば，そろそろ，街のビルの屋上ではビヤガーデンがひらかれる季節だ．

現代の大人達には，"むぎ星"より"ビール星"がふさわしいアルクトウルスである．

ちょうど色もビール色だ．

伝説のうしかい座は，天をかつぐ大男アトラスの姿だといわれる．

大神ゼウスとの戦いにやぶれた巨神族の一人アトラスは，その責任をとらされて，永遠に天をかつぐことになった．

しかし，アトラスはその運命にたえきれなかった．

そこで，アトラスは勇士ペルセウスに，かれが退治した怪物メデューサの首をみせてくれるようにたのんだのだ．

メデューサは，顔をみたものすべて石にしてしまうという怪物だ．

メデューサの首をみつめたアトラスは，またたくまに巨大な岩石となった．岩になったアトラスは，いまもなお，肩の上に天をささえ続けている．

おもな星

α／アルクトウルス **Arcturus**（熊の番人）

おおぐま座のしっぽ（北斗七星）の先をのばしたところに輝くので"熊の番人"にみえるのだろう．

距離36光年にある光度0等のみごとなオレンジ色（K型星）の輝きは，6月のよいに南中し，夏のおわりまで姿をみせる．

麦のとり入れ期に高くのぼるので，日本名"むぎぼし"がある．

αからε―δ―β―γ―ρ―αと結ぶと"男星"にふさわしい大きなネクタイができる．

おとめ座スピカの"女星"のブルーとみくらべてほしい．中国名は"大角星"．

<14^h16^m　+19°11′　0.0等　K1>

β／ネッカル Nekkar（牧人）

うしかいの頭に輝く．

<15^h02^m　+40°23′　3.5等　G8>

γ／セギヌス Seginus(?)

<14^h32^m　+38°19′　3.0等　A7>

δ　　うしかい座のαからεとたどり，その距離だけのばすとよい．

<15^h16^m　+33°19′　3.5等　G8>

ε／プルケリマ Pulcherrima（もっとも美しいもの）

ロシヤのストルーベに"もっとも美しいもの"と名づけられただけあって美しい重星だ．

光度差があって分離が楽ではないが，口径5cmクラスのテスト星となっているので，シーイングのいいとき挑戦してみてほしい．

色の対比の美しさは，もうすこし大きい口径がほしい．黄と緑とか，黄とアイとか，表現はまちまちだが，一度は自分の目でたしかめてみたい星だ．

重星　2.7等―5.1等　338°　2″.9（1957年）

<14^h45^m　27°04′　2.7等　K0-A2>

$\mu_{1,2}$　　双眼鏡でμ_1，μ_2にわかれる重星だが，μ_2はさらに7等と8等の連星だ．口径10cm以上でなら分離する．

双眼鏡重星　4.3等―6.5等　171°　108″.8（1941年）

連星　μ_2　7.2等―7.8等　24°　2″.0（1970年）周期260年

{μ_1　15^h24^m　37°23′　4.3等　F2}
{μ_2　15^h24^m　37°21′　6.5等　G1}

かんむり座

　かんむり座は，梅雨あけのころ天頂にあらわれる．うしかい座とヘルクレス座にはさまれて，半円形にならんだ星がかんむり座だ．

　θ—β—α—γ—δ—ε—ι の7つ星でつくる半円は，主星 α の2等星をのぞき，あとは3等星以下と暗いのだが，配列の美しさが一度みたら忘れられない星座にしている．

　この半円には，多くの呼名がある．それだけ人の目にとまりやすい星だということなのだ．"カミナリさんのたいこ星"というのは，子どもが名付け親らしい．梅雨あけを待ちこがれた子ども達が，つゆあけのカミナリのあと，ひさしぶりに晴れた空高くこの星をみつけた．そこに小さなタイコをいくつもひもでつないだカミナリさんのタイコがあったのだ．

　そのほか"鬼のかまど""首かざり星"アラビヤでは"アルフェッカ（欠け皿）"オーストラリア土人は"ブーメラン"など．

　伝説のかんむりは，酒の神バッカス（ディオニソス）が，クレタ島の王女アリアドネにおくったもの．恋人をうしなって悲しむ王女をなぐさめようとしたのだ．

　7つの星は，かんむりにちりばめた宝石をあらわし，2等星 α はゲンマ（宝石）とか，マルガリータ・コロネー（かんむりの真珠）という固有名で知られている．

　半円以外の星にまとまりがなく，かんむりの形をおもいうかべるのは，ちょっとむり．

　むしろ，U字形に結ばれる形から，"真珠のネックレス"にみるほうがふさわしい．

　かんむり座の学名コロナ・ボレアリスには，北のかんむりという意味がある．いて座の下にあるコロナ・アウストラリス（南のかんむり）に対する名前なのだ．

おもな星

α／ゲンマ Gemma（宝石）

　α を中心にかわいいドンブリがえがける．こういう深めのドンブリでたべるうどんはおいしいはずだ．

さて、このドンブリ、実はカンムリをあらわし、半円をつくる7つ星はカンムリの宝石だという。小さな星座だがαが2等星なので意外とさがしやすい星座だ。

うしかい座とヘルクレス座にはさまれているので、二人のたくましい男性にまもられたかわいい恋人といった愛らしさも感じられる。

<15h35m　+26°43'　2.2等　A0+G5>

β　かんむりの七つ星の一つ。
　　<15h28m　+29°06'　3.7等　F0>

γ　かんむりの七つ星の一つ。
　　<15h43m　+26°18'　3.8等　B9+A3>

δ　かんむりの七つ星の一つ。
　　<15h50m　+26°04'　4.6等　G3>

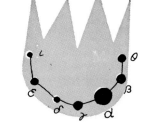

ε　ιからε, δ, γ, α, β, θまで7つ星を結んだ半円には呼名の種類が多い。あなたには何にみえるだろう。

すてきな恋人がみつかったとき、この"星のネックレス"を贈ってはどうだろうか。

<15h58m　26°53'　4.2等　K2>

$\zeta_{1,2}$　小口径向きの重星。
　　重星　6.0—5.1　305°　6".28 (1957年)
　　$\begin{cases} \zeta_1 & 15^h39^h　+36°38'　6.0等　B6 \\ \zeta_2 & 15^h39^m　+36°38'　5.1等　B7 \end{cases}$

σ　口径5cmクラスで分離する数少ない連星の一つだ。
　　連星　5.7等—6.7等　232°　6".53 (1973年) 周期1000年
　　$\begin{cases} \sigma_1 & 16^h15^m　+33°51'　6.7等　G1 \\ \sigma_2 & 16^h15^m　+33°52'　5.6等　G0 \end{cases}$

R　このRは、いつもは6等星だが、ある日突然暗くなって姿をくらませてしまう珍しい変光星として有名だ。

この種の星は比較的炭素を多く含むので、炭素のコロイド粒子（スス？）の雲につつまれて暗くなるのではないかと考えられる。

かんむり座をみたら、かならずRに注意してみるようにしよう。双眼鏡をつかうといい。

変光星　5.8等～14.8等　RCrB型変光星
<15h49m　+28°09'　変光　G0>

夏の星座のさがしかた

夏は，**さそり座**と，**夏の大三角星**がさがせたらいい．あとはそこからたどればいいのだ．

★**さそり座**は，アンタレスが南中するころをねらって，アンタレスを中心にしたへの字と，全体のS字形をめじるしにさがすといい．まずさがせない人はないだろう．

★さそり座のすぐ前（西）に逆くの字にならんだ**てんびん座**がある．

★さそり座のうしろ（東）に，サソリをねらう**いて座**がつづいている．

三つたてにならんだ $\lambda, \delta, \varepsilon$ を弓にみたて，まん中からつきでた γ を矢の先にみればいい．

★いて座の弓の下に，条件にめぐまれたときにかぎり，**みなみのかんむり座**の曲線状にならんだ微光星がみつかるだろう．

★**夏の三角**は，7月のよいなら東より，9月なら真上，11月なら西からあおぐといい．

明るい1等星なのでだれでも，かんたんにみつけられる．すこし細長い二等辺三角形だ．

★夏の三角星中もっとも明るく，もっとも青白く輝くのが，**こと座のベガ**だ．

★こと座のベガの日本名は，有名なオリメヒだが，天の川をはさんで輝くもう一つの1等星が，ヒコボシだ．

ヒコボシは，夏の三角星中二番目に明いこと，左右に3等星と4等星がならんでいて三つ星になるのが，みわけポイントになる．

ここは**わし座**で，ヒコボシはアルタイル．

★アルタイルがわかれば，**や座**と**いるか座**はかんたんにみつかるだろう．

★とくに**いるか座**の菱形はよくめだつ．

★**こぎつね座**は，や座とはくちょう座にはさまれているのだが，これといっためだつ星の配列がない．

★三角星中一番暗いのは，**はくちょう座**のデネブだ．

大きな十字が，オリヒメ（ベガ）とヒコボシ（アルタイル）の間にたって，アイアイ傘のようだ．

★大三角の一角デネブをつまんで，パタンと逆に倒すと，そこに2等星がある．**へびつかい座**の頭に輝くラスアルハゲだ．

へびつかい座は，ラスアルハゲを頂点にして，さそり座の上にどっかと腰をおろした五角形（しょうぎの駒のような形）をさがしてみよう．

★**ヘルクレス座**は，南中時にほとんど天頂にのぼる．からだをあらわすH字形の星のならびがめじるしだが，3等星以下なので，なれないとさがしにくい．

へびつかい座のラスアルハゲのとなりの3等星が，ヘルクレスの頭をあらわすラスアルゲチだ．ヘルクレスは，南からあおぐと頭を下にしてさかさまにみえる．

★ヘルクレス座のH字形のすぐとなりに，**かんむり座**がある．

★ヘルクレス座の足の下（北からあおいだらいい）に，オリヒメをつけねらうリュウの頭の四辺形 α, β, ξ, ν がみつかるだろう．

りゅう座は四辺形の頭から大きくうねってこぐま座とおおぐま座の間へしっぽをわりこませている．主星ツーバンは，おおぐま座の η とこぐま座 β にはさまれたところにある．

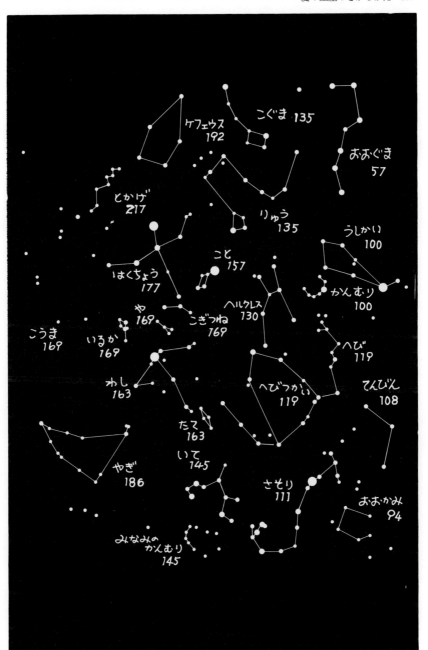

12. てんびん座 <日本名>

Libra. Librae. Lib. <学名，所有格，略符>
the Scales <英名>
赤経 $14^h 18^m$ 〜$15^h 59^m$　赤緯 $0°$〜$-30°$ <概略位置>
538.05平方度 <面積>
7月上旬 <20時ごろの子午線通過>

　　てんびん座は，さそり座とおとめ座にはさまれて，春が夏にかわろうとするころのよいに南中する．
　　黄道12星座の中の1つで，いまから3000年ほど昔，秋分の太陽が輝いたところだ．てんびんはおそらく秋分の昼夜のつりあいを表現したものなのだろう．
　　もっとも，現在は地球の首振り運動（歳差）のために，秋分点がおとめ座に移ってしまったので，その意味がなくなったのだが……．
　　正義の女神アストライア（ディケー）のつかったてんびんだという説もある．
　　神々が人間といっしょに地上でくらしていた大昔，正義の女神ははかりをつかって善悪を判断し名裁判官だった．しかし，人間はどんどんふえ，悪がますますさかえて，とうとう戦争という集団の悪事をはたらくようになると，女神は人間にみきりをつけて天に昇っておとめ座となった．以来，人間は強いものが勝手にきめる善悪の判断にしたがって生活をしなければならなくなったのだ．
　　女神がつかったはかりは天に上って"てんびん座"となった．争っている二人をてんびんばかりの左右の皿にのせると，アーラフシギ，悪人

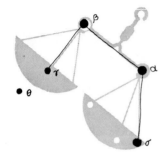

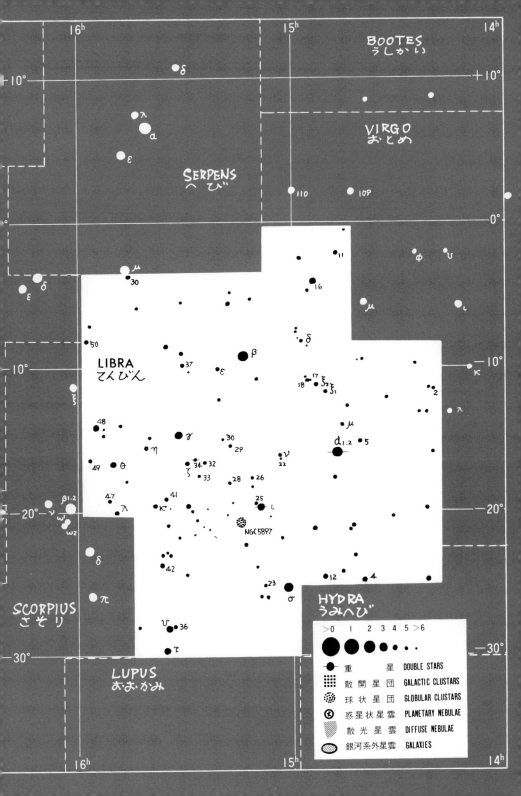

のほうがグウッと下ってしまうという善悪計だったのだ．
　ところで，このてんびん座は，かつて"はさみ"とか"さそりの爪"と呼ばれたことがある．
　ちょうど，ふりかざしたサソリのはさみにあたるからだ．したがって，てんびん座はさそり座の前をさがせばいい．
　サソリの前（西）に $\beta-\alpha-\sigma$ でつくる裏がえしのくの字がある．α, β を天秤棒とみてもいいし，天秤の2つの皿にみてもいい．

おもな星

$\alpha_{1,2}$／ズベン・エルゲヌビ Zuben Elgenubi（南の爪）

　　　かって，サソリのはさみであったのだが"南の爪"はその名ごりだ．現在では，てんびん座になって，天びんの皿をあらわしている．
　　　別名キッファ・アウストラリス Kiffa Australis（南のかご）．
　　　双眼鏡重星　$\alpha_1-\alpha_2$　5.2等—2.8等　F4—A3　230″
　　　　<α_2　14^h51^m　$-16°02'$　2.8等　A3>

β／ズベン・エスカマリ Zuben Eschamali（北の爪）

　　　α とともに，サソリのはさみであった．
　　　天びんのもう一つの皿をあらわし，キッファ・ボレアリス Kiffa Borealis（北のかご）の呼名がある．
　　　青白い高温星だが，人によっては"グリーンの輝きが美しい"といわれる．
　　　さて，あなたの目にはどうみえるだろうか．
　　　<15^h17^m　$-9°23'$　2.6等　B8>

γ／ズベン・エルハクラビ Zuben Elhakrabi（かにの爪）

　　　$\alpha-\beta$ を天びん棒とみると，γ と σ が2つのうけ皿にみえる．
　　　<15^h36^m　$-14°47'$　3.9等　G8>

ι

　　　$\alpha-\beta-\gamma-\iota$ で4辺形ができる．
　　　ι は ι_1（5等）と ι_2（10等）の重星，そしてさらに ι_2 は11等の重星，つまり三重星だ．
　　　ただし三重星をみるには，口径 10 cm 以上が必要．
　　　重星　$\iota_1-\iota_2$　4.5等—9.7等　111°　58″.6（1914年）
　　　重星　ι_2　10.5等—10.5等　19°　1″.9（1913年）
　　　<15^h12^m　$-19°48'$　4.5等　B9>

13. さそり座 <日本名>

Scorpius. Scorpii. Sco <学名，所有格，略符>
the Scorpion <英名>
赤経 $15^h44^m \sim 17^h55^m$　赤緯 $-8° \sim -46°$ <概略位置>
496.78平方度 <面積>
7月下旬 <20時ごろの子午線通過>

　夏休みをむかえるころ，南をみて，赤味がかった1等星アンタレスをさがし，サソリをえがくことはかんたんだ．

　さそり座のめじるしは，赤い主星α（アンタレス）と，釣針のようにならんだシッポだろう．シッポをはねあげて，はさみをふりかざすさそり座は，まさに夏の王者である．

　アンタレスは赤くみえることで有名．"赤星" "酒酔い星"，中国では"大火"，子ども達には"ウメボシ殿下"と呼ばれる人気星なのだ．

　τ—α—σ とつなぐへの字がサソリの胸，しっぽの曲線はαから下へτ—ε—μ—ζ—η—θ—ι—κ—λ とたどればいい．λ—υ が毒針なのだろう．

　釣針のようにみえるしっぽは，日本で"タイ釣星"，ポリネシヤでは"マウイの釣針"と呼ぶ．

　マウイという怪力男が，クジラの骨で大きな

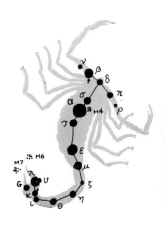

アンタレス付近

釣針をこしらえて，太平洋のまん中で魚つりをした．そして，とうとう彼はたいへんなえ物を釣り上げた．魚じゃなくて大きな島を釣ったのだ．それが今のニュージーランドだという．

釣針は，はずれたはずみで天にぶつかってひっかかってしまったのだ．

いかにも，南の島の伝説らしくスケールが大きい．ポリネシヤのあたりでみるさそり座は，天頂ちかくにのぼるからかも知れない．

日本のさそり座は，南の空低くのぼるので，ながくはみられない．南東の空にヌウッとでて，南西の空にズルズルッと消えてしまう．ピチピチしたサソリがみられるのは，せいぜい8月いっぱい．夏のおわりの9月には，もうデレーッとねそべってしまう．

さそり座はまさに夏の星座だ．

伝説のサソリは，乱ぼうもののオリオンを倒したたいへんな毒虫だ．彼はその手がらで天に上げてもらったのだという．

おもな星

α／アンタレス Antares （火星の敵）

夏の南のよい空ではみのがせない1等星の1つだ．

アンタレスは，アンチ・アレスがつまったもので，同じ赤色に輝く火星に対抗するという意味だ．

太陽の直径の230倍もあろうという赤色超巨星で，赤くみえることが多くの呼名をうんでいる．中国で"大火"，日本で"あかぼし""酒よいぼし"口の悪い人は"うめぼし"，両側のτとσを結ぶとへの字になるところから，両親を天びん棒でかつぐ"親孝行ぼし""親にないぼし"，同じく穀物をかつぐ"豊年星"，荷物が多くて顔が赤いというのだ．

輝く位置から，コル・スコルピイ Cor Scorpii （サソリの心臓）ともいうが，不気味な赤い輝きがいかにも毒虫の心臓らしくすばらしい．

αは青緑色の7等星をともなう有名な重星でもある．光度差が大きく分離がむずかしく，口径15cm以下で分離できれば優秀，たびたび挑戦してほしい．なるべく高くにあるシーイングのいいときをねらって，200倍くらいの高倍率でねらってみよう．

重星　1.0等—6.5等　M1—B4　276°　2″.96（1959年）
＜16^h29^m　−26°26′　1.0等　M1+B4＞

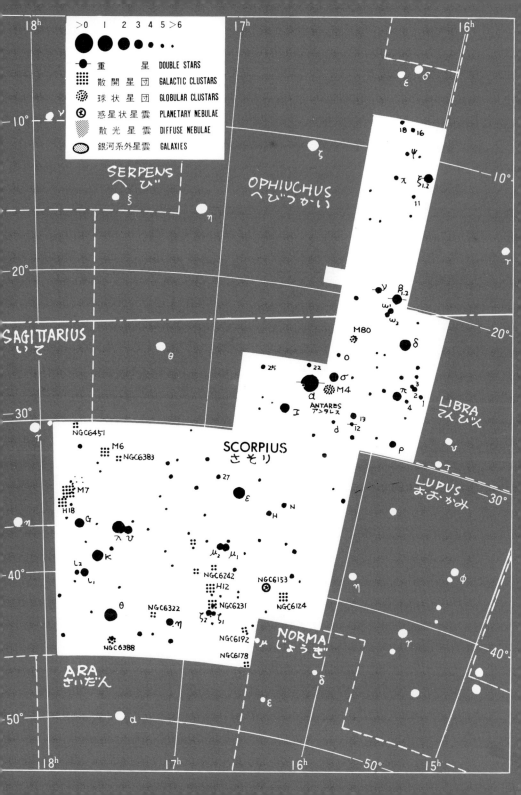

β／アクラブ Acrab（さそり）
　　サソリの左眼あたりに輝く．別名グラッフィアス Graffias（かに）．口径5cm クラス向け重星．
　　重星 $β_1—β_2$　2.6等—4.9等　23°　13″.7（1925年）
　　＜16^h05^m　−19°48′　2.6等　B1+B2＞

δ／ドシュバ Dschubba（ひたい）
　　＜16^h00^m　−22°37′　2.3等　B0＞

ε　　いて座にねらわれるサソリのオシリ．
　　＜16^h50^m　−34°18′　2.3等　K2＞

$ζ_1$, $ζ_2$／双眼鏡重星
　　青い5等星（B型）と，赤い4等星（K型）がならぶみごとな双眼鏡重星．地平線にちかく，肉眼重星としてみることはむずかしいだろう．双眼鏡ではζの上が，散開星団 NGC6231 のせいで，大変にぎやかだ．
　　｛$ζ_1$　16^h54^m　−42°22′　4.7等　B1｝
　　｛$ζ_2$　16^h54^m　−42°22′　3.6等　K4｝

η　　サソリのしっぽ．
　　＜17^h12^m　−43°14′　3.3等　F2＞

θ　　サソリのしっぽ．
　　＜17^h37^m　−43°00′　1.9等　F1＞

$ι_1$, $ι_2$　双眼鏡対象．
　　｛$ι_1$　17^h48^m　+40°08′　3.0等　F2｝
　　｛$ι_2$　17^h50^m　+40°05′　4.8等　A2｝

κ　　どくばりのつけねにある．
　　＜17^h42^m　−39°02′　2.4等　B1＞

λ／シャウラ Shaula（どくばり）
　　その名のごとく λ→υ で，サソリの毒針をあらわしている．
　　＜17^h34^m　−37°06′　1.6等　B2＞

υ／レサト Lesath（針，刺す）
　　＜17^h31^m　−37°18′　2.7等　B2＞

$μ_1$, $μ_2$／すもうとりぼし／肉眼重星
　　よこに並んだ2つが，競争でまたたくので，まるで子どもたちが2人，

とっくみ合っているようにみえて可愛い.
「みえたら合格!」といって目だめしにも使えるたのしい肉眼重星.

$\begin{cases} \mu_1 & 16^h52^m & -38°03' & 3.1等 & B1 \\ \mu_2 & 16^h52^m & -38°01' & 3.6等 & B2 \end{cases}$

ν／ダブルダブルスター（4重星）

νは口径 5 cm クラスで簡単にわかれる重星だが，わかれた ν_1 と ν_2 はさらに2つずつにわかれる.「ν_1 は口径 5 cm ではむりかな？ ν_2 は口径 5 cm ではむりでしょう」といったところだが，一応ためしてみよう.

重星 ν_1-ν_2 6.3等-4.0等 337° 41″.4（1925年）
$\begin{cases} 重星\ \nu_1 & 6.8等-7.8等 & 50° & 2''.1（1924年） \\ 重星\ \nu_2 & 4.4等-6.4等 & 2° & 1''.0（1924年） \end{cases}$
＜16^h12^m $-19°28'$ 4.0等 B3＞

ξ

サソリのはさみに輝く．
＜16^h04^m $-11°22'$ 4.2等 F6＞

$\omega_1\omega_2$／肉眼重星

サソリの左目（β）のすぐ下に，ホクロのようにポチポチならんでいる．$\mu_1\mu_2$ が楽にみえたら $\omega_1\omega_2$ をさがしてみよう．これが楽にみえたらかなりいい目だ．さらに $\zeta_1\zeta_2$ に挑戦してみるといい．

$\begin{cases} \omega_1 & 16^h07^m & -20°40' & 4.0等 & B1 \\ \omega_2 & 16^h07^m & -20°52' & 4.3等 & G3 \end{cases}$

散開星団

M6 NGC6405

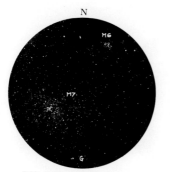

M6, M7 双眼鏡 6×30

M7と共にみごたえのある散開星団だ．暗夜なら目のいい人にはぼんやりみえるほどで，さがすのには苦労しない．サソリのしっぽのκからG→M7→M6とたどってはどうだろう．

双眼鏡ではM7とM6が同じ視野の中にならんでみごとだ．明るく大きいほうがM7で，こじんまりみえるほうがM6だ．

このみかけのちがいは，M6のほうがM7にくらべて，500光年ほど遠いからだと考えられる．

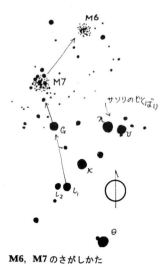

M6, M7 のさがしかた

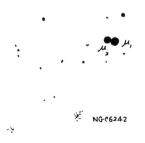

M7

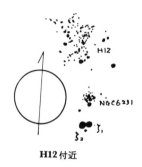

H12付近

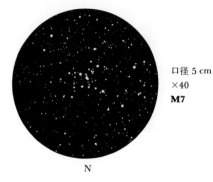

口径 5 cm
×40
M6

双眼鏡でみたM6は，ぼんやりした星雲状の光の中に明るい星がいくつかみられる．口径 5 cm なら，視野いっぱいにひろがるみごとな星の集団がみられるだろう．

みのがせない星団の一つだ．

＜17^h40^m $-32°13'$ 4.2等 25′ 50個 e＞

NGC6475

κ→G→の先に，大きく明るく，肉眼でもいくつかの星をかぞえる人がいるほどだ．

双眼鏡の大型のものなら，みごとにひろがった星のむれが十分楽しめるだろう．

口径 5 cm～10 cm では，もちろんもっとすばらしいが，大きいのでなるべく低倍率でみるほうが美しいようにおもう．

口径 5 cm
×40
M7

さそり座＜夏＞ 117

NGC6124, 6231, 6242, H12 付近

左図参照

カシオペヤ座のM52がスミレの花なら，M7は大輪の菊といったところだ．
＜17^h54^m　$-34°49'$　3.3等　80′　50個　e＞

NGC6124 　$\zeta_{1,2}$ の西，$\zeta_{1,2}$—$\mu_{1,2}$—NGC6124 でほぼ正三角形のできるあたりにある．

双眼鏡でみとめられる．口径 5 cm で中心部にあつまった星がみられ，口径 10 cm ではみごと．
＜16^h26^m　$-40°40'$　5.8等　29′　120個　e＞

NGC6231 　$\zeta_1\zeta_2$ のすぐ上にある．

双眼鏡でみると比較的明るい星がゴチャゴチャむらがっている．

口径 10 cm クラスではなかなかみごと．
＜16^h54^m　$-41°48'$　2.6等　15′　120個　e＞

H12 　NGC6231 のさらに上（北）に，6〜7等星がずい分広くひろがっている．
＜16^h57^m　$-40°41'$　6.5等　40′　200個　c＞

NGC6242 　$\mu_{1,2}$ の約1°南にある．小さいが口径 5 cm でみとめられる．口径 10 cm でなら楽しい．
＜16^h56^m　$-39°30'$　6.4等　10′　40個　f＞

球状星団

M4　**NGC6121**

さそり座3星にちかいのでさがしやすい．

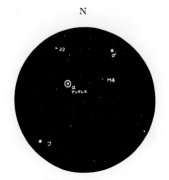

M4 双眼鏡　7×50

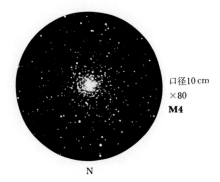

口径10cm
×80
M4

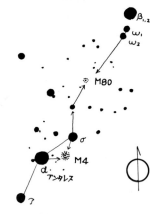

M4, M80 のさがしかた

M80

M80　口径15cm　×60

アンタレス（α）と σ とM4で小さな三角形ができるあたり（α の1.5°西）をさがしてみよう．

双眼鏡でみると，淡い光のシミにみえるだろう．

口径 5cm×30 でみると，周辺のいくつかの星がみえてくるほど，球状星団としてはまばらだ．

口径 10cm ではボーッと明るい中心から，まわりに，星のつらなったえだがいくつもでているようすもみられるだろう．

<16^h24^m　$-26°32'$　5.9等　$26'$　Ⅸ>

NGC6093

アンタレス→σ→o とたどり，o から ω にむかって約1.5°先にある．

M4とは対照的で，中心部に星が集中したとてもかわいい球状星団だ．

双眼鏡では小さくて恒星状，口径 5cm ならその光点を中心にぼんやりした光がつつむのがみとめられる．口径 10cm でも星には分解できず，みかけの姿はあまりかわらないだろう．

タイプのちがったM4とみくらべてみよう．

<16^h17^m　$-22°59'$　7.2等　$9'$　Ⅱ>

14. へびつかい座 <日本名>

Ophiuchus. Ophiuchi. Oph <学名，所有格，略符>
the Serpent Bearer <英名>
赤経 $12^h58^m \sim 18^h42^m$　赤緯 $+14° \sim -30°$ <概略位置>
948.34平方度 <面積>
8月上旬 <20時ごろの子午線通過>

へび座 <日本名>

Serpens. Serpentis. Ser <学名，所有格，略符>
the Serpent <英名>
赤経 $14^h55^m \sim 18^h56^m$　赤緯 $+26° \sim -16°$ <概略位置>
636.93平方度 <面積>
7月中旬（頭）8月中旬（尾）<20時ごろの子午線通過>

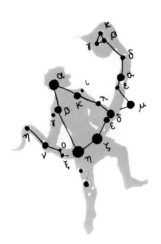

　へびつかい座は，大きくひろがりすぎて，まとめるのに苦労する．なれない人はいきなりヘビつかいをさがさないで，南中したさそり座のアンタレスを足がかりにするといい．

　アンタレスの上に $\eta-\zeta-\varepsilon-\delta$ の斜線をさがし，頭の α，両肩の β, κ と結ぶと，大きな将棋（しょうぎ）の駒ができる．

　このヘビつかいは，両手で大きなヘビ（へび座）をつかみ，サソリを踏みつけている．

　η と ζ がひざっ小僧，右足は $\eta-\xi-\theta$，左足の $\zeta-\phi-\omega$ はちょうどアンタレスを踏んでいる．左手は ε, δ で，右手は ν, τ で，それぞれヘビをにぎっている．

　このヘビ，へびつかい座から独立して，へび座となっているが，ヘビつかいの体で，頭としっぽが二分された珍らしい星座となっている．

へび座の頭部は，へびつかい座の δ から μ—ε—α—δ—β と右上へのばすのだ．β から—γ—κ と結んでできる三角がヘビの頭で，ちょうどかんむり座のすぐ下にある．

かんむりの宝石をつけねらうヘビといったところだ．

しっぽはへびつかい座の η のよこの ξ から θ まで，しっぽの先はわし座のアルタイルをさしている．

伝説のヘビつかいはギリシャの名医アスクレピオスの姿だという．

アスクレピオスは手にした大ヘビを患者の前につきだしてショック療法につかった．

そして，ついに彼の手法は死者をよみがえらせるまでにいたり，冥府の神プルトーンをあわてふためかせたという名医だ．

プルトーンのうろたえぶりを知った大神ゼウスは，天地の常道をこわされることをおそれ，この名医を雷げきで打ち殺して天に上げ星にしたという．

もっとも，ヘビをつかったショック療法というのは，いささかまゆつばで，アスクレピオスがメデュウサ（頭の髪がヘビという女の怪物）の血によって，死者をよみがえらせる能力を得たというのが，名医とヘビの関係らしい．

へびつかい座の頭（α）の右どなりに輝く3等星は，ヘルクレス座の α, さかさまになったヘルクレスの頭だ．

おもな星（へびつかい座）

α／ラス・アルハゲ Ras Alhague（へびつかいの頭）

あたまに輝く星がアルハゲと聞いて，おもわずニヤリとしてしまう．

Alhague だからアルハゲというよりアルハゲェと読むべきで，もちろんハゲているわけではない．

この α がさがせたら，α を頂点に α—β—η—ζ—ε—κ をつないで大きな5角形ができれば，へびつかいの姿を想像できる．

夏の大三角の内，はくちょう座 α をつまんでバタンと逆にたおしてできる三角の頂点に，このへびつかい座 α がある．

<17^h35^m　+12°34′　2.1等　A5>

β／ケルブ・アルライ Kelb Alrai（ひつじかいの心ぞう）

へびつかいの右肩に輝き，固有名の心ぞうとは関係がないらしい．

<17^h43^m　+4°34′　2.8等　K2>

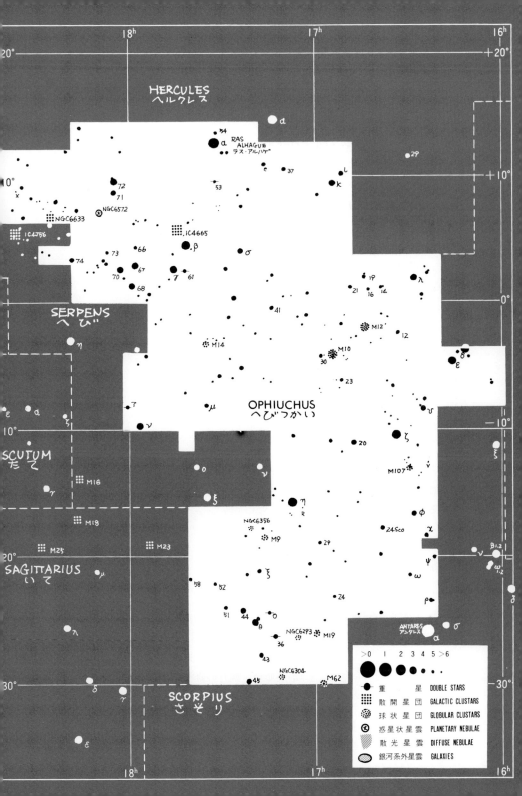

γ　　β とならんで，へびつかいの右肩に輝く．
　　　＜17ʰ48ᵐ　＋2°42′　3.8等　A0＞

δ／イェド・プリオル Yed Prior（手のまえ）
　　　δ，ε がヘビをつかむ左手をあらわしている．
　　　＜16ʰ14ᵐ　−3°42′　2.7等　M0＞

ε／イェド・ポステリオル Yed Posterior（手のうら）
　　　＜16ʰ18ᵐ　−4°42′　3.2等　G9＞

ζ　　ζ が左，η が右のヒザに輝く．
　　　＜16ʰ37ᵐ　−10°34′　2.6等　O9＞

η／サビク Sabik（さきだつもの，追うもの）
　　　＜17ʰ10ᵐ　−15°43′　2.4等　A2＞

ι　　κ とならんで，へびつかいの左肩．
　　　＜16ʰ54ᵐ　＋10°10′　4.4等　B8＞

κ　　へびつかいの左肩にある．
　　　＜16ʰ58ᵐ　＋9°23′　3.2等　K2＞

λ／マルフィク Marfik（ひじ）
　　　＜16ʰ31ᵐ　＋1°59′　3.8等　A0＞

ρ　　へびつかいの左足にあって，サソリの心ぞう（α）をふんづけている．このあたりを散光星雲 IC4603-4 がつつんでいるが，残念ながら写真でみるようなみごとな姿はみられない．
　　　＜16ʰ26ᵐ　−23°27′　4.6等　B2＞

散開星団（へびつかい座）

IC4665　　へびつかいの右肩（β）の上に，まるで肩章のようにのっかっているのがこの星団だ．

　　　ひじょうにまばらで星数も少ないが，星が明るいので，双眼鏡や口径 5 cm 低倍率でなかなか楽しい．満月の直径の 2 倍ほどにひろがっている．
　　　＜17ʰ46ᵐ　＋5°42′　5.9等　60′　13個　c＞

へびつかい座・へび座＜夏＞

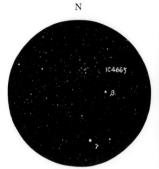

IC4665　双眼鏡　6×30

IC4665 付近

球状星団（へびつかい座）

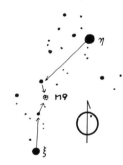

M9 のさがしかた

　へびつかい座には，球状星団が多い．

　20以上もある球状星団の中には，小口径向きのものもいくつかある．この星座では，腰をすえて球状星団をたどってみてはどうだろう．

　口径 5 cm×30 で中心の明るい星雲状だが，ちょっと倍率をあげるか，口径 8〜10 cm でなら，それぞれタイプのちがった球状星団のいろいろが楽しめるだろう．

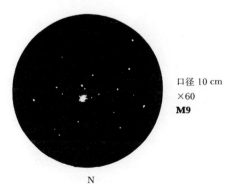

口径 10 cm
×60
M9

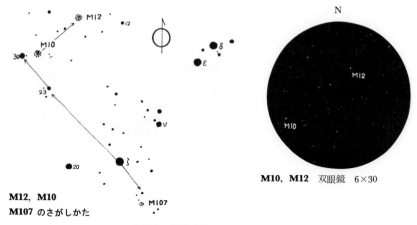

M10, M12 双眼鏡 6×30

M12, M10
M107 のさがしかた

M9 NGC6333

小さな球状星団だ．双眼鏡で淡くかすか，口径 5 cm で中心部の明るい星雲状，口径 10 cm でも明るくなるが星雲状．

η と ζ の間をさがしてみよう．

＜17^h19^m　$-18°31'$　7.9等　6'　Ⅷ＞

M10 NGC6254

へびつかい座の中の数ある球状星団の中で，このM10とM12だけはぜひみてほしい．

M10とM12は双眼鏡の視野の中でならんでしまうほどちかく（約4°）にあるので，いっしょにさがすことができる．

M10は，δ, ε から約 10°東に，30番星と 1°はなれてならんでいる．

双眼鏡ではちょっとにじんだ恒星状，口径 5 cm でまるい星雲状．

口径 10 cm 以上では美しい見ごたえのある星団だが，M12とは対照的で，なかなか星にわかれない．

高倍率でためしてみよう．

＜16^h57^m　$-4°06'$　6.6等　8'　Ⅶ＞

M10 口径 10 cm ×60

M12　NGC6218

M10とちがって，口径 5 cm でも倍率をあげるとまわりの星がパラパラみえてくるほど，まばらな球状星団だ．

口径 10 cm なら，えだがでていて，まるくない球状星団の感じがみられるだろう．

ところで，メシエはM 9 を1764年 5 月 28日にみつけて，あくる29日にM10を，さらに あくる30日にM12を発見している．さえないM 9 が先に発見され，M10とならん だ M12の発見が 1 日おくれたのは，どうしてだろう？

M10から約2°北そして約2°西にM12がある．

タイプはちがうが，どちらもみごたえのあるみごとな対象だ．

<16^{h}47^m　−1°57′　6.6等　9′　IX>

M14　NGC6402

M10から約 10°東にある．γからηにむかう途中をさがしてみよう．

双眼鏡ではごくごく淡い．口径 5 cm で小さなまるい星雲状，口径 10 cm 高倍率でも星雲状はあまりかわらず，わずかにザラザラした感じがするていど．

<17^{h}38^m　−3°15′　7.6等　7′　VIII>

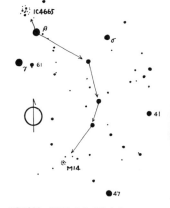

IC4665, M14 のさがしかた

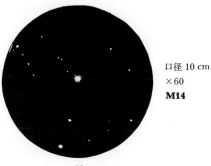

口径 10 cm
×60
M14

N

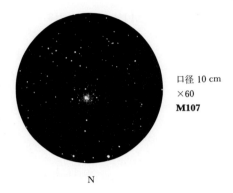

口径 10 cm
×60
M107

N

M19　NGC6273

θ→36→M19 とたどればいい．双眼鏡では淡い恒星状．

＜17^h03^m　$-26°16'$　7.2等　5′　Ⅷ＞

M62　NGC6266

さそり座 ε から θ へむかう途中，M19の下（南）にある．

＜17^h01^m　$-30°07'$　6.6等　6′　Ⅳ＞

M107　NGC6171

ζ の南にあるが，かなり暗いので，さがすのに苦労するかもしれない．

口径 5 cm でもなれない人には恒星とみわけがつかないほどだ．口径 10 cm でやっと球状星団らしい姿が淡く星雲状にみえる．

＜16^h33^m　$-13°03'$　8.1等　3′　Ⅹ＞

おもな星（へび座）

α／コル・セルペンティス Cor Serpentis （へびの心臓）

ヘビの頭の下，ちょうど心臓のあたりに輝く．$\alpha, \varepsilon, \lambda$ で小さな三角ができるが，たぶんここでヘビの首が1回転しているのだろう．

＜15^h44^m　$+6°26'$　2.7等　K2＞

β

β, κ, γ の三角か，$\beta, \gamma, \kappa, \iota, \rho$ のX印が，ヘビの頭をあらわしている．三角頭にみると κ が頭の先に，X印にみると κ がノドチンコで，ρ と ι

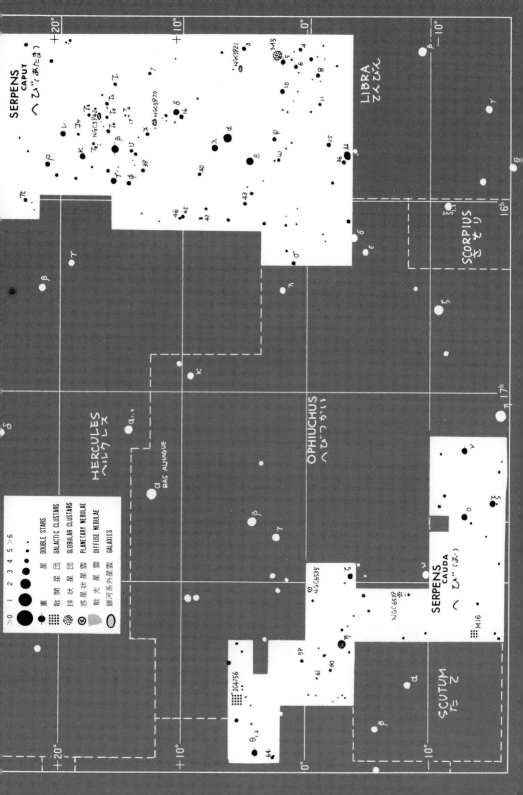

がぱっくりあけた大きな口になる．

へビの頭の上にかんむり座の半円があるので，カンムリの宝石をねらうヘビといった感じでさがしてみよう．

$\langle 15^h46^m\ +15°25'\ 3.7等\ A2\rangle$

γ　へびの頭のつけね．

$\langle 15^h56^m\ +15°40'\ 3.9等\ F6\rangle$

$\delta_{1,2}$　口径5cmのテスト星となっているので，一度挑戦してみよう．

重星 5.2等—4.2等　179°　3."9（1957年）

$\langle 15^h35^m\ +10°32'\ 3.8等\ F0\rangle$

ε　αのすぐ南（下）．

$\langle 15^h51^m\ +4°29'\ 3.7等\ A2\rangle$

$\theta_{1,2}$／アルヤ Alya（へび？）

へびのしっぽの先に輝く．小口径向きの重星 δ への挑戦に失敗したら θ へむけてみよう．

重星 4.6等—5.0等　103°　22".6（1941年）

$\langle \theta_1\ 18^h56^m\ +4°12'\ 4.6等\ A5\rangle$

散開星団（へび座）

M16　NGC6611

へび座のしっぽにある．たて座のγがわかれば，γからたどるのが一番楽だ．

双眼鏡では星雲状にしかみられないだろう．口径5cmでも星雲状だが，倍率をあげるとい

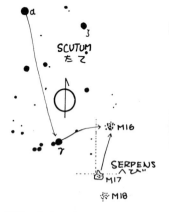

M16のさがしかた

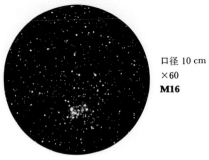

口径 10 cm
×60
M16

N

くつかの星がみえ，口径 10 cm ならさらに星がふえてくる．

実はこの星団，天体写真では散光星雲とかさなっていて，なかなか美しい姿をみせるのだが，残念ながらそれはみえない．

<18^h19^m　$-13°47'$　6.0等　35′　55個　c>

球状星団（へび座）

M5　NGC5904

これはぜったいに見のがしてほしくないみごとな大球状星団だ．ヘビの頭部，5番星の北西 20′ はなれてならんでいる．

双眼鏡では ε から ω―ψ―10―5 とたどれば，5番星と同視野に，ほぼ同じ明るさでならんでいる光点として認められる．

口径 5 cm クラスでみると，中心の明るい核をつつむ星雲状の光が美しい．口径 10 cm では，倍率をあげると，ザラザラした感じで星の大集団をおもわせる迫力がある．

私は，完全に星に分解するより，むしろこうしたブツブツとにじんだ光のボールに，ひどく魅力を感じるのだが……．

あなたの印象は？

<15^h17^m　$+2°05'$　5.8等　20′　V>

M5　口径 10 cm　×80

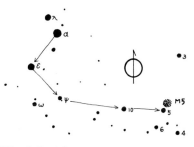

M5 のさがしかた

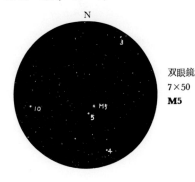

双眼鏡 7×50　M5

15. ヘルクレス座 <日本名>

Hercules. Herculis. Her <学名，所有格，略符>
the Kneeling Man <英名>
赤経 $15^h47^m \sim 18^h56^m$　赤緯 $+4° \sim +51°$ <概略位置>
1225.15平方度 <面積>
8月初旬 <20時ごろの子午線通過>

　　　　　　　　　　ヘルクレス座は，夏のよいの天頂にひろがる大きな星座だが，すべて3等星以下という暗い星座なので，ちかくのめだつ星の助けをかりずにさがすことはむずかしい．
　　　　　　　　　　さそり座が南中するころ，天頂付近にすこし変形Hをさがすのも一つの方法だ．
　　　　　　　　　　変形Hの西にかんむり座の半円，東にこと座のベガがある．
　　　　　　　　　　まん中のくびれたHはヘルクレスの体をあらわし，南からあおぐと頭（α）が下にある．
　　　　　　　　　　η—π がさかさまになった彼の足のつけね，ε—ζ は腰，β—δ は肩巾をあらわす．主星 α を頭にすると，α—β—δ で正三角形ができる．
　　　　　　　　　　α の固有名はラス・アルゲチ（アルゲティ）
　　　　　　　　　　だからといってヘルクレスがケチンボーだというのではない．"ひざまづくものの頭"という意味があるのだ．
　　　　　　　　　　α の左どなりに輝く2等星はへびつかい座の α だが，固有名がなんとラス・アルハゲというのだからおもしろい．
　　　　　　　　　　ここにえがかれたヘルクレスは，おりひめ星にむかってひざまづいている．η から σ—τ—φ—χ と結ぶとひざまづく足ができるのだ．
　　　　　　　　　　π から ρ—θ—ι でつくるもう一方の足は，片

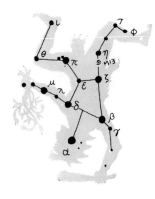

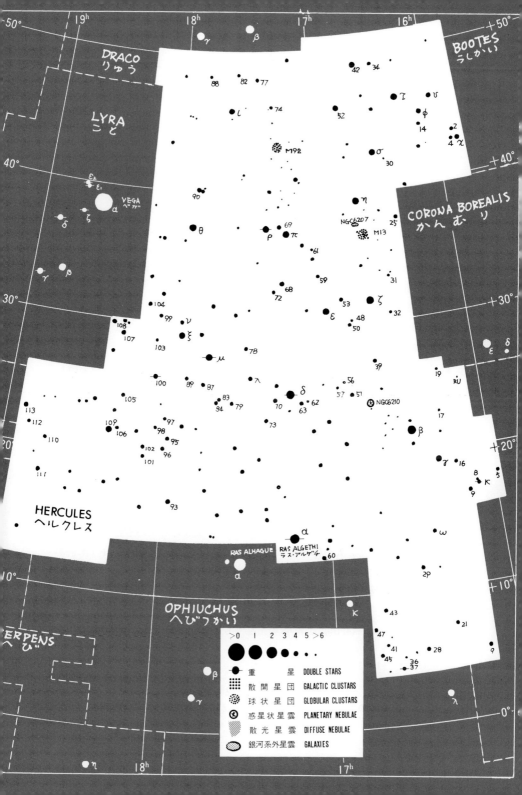

ひざをたててリュウの頭を踏みつけている．りゅう座の頭は β—γ—ξ—ν でつくる四辺形だ．

左足のつけね π から，ひざがしら θ にむけてのばした先に，おりひめ（ベガ）がある．

右足のつけねちかくにあるM13は，みのがせない球状星団だ．ζ—η の間，やや η よりをさがしてみよう．目のいい人なら肉眼で位置をたしかめることができるだろう．小望遠鏡でなら，球状星団らしさが十分味わえる．

伝説のヘルクレスは，大神ゼウスとアルクメーネとの間に生まれたが，しっとに狂った女神ヘーラののろいをうけて，多くの苦難が彼につきまとった．

成人してのち，誤って妻子を殺すのもそのせいだ．彼はその罪ほろぼしのために12の冒険を命ぜられた．

おばけライオン退治（しし座）にはじまり，怪物ヒドラ（うみへび座）との戦い，化けガニ（かに座）をふみつぶしたり，金のリンゴを守るリュウ退治（りゅう座）など，いずれも相手はたいへんな怪物なのだ．

彼はこの12の難行苦行をやりとげたが，そのあと，だまされて自分の退治したヒドラの毒をしませたハダ着を身につけ，最後をとげる．

ヘルクレス座が暗くてさがしにくいのも，さかさまなのも，薄幸におわった勇士ヘルクレスの宿命を象徴しているかのようだ．

おもな星

$\alpha_{1,2}$／ラス・アルゲティ Ras Algethi（ひざまづくものの頭）

へびつかいの頭の右（西）どなりにある3等星がヘルクレスの頭だ．ラス・アルハゲ（2等星）とラス・アルゲティがならんでいるわけだ．

枕をならべた二人の体はまったく逆にあって，ヘルクレスのH（体をあらわす）は北にある．

黄と青の対比が美しい口径 5 cm むきの重星なので，一度は望遠鏡をむけてみよう．

主星は3.0等〜4.0等,不規則変光星でもある．

重星　3.5等—5.4等　109°　4″.6（1957年）
$<17^{\text{h}}15^{\text{m}}$　$+14°23′$　3.5等+5.4等　M5+G5$>$

β／コルネフォルス Kornephorus（こんぼうをもつもの）

ヘルクレスの右肩にある．β, ζ, η, π, ε, δ の6星でできるHがヘルクレ

スのからだをあらわす．ひざまづいて，こん棒をふりあげるヘルクレスの姿をえがくためには，双眼鏡かオペラグラスの助けをかりたほうがいい．
　　　<16^h30^m　+21°29′　2.8等　G7>

γ　　こん棒をもつ右腕のつけね．
　　　<16^h22^m　+19°09′　3.8等　A9>

δ　　ヘルクレスの左肩にある．α—β—δ の三角ができる．
　　　重星　3.2等—8.3等　242°　9″.5（1960年）
　　　<17^h15^m　+24°50′　3.1等　A3>

ε　　ε と ζ がヘルクレスのベルト，つまりH形のくびれたところにある．いずれにしても，ヘルクレスのHは3等星と4等星でできていて，たいへんさがしにくい．ヘルクレス座がたどれる人ならあとどんな星座もたどれるはずだ．
　　　<17^h00^m　+30°56′　3.9等　A0>

ζ　　ヘルクレスの腰．
　　　<16^h41^m　+31°36′　2.8等　G0>

η　　ヘルクレスのひざまづく足は，このηからはじまって—σ—τ—χ でできるのだ．
　　　<16^h43^m　+38°55′　3.5等　G7>

ι　　ι はヘルクレスの左足だ．ι の下（北）に踏まれたリュウの頭（りゅう座 β，γ，ξ，ν の4辺形）がある．
　　　<17^h39^m　+46°00′　3.8等　B3>

κ　　口径 5 cm で十分分離する重星．
　　　重星　5.0等—6.3等　12°　28″.25（1956年）
　　　<$κ_1$　16^h08^m　+17°03′　5.0等　G8>

ρ　　口径 5 cm で分離するはず．
　　　重星　4.5等—5.5等　316°　3″.98（1958年）
　　　<17^h24^m　+37°09′　4.5等　B9>

球状星団

M13　NGC6205

球状星団ベストスリーに入れられるみごとな姿が楽しめる．はじめて見た球状星団がM13という人は多い．これぞ球状星団という姿をみせてくれるし，みごとな天体写真で有名なので，

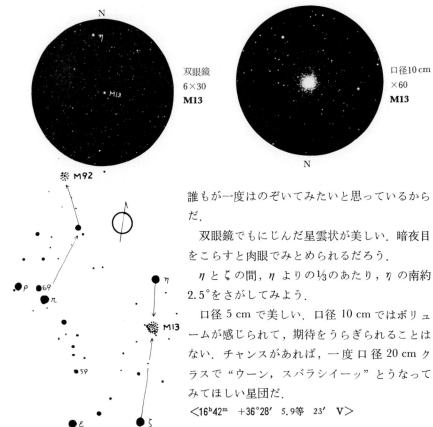

誰もが一度はのぞいてみたいと思っているからだ．

双眼鏡でもにじんだ星雲状が美しい．暗夜目をこらすと肉眼でみとめられるだろう．

ηとζの間，ηよりの$1/3$のあたり，ηの南約2.5°をさがしてみよう．

口径 5 cm で美しい．口径 10 cm ではボリュームが感じられて，期待をうらぎられることはない．チャンスがあれば，一度口径 20 cm クラスで"ウーン，スバラシイーッ"となってみてほしい星団だ．

$<16^h42^m \quad +36°28' \quad 5.9等 \quad 23' \quad V>$

NGC6341

有名なM13のかげにかくれて，みのがされがちだが，小粒だがピリッとからいいい星団だ．

肉眼でもみとめられるという人があるくらいで，双眼鏡なら小さな星雲状にみられる．

口径 5 cm で中心の明るい星雲状，口径 10 cm では，中心部の密度の高いM13とはちがったタイプの球状星団がみられるだろう．

ιとηの間，ιよりをさがしてみよう．ρからたどってもいい．

$<17^h17^m \quad +43°08' \quad 6.5等 \quad 11' \quad \mathrm{IV}>$

16. こぐま座 <日本名>

Ursa Minor. Ursa Minoris. UMi <学名，所有格，略符>
the Little Bear <英名>
赤経 $0^h00^m \sim 24^h00^m$　赤緯 $+65° \sim +90°$ <概略位置>
255.86平方度 <面積>
7月中旬 <20時ごろの子午線通過>

りゅう座 <日本名>

Draco. Draconis. Dra <学名，所有格，略符>
the Dragon <英名>
赤経 $9^h18^m \sim 21^h00^m$　赤緯 $+48° \sim +86°$ <概略位置>
1082.95平方度 <面積>
8月上旬 <20時ごろの子午線通過>

こぐま座

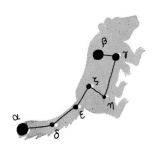

こぐま座の主星αはしっぽの先にある．いうまでもなくポラリス，北極星だ．

ほぼ北極のま上にあって，日周運動でもほとんど位置をかえず，まわりに明るい星もないので"北の一つ星"といわれ，ふるくから方角を知らせる星として役立ってきた．

さて，この北極星からミニ北斗七星，つまり小さなひしゃくがえがけたら，それがこぐま座なのだ．

柄の先から $\alpha—\delta—\varepsilon—\zeta—\eta—\gamma—\beta$ と結ぶのだが，α, β が2等星，γ が3等星のほかは4等星という小七つ星は，ずらりと2等星をそろえたおおぐま座の七つ星にくらべるとずいぶん見おとりがする．

都会の空でたどることができたら，よほど空の条件がいいときか，あるいは，よほど目のいい人なのだ．

周極星

　比較的めだつβとγは，つれだって北極星のまわりをぐるぐるまわるので，日本に"番の星""やらい（かきね）の星"という呼名がある．
　つまり，北極星を守る"ガードマン星"ということだ．悪役はもちろん，そのまた外側をまわる北斗七星である．
　北斗七星が北極星をつけねらう"大ナマズ"というみかたもあるのだ．
　イタリヤではロマンティックな見方をして，β,γと北極星を結んだ形を"天の角笛"という．北極星に口をつけて，おもいきり吹いたら，どんな音色がとびだすのだろう？
　ギリシャの伝説の小グマは，クマにされた母親カリストー（おおぐま座）を追う息子アルカスの姿だという．
　美しいカリストーが大神ゼウスにかわいがられたのを怒った女神ヘーラ（ジュノー）は，カリストーをクマにしてしまった．
　そのクマを森の中でみつけた息子アルカスは，母親とも知らず弓矢をもって追いまわしたのだ．大神ゼウスはあわてて，アルカスもクマにして，クマの親子を天に上げた．
　星座になったクマの親子は，女神ヘーラののろいで，海の下にもぐって休むことができないともいう．
　ところで，動かない北極星は実は動いている．赤緯$+89°16'$(2000)にあるの

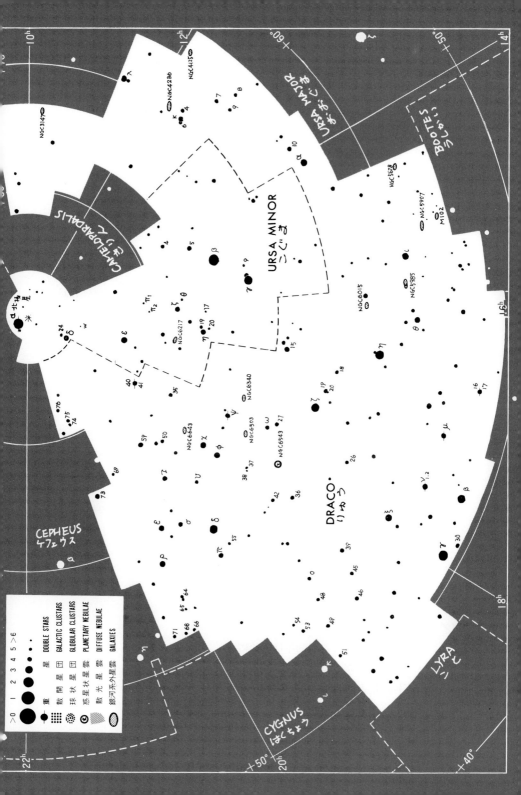

で，天の北極から約1°はなれているわけだ．したがって，北極星は日周運動で半径1°の小さな円をえがく．

このていどの動きは，肉眼で北をさがすことにはすこしも困らないが，赤道儀式望遠鏡の極軸を完全にセットしようとするときは，この狂いが問題になる．

おもな星

α／ポラリス Polaris（極の星）／北極星

北の空にポツンと輝く北極星を知らない人はまずいない．この星を泣く子もだまる？ほど有名にしたのは，その名のとおり北極のま上に輝き，星空の日周運動の軸となるからだ．

英名は"Polestar ポールスター"，日本名は"北極星"のほか"子（ね）のほし""北の一つぼし"がある．どの民族も，方角を教えてくれる星として大切にしていたようだ．

ところで，このポールスターは，天の北極から約1°（満月を2つならべたくらい）はなれている．

固定カメラで長時間露出をすると，北極星も半径1°の小さな円をえがくのだ．

もちろん，昼間は露出できないので完全な円にはならないが，夜の長い冬至の頃をねらって12時間以上の露出に挑戦してみてはいかがだろう．

地球の歳差運動で，天の北極と北極星は今後さらにちかづき，2102年には27.′6にまでちかづく予定だ．

ところで北極星のみえる北半球では，その高度が，その土地の緯度と同じになることは，常識として知っていてほしい．

北極星は小口径向きの重星でもある．2等星と9等星で光度差が大きく，口径5cmで分離したら，あなたの望遠鏡，観測能力共に優秀だ．

重星 2.0等—9.0等 217° 18″.3（1924年）
<2ʰ31ᵐ +89°16′ 2.0等 F7>

β／コカブ Kochab（星）

歳差運動のせいで，3000年ほど前には，このβが天の北極にもっともちかく"北の星"だったのだ．

現在は，γと共にαの周囲をまわるようすから"Guards of Pole（北極のガードマン）"と呼ばれる．

$<14^h51^m\ +74°09'\ 2.1$等　K4$>$

γ／フェルカド　Pherkad（子牛？）

　　βと共にαのガードマン，γ，βは2匹の子牛らしい．

$<15^h21^m\ +71°50'\ 3.1$等　A3$>$

δ／イルドゥン　Yildun

　　α—δ—ε—ζ—η—γ—βと結ぶと小さなひしゃくができる．こぐま座のしっぽだが，北斗に対して"小北斗"の名もある．

　　最近，町の空が明るく星がみにくくなったが，この"小北斗"がたどれたらまあまあの空といえよう．あなたの町の空は小北斗がたどれるだろうか？

$<17^h32^m\ +86°35'\ 4.4$等　A1$>$

ε　　小北斗の一つ．

$<16^h46^m\ +82°02'\ 4.2$等　G5$>$

りゅう座

　　りゅう座の頭は，ヘルクレスに踏みつけられている．

　　2等星γ，3等星β，4等星ξ，5等星νとつないでできる四辺形が，すこしゆがんでいるのはそのせいなのだろうか．

　　さて，リュウのからだは北極星と北斗七星，つまりおおぐま座とこぐま座の間を，のたのたと大きなからだをくねらせている．

　　首のつけねのξからδ—ε—χ—φ—ω—ζ—η—θ—ι—α—κ—λとたどっていくのだが，しっぽの先までたどるのはなかなかむずかしい．

　　頭はわかるんだが，しっぽがどこへいっているのかどうも……となってしまう．まさに竜頭蛇尾（りゅうとうだび）という言葉どおりのりゅう座なのだ．

　　巨人ヘルクレスに踏まれて元気のないこのドラゴンは，ヘスペリデスの園の黄金のリンゴを守っていた"ラドン"というリュウの怪物なのだ．

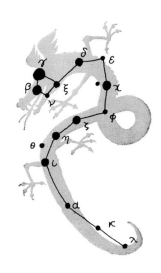

りゅう座の頭部

　古代エジプト人のみかたは、もっと痛烈だ。
　"ティフォーン"という、この世で一番みにくいいやなものをすべてもちあわせた悪神にみたてたのだ。
　からだはカバ、手と胸は人間の女だが、足はヤギ、ワニの頭に角が1本あって、背中にコウモリの羽根をつけ、へそからヘビが1匹かま首をもたげている。なんとも、想像を絶するひどさだが、そのうえ、うそつき、やきもち、いやがらせ好き、乱ぼう……といった手におえないしろものだ。
　それもそのはず、"ティフォーン"は、"タイフーン＝台風"の語源なのだから……。
　主星αはツーバンと呼ばれる3.6等星。めだたないが、今から5000年昔、エジプト時代には天の北極のちかくにあって、北極星の役目をしていたという話題の星だ。

おもな星

α／ツーバン Thuban（りゅう）
　　怪獣ドラゴンの主星にしては、いかにもさえない4等星だが、昔、北極の真上に輝いた栄光の北極星であったことをおもって眺めると、元気のない輝きにも、ふしぎな味わいが感じられるはずだ。
　　現在は歳差（地球の軸の首振り運動）のために、今の北極星にその座を

ゆずって，おおぐま座ζとこぐま座γとの間に，ひっそりと輝いている．
　ここにリュウをえがくと，αはしっぽのちかくに輝いていて，主星の威げんを保つにはふさわしくない感じだが，それがまた，かっての栄光の重みにたえているようにもみえていじらしい．
　　〈14^h04^m　+64°23′　3.6等　A0〉

β／ラスタバン Rastaban（りゅうの頭）

　リュウの頭は β—γ—ν—ξ の4辺形であらわされている．
　βとγをリュウの目とみると，すぐ前のオリヒメをつけねらうエッチなリュウにもみえておもしろい．
　　〈17^h30^m　+52°18′　2.8等　G2〉

γ／エタミン Etamin（りゅうの頭）

　現在はりゅう座の実質上の主星だ．
　頭の4辺形は，γが2等星，βが3等星，ξが4等星，νが5等星となっている．
　肉眼でこの4辺形がみられれば，まあまあの空と視力だといえよう．
　ところで，1972年10月，期待をうらぎって多くの人々をがっかりさせたジャコビニ流星群の輻射点はこのあたりなのだ．
　　〈17^h57^m　+51°29′　2.2等　K5〉

δ／ノドウス2 Nodus II（第2の結び目）

　結び目というのは，リュウの首が δ—σ—ε—ρ—π—δ とここでひとひねりしているからだろう．
　　〈19^h13^m　+67°40′　3.1等　G9〉

ε　　4等星と7等星の重星．口径10 cmでみえたらりっぱ．
　重星　4.0等—7.2等　位置角 11°　3″.16（1959年）
　　〈19^h48^m　+70°16′　3.8等　G7〉

ζ／ノドウス1 Nodus I（第1の結び目）

　リュウがもう1カ所．ここでひとひねりしているのだ．
　　〈17^h09^m　+65°43′　3.2等　B6〉

η　　リュウの胴体のまん中あたりにある．
　　〈16^h24^m　+61°31′　2.7等　G8〉

θ　　リュウの胴体．
　　　＜16^h02^m　+58°34′　4.0等　F8＞

ι　　リュウの胴体．
　　　＜15^h25^m　+58°58′　3.3等　K2＞

κ　　リュウのしっぽ．
　　　＜12^h33^m　+69°47′　3.9等　B6＞

λ／ギアンサル Giansar （ふたご）
　　　リュウのしっぽの先にある．
　　　ここにりゅう座の1番星（λ）と2番星がなかよくならんでいるからだろう．4等―5等の肉眼重星となっているので，視力に自信のある人はどうぞ挑戦を．
　　　＜11^h31^m　+69°20′　3.8等　M0＞

μ　小口径対象の数少ない連星の1つだ．
　　　口径 5 cm ではちょっと？
　　　口径 10 cm ならどうにか……
　　　連星　5.6等―5.7等　8°　1″.9（2000年）周期482年
　　　＜17^h05^m　+54°28′　5.0等　F7＞

$\nu_{1,2}$　頭の4辺形の1つだ．ν_1 と ν_2 は5等星だ．
　　　角距離 62″ はなれて並んでいる．
　　　双眼鏡重星 $\begin{cases} \nu_1 \ 17^h32^m \ +55°11′ \ 4.9等 \ A6 \\ \nu_2 \ 17^h32^m \ +55°10′ \ 4.9等 \ A4 \end{cases}$

惑星状星雲

NGC6543　こぐま座の β, γ から ζ をさがし，ω, 27 から，あるいは，リュウの頭の4辺形から δ, π をさがして，42, 36 からさがしてみてはどうだろう．
　　　双眼鏡ではごくあわい点状，口径 5 cm でも点状，口径 10 cm クラスなら円ばん状の姿がはっきりしてすばらしい．
　　　＜17^h59^m　+66°38′　9等　6″＞

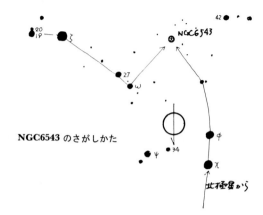

NGC6543 のさがしかた

系外銀河

M102？ **NGC5866**

　メシエ天体には，M40，M47，M48，M91，M102 という 5 つの欠番がある．

　M47はとも座の NGC2422，M48 はうみへび座の NGC2548 のことだろう．そして，M91はM58の誤認ではないだろうか……といろいろ推理されているのだが，M102には，いまだに決定ばんがあらわれてこない．

　1781年メシャン Mechain が発見したのだが，そこには該当する天体がなく，1783年彼自身がベルリンのベルヌーイに手紙を書き「どうもM101を見あやまった」と否認している．

　しかし，発表当時の「うしかい座 ο とりゅう座 ι の間にあってよくみえる，ちかくに6等星がある」という表現から再度推理してみると，その捜査線上に NGC5866 とちかくの NGC5907，**NGC**5678 といったところが，有力な候補としてうかんでくる．

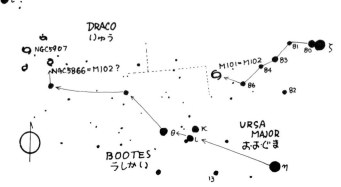

M102 のさがしかた

いずれも"よくみえる"という表現を満足させていないが，一応口径 5 cm で淡いが見えるし，ちかくに 6 等星ではないが 7～8 等星がある．

さて，どれが M102 なのか？ あなたの目と推理を働かせてみてほしい．

ちかくの M101 ともみくらべてみよう．

<NGC 5678　14^{h}32^m　+57°55′　11.6等　2′.6×1′.0　Sc>
<NGC 5866　15^{h}07^m　+55°46′　10.8等　2′.8×1′.0　Eb>
<NGC 5907　15^{h}16^m　+56°19′　11.3等　11′.1×0′.7　Sb>

いて座付近

17. いて座<日本名>

Sagittarius. Sagittarii. Sgr <学名，所有格，略符>
the Archer <英名>
赤経 17^{h}41^m〜20^{h}25^m　赤緯 −12°〜−45°<概略位置>
867.43平方度<面積>
9月上旬<20時ごろの子午線通過>

みなみのかんむり座<日本名>

Corona Australis. Coronae Australis. CrA <学名，所有格，略符>
the Southern Crown <英名>
赤経 17^{h}55^m〜19^{h}15^m　赤緯 −37°〜−46°<概略位置>
127.70平方度<面積>
8月下旬<20時ごろの子午線通過>

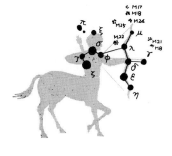

　さそり座のすぐうしろに，弓をひきしぼってつけねらう射手がいる．
　自信満々のサソリも，秋，涼しさが寒さにかわろうとするころ，やっと身の危険を感じるのだろう．大きなからだをすばやく倒して南西の地平線にかくれるのだ．
　さそりをねらう射手は，ギリシャ神話にでてくる半人半馬の怪人だ．
　ケンタウルス（馬人）族というこの奇妙な怪人は，バビロニヤあたりの古代民族の頭の中で生まれたものらしい．
　神話の中では，ときどき，神々に戦いをいどむあばれんぼうとして登場する．
　いて座は，ケンタウルス族の中では，学術，武術共にすぐれていた，優等生ケイローンの姿だといわれる．

えらばれて，サソリの番兵をおおせつかったのだろうか．毎年夏をむかえると，暑さをこらえて，徹夜でサソリの番をする．

あばれたら，心ぞうを射ぬく約束らしい．

λ—δ—ε付近を弓，σ—τ—ζ—φの四辺形あたりをひきしぼる手もとに，σ—φ—δ—γを矢にみたてると，弓をひく射手の上半身が想像できる．たくましいはずの下半身は，どういうわけか，これといった星がなくてさえない．

ところで，ちょっと気になるのは，ねらった矢が，サソリの心ぞうでなく，ずい分下をねらっていることだ．

ヒョーとはなった矢は，たぶんサソリのオシリのあたりにズバッ！ サソリはイテーッととびあがる．

いて座の中のζからμまでの6星を結ぶと，北斗七星に似た，かわいいひしゃくができる．もちろん，北斗七星ではない．星が6つで南の空だ．ナント，中国では"南斗六星"と名付けられた．

中国には，北斗七星を死神とし，南斗六星を長生きの神とした伝説がある．"北まくら"といって，頭を北に向けてねるのをいやがるのは，北の空に死神がいるせいだろうか．

ところで，銀河系宇宙の中心は，このいて座の方向にある．このあたりの天の川がもっとも明るいのも，星団・星雲の宝庫といわれ，双眼鏡，小望遠鏡対象の星団・星雲でにぎわっているのも，そのせいだ．

おもな星

α／アルラミ・ルクバト Alrami Rukbat（いてのひざ）

どういうわけかいて座の主星はあまり優ぐうされていない．α，β共に，南のはずれにポチポチと並んださささやかな4等星で，射手の足をあらわしている．

$<19^h24^m \ -40°37' \ 4.0等 \ B8>$

$β_1β_2$／アルカブ Arkab（けん）

いて座のもっとも南のはしにあって，いての足のアキレス腱（けん）をあらわしているのだ．

$β_1$, $β_2$は4等星がたてにならんだ肉眼重星だが，低すぎて双眼鏡のたすけが必要だ．

$\begin{cases} β_1 & 19^h23^m & -44°28' & 4.0等 & B8 \\ β_2 & 19^h23^m & -44°48' & 4.3等 & F0 \end{cases}$

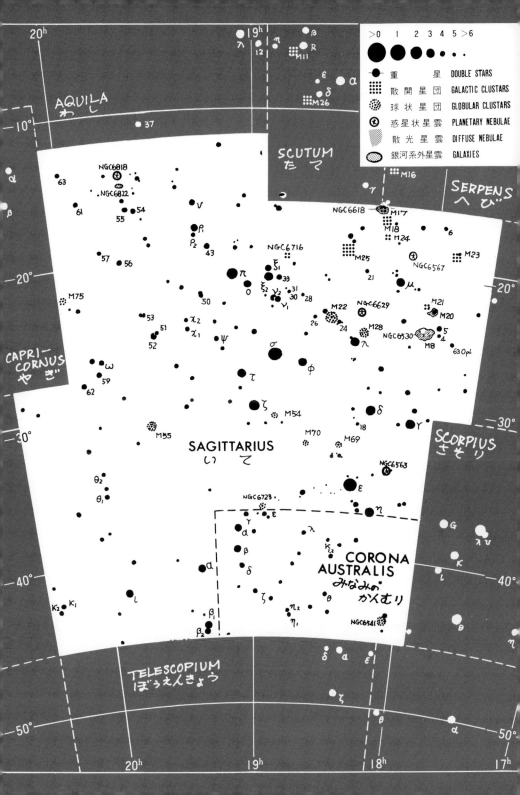

γ／アルナスル Al Nasl（弓のあたま）

　　その名のとおり射手の矢の先に輝く．いて座は λ—δ—ε の弓に，γ—δ—τ という矢をつがえて，サソリの心臓（α）をねらっている．もっとも，正確に δ→γ→の先をみると，すこしねらいがはずれて，サソリのお尻にあたってしまうところがおもしろい．

　　ところで，この矢をピタリ，アンタレスにむけると，途中，銀河の中心をも射ぬいてしまうだろう．銀河の中心は γ のすぐ西（$17^h42^m-28°55'$）のあたりだ．

　　$<18^h06^m$　$-30°26'$　3.0等　K0$>$

δ／カウス・メリディオナリス Kaus Meridionalis（弓のまん中）
　　$<18^h21^m$　$-29°50'$　2.7等　K3$>$

ε／カウス・アウストラリス Kaus Australis（弓の南）
　　$<18^h24^m$　$-34°23'$　1.9等　B9$>$

ζ／アセラ Ascella（わきの下）

　　弓をひきしぼった射手のわきの下にある．

　　中国では，この ζ から τ—σ—φ—λ—μ の6星を結んで，ひしゃくを想像した．そして，このひしゃくを，北斗七星に対して"南斗六星"と名付けたのだ．

　　$<19^h03^m$　$-29°53'$　2.6等　A2$>$

η　　η—ε—δ—γ のつくる4辺形を，中国では，箕（み）の形を想像して，28宿の一つ"箕宿（きしゅく）"とした．

　　重星 3.1等—9.2等　104°　3″.6（1926年）
　　$<18^h18^m$　$-36°46'$　3.1等　M4$>$

λ／カウス・ボレアリス Kaus Borealis（弓の北）
　　$<18^h28^m$　$-25°25'$　2.8等　K4$>$

μ　　ちかくに M21，M8，M20… と，星団が多い．
　　$<18^h14^m$　$-21°04'$　変光（3.8～3.9）　B8$>$

$ν_{1,2}$　双眼鏡重星．
　　$\{ν_1\ 18^h54^m\ -22°45'\ 4.8$等　K2$\}$
　　$\{ν_2\ 18^h55^m\ -22°40'\ 5.0$等　K3$\}$

$ξ_{1,2}$　双眼鏡重星．
　　$\{ξ_1\ 18^h57^m\ -20°39'\ 5.0$等　A0$\}$
　　$\{ξ_2\ 18^h58^m\ -21°06'\ 3.5$等　K1$\}$

π　　いての胸のあたりにある．
　　$<19^h10^m$　$-21°01'$　2.9等　F2$>$

いて座・みなみのかんむり座＜夏＞　149

$\rho_{1,2}$　双眼鏡重星．
$\begin{cases}\rho_1 & 19^h22^m & -17°51' & 3.9等 & F0 \\ \rho_2 & 19^h22^m & -18°18' & 5.9等 & G9\end{cases}$

σ　南斗六星の一つ．
　　＜18^h55^m　26°18'　2.0等　B3＞

散開星団

M18　NGC6613

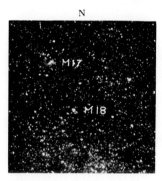

M18 口径 10 cm　×60

あっちにもこっちにもみものが軒なみにあって，目うつりがするほどだ．いて座は双眼鏡で十分楽しめる．とくに 7×50 の双眼鏡なら時を忘れさせられるだろう．

そのほとんどは，λ と μ の周辺にあつまっている．M18も μ から上（北）へたどるといい．オメガ星雲（M17）の下（南）約 1°に，ぼんやり小さな光のかたまりにみえる．口径 5 cm で明るい星がちらほら，口径 10 cm でまるく星があつまっている．

＜18^h19^m　−17°08'　6.9等　9'　12個　d＞

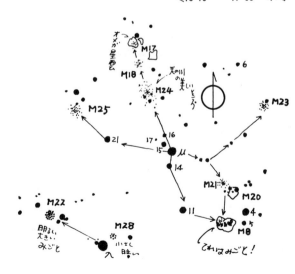

M8, 17, 18, 20, 21, 22, 23, 24, 25, 28 のさがしかた

M20（左上）M21（右下）口径 10 cm　　　M23　口径 5 cm　×40
×40（星雲はもっと淡い）

M21　NGC6531

双眼鏡では，南の三裂星雲（M20）と約1°はなれてならんで，まばらな星がみられるところだ．

μ の南西2.5°あたり，明るいM8の上（北）約2°にある．

口径 10 cm 以上ではなかなか美しい．

＜18ʰ04ᵐ　−22°30′　5.9等　12′　50個　d＞

M23　NGC6494

μ から2.5°北へ，そして3.5°西に，6等星とならんで同視野にみられる．

かなりまばらで天の川にめりこんでいる．

口径 5 cm 低倍率でなかなかみごとだ．

＜17ʰ57ᵐ　−19°01′　5.5等　24′　120個　e＞

M24　NGC6603

M24は天の川につつまれて，びしょぬれといった感じだ．暗夜なら肉眼でぼんやり明るくみえるあたりに双眼鏡をむけると，視野一杯に微光星がひろがり実にみごと．口径 5 cm〜10 cm ではさらに星がにぎやかになって"きもちがわるいくらい"という表現がでるほどだ．

ところで，この姿は本当の散開星団ではな

いて座・みなみのかんむり座＜夏＞　151

M24　口径 5 cm　×40　　　　M25　口径 5 cm　×40

く，天の川の特に星の密集している部分（Milky Way star-cloud）なのだ．本当の散開星団は，このにぎやかなスタークラウドの中にひっそりひそんでいるのだ．

　それは11.4等，4′.5なので，小さくて淡い星雲状にしかみられないが，口径 10 cm クラスのある人はさがしてみよう．約5′ほど南にオレンジ（朱色）の星がならんでいる．

　＜18^h18^m　$-18°25′$　4.6等（11.4等）　1.5°（4′.5）Star-Cloud（g）＞

M25　IC4725

　μから2°北へ，そして4°東に6等星とならんでいて，簡単に発見できる大がらな星団だ．

　双眼鏡でも楽しいが，口径が大きくなるにしたがってかなり豪華な姿が楽しめる．

　＜18^h32^m　$-19°15′$　6.5等　40′　50個　d＞

NGC6530

　有名な干潟星雲（M 8）とかさなっている散開星団で，M 8 といっしょに楽しめる．どちらも双眼鏡で十分楽しい．星団と星雲のコントラストがすばらしいからだ．

　いて座にむけた双眼鏡をめちゃくちゃふりまわしたら，いやでもつかまえられるほどM 8 が

明るい．M8あってのNGC6530といったところだ．

<18^h02^m　$-23°02'$　6.3等　29'　25個　e>

球状星団

M22　NGC6656

M22　口径 10 cm　×60

これは絶対に見のがせない．

ヘルクレス座のM13にまけない明るく大型の球状星団だからだ．

肉眼でもうすぼんやり認められるだろう．

λから約2.5°北東に，24と26にはさまれている．

口径 5 cm では明るい中心のまわりがボーっと光ってみごと．口径 10 cm クラスなら星にわかれはじめ，ボロボロとした感じの光のボールが美しく，ため息をつきたくなるほどだ．

一度は，もっと大口径でものぞいてみたい．

<18^h36^m　$-23°54'$　5.1等　24'　Ⅶ>

M28　NGC6626

λの 1°北西にくっついているので，さがすのに苦労しないが，双眼鏡では極く極く淡い小さな光のシミなので，みのがしてしまうかもしれない．口径 5 cm で星雲状の光点，口径 10 cm クラスで中心の明るい星雲状．

M22とくらべるとだいぶ貧弱だが，みくらべると，それがかわいらしくみえておもしろい．

いて座にはまだM54，M55，M69，M70，M75と球状星団が多い．M55をのぞいていずれも，口径 5 cm クラスで淡い小さな星雲状にしかみられないものばかりだが，それぞれのタイプのちがいをみくらべるのもおもしろい．

M28　口径 10 cm　×60

<18^h25^m　$-24°52'$　6.9等　5'　Ⅳ>

いて座・みなみのかんむり座＜夏＞ 153

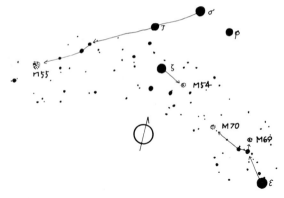

M54, M55, M69, M70
のさがしかた

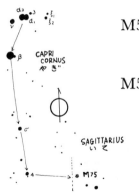

M75 のさがしかた

M54　**NGC6715**

　ζの1.5°西，そして0.5°南にある．
　＜18^h55^m　$-30°29'$　7.7等　6'　Ⅲ＞

M55　**NGC6809**

　おもったより大きく明るいので，暗夜に肉眼でみとめられるという人もいる．
　双眼鏡では小さな光のシミだが，口径10cmクラスでは大きくひろがったまばらな星団（密集度Ⅺ）の雰囲気が感じられるだろう．
　σ→τ→の先約7°にある．
　＜19^h40^m　$-30°58'$　7.0等　15'　Ⅺ＞

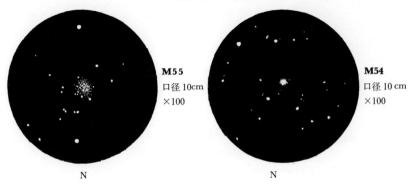

M55
口径10cm
×100

M54
口径10cm
×100

N　　　　　　　　N

M69 **NGC6637**
⟨18^h31^m $-32°21'$ 7.7等 7' V⟩

M70 **NGC6681**
⟨18^h43^m $-32°18'$ 8.1等 8' V⟩

M75 **NGC6864**
⟨20^h06^m $-21°55'$ 8.6等 6' I⟩

散光星雲

M8 **NGC6523/Lagoon**(ラグーン星雲)

いて座の弓矢の上に,ぼんやり光るM8は肉眼で楽にみとめられるほど明るい.

双眼鏡で十分楽しめる豪華な星雲で,冬のオリオンの大星雲(M42)に対して,夏はこのM8を推薦したい.

4900光年のかなたにある散光星雲だが,多くの星がここから生まれようとしている.

空の状態が少々わるくても,双眼鏡をふりまわしていると簡単につかまえられるだろう.

よこながのサツマイモのような形の星雲と,すぐとなりにくっついた散開星団 NGC6530 が同視野にならんですばらしい.

口径5cmでは星団と星雲の対比を,口径10cmでは迫力のある星雲の形を楽しもう.

天体写真でみたみごとな姿をおもいうかべてオーバーラップさせてみるのもおもしろい.

干潟(ひがた)星雲という呼名もあるように,中央を横切る暗黒のおびに異様な魅力があるのだが,それをみるのは写真にまかせるより手はない.

λの西北西約5°にある.
⟨18^h04^m $-24°23'$ 5.8等 60'×35'⟩

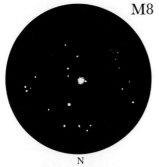

M69 口径10cm ×100

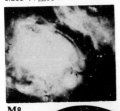

M8

M8 と NGC6530 口径 10 cm ×40

いて座・みなみのかんむり座＜夏＞　155

M17　**NGC6618/Omega**（オメガ星雲）

ギリシャ文字のΩ（オメガ）に形がにているとか，水にうかぶ白鳥のようだ(白鳥星雲 Swan Nebula)とか，風にたなびくたばこの煙(Smoke-drift Nebula)のようだとか，馬蹄形星雲(Horse-shoe)とか，多くの人々にこれほど多くのニックネームをもらった星雲はほかにない．

M17

いずれもM17の奇妙な形から連想したものだ．私にはM17のこの形が楽譜の中の休符にみえる．天の川を五線にみたてると，荘厳な銀河交響曲が聞えてくるようだ．

口径 5 cm で，星団 NGC6618 と共に，よこ長の淡い星雲がみられる．双眼鏡でもその雰囲気をみられるだろう．口径 10 cm クラスでは，いくらか星雲の形がみえてくる．

N
M17　口径 10 cm　×40

さて，あなたの目にうつるM17は，ハクチョウだろうか？　それともガチョウだろうか？

たて座のγの約2°南西に，6等星と約0.5°はなれて並んでいる．M17－M18－M24とたてにならんでいて，このあたりはみのがせない楽しい観光地だ．

＜18^h21^m　$-16°11'$　6.0等　$46'×37'$＞

M20　**NGC6514/Trifid**（三裂星雲）

三つにわれたようにみえる迫力のある天体写真でおなじみの三裂星雲だが，あまり期待をして眺めると，がっかりさせられる．

双眼鏡では明るいM 8 の上に，淡い光のシミのひろがりがみられるていど．

口径 10 cm ですこしその形がみえてくるが，残念ながら，三つの散光星雲にサンドイッチされた暗黒星雲のすじはみられない．

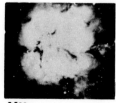
M20

ただし，天体写真のような三裂星雲をあきら

めたら，このあたり散開星団M21とのコントラストもみごとで，とても美しい．
<18ʰ02ᵐ　−23°02′　6.3等　29′×27′>

みなみのかんむり座

さそり座のしっぽのすぐうしろ（東），いて座の弓のすぐ下（南）に，4等星がつくる小さな半円形がある．

頭上の"北のかんむり"に対して，このあたりは"南のかんむり"と命名された．

空の条件さえよければ，ε—γ—α—β—δ—ζ—$\eta^2\eta^1$—θ でつくる半円というより，うず巻き状に連なった星がかわいらしい．残念ながら，いて座が南中しているわずかなチャンスと，南の地平線ちかくまで星がみられるというめぐまれた条件がそろった時でなければ，みなみのかんむり座の美しさを楽しむことはむずかしい．

逆に，そういうめぐまれた条件でみるみなみのかんむり座は，すこし内側にまきこんだかわいい半円が美しく，だれの目にもかんたんに認められるだろう．

南の方へ旅をしたときに，あらためて眺めたい星座だ．

すこし巻きこんだカーブが，カタツムリのからをおもわせる．南半球の民族が命名したら"みなみのかんむり座"変じて"みなみのかたつむり座"になっていたかもしれない．

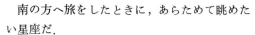
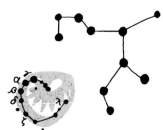
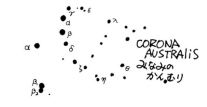

おもな星

α　　さえない主星．
　　　<19ʰ09ᵐ　−37°54′　4.1等　A2>
β　　主星αとならんでいる．
　　　<19ʰ10ᵐ　−39°20′　4.1等　G5>

18. こと座 <日本名>

Lyra. Lyrae. Lyr <学名, 所有格, 略符>
the Lyre <英名>
赤経 $18^h12^m \sim 19^h26^m$　赤緯 $+25° \sim +48°$ <概略位置>
286.48平方度 <面積>
8月下旬 <20時ごろの子午線通過>

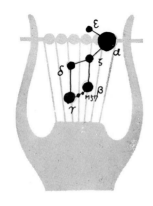

　比較的北からのぼること座は，5月のよいには，もう主星 α（ベガ）の青白い輝きを，北東の地平線上にみせはじめる．

　たなばたの夜が待ちどおしく，はやくも姿をあらわして，ひこぼしを待つ"おりひめぼし"なのだ．

　よい空のこと座が高くみられるのは，7月7日のたなばたのころではなく，旧暦の七夕（8月から9月にかけて）をむかえるころだ．

　天頂に夏の三角星をさがして，そのなかでもっとも明るく，もっとも青白く輝くのが，こと座の主星ベガである．

　天頂にのぼるベガは，"夏の夜の女王星"とか"真夏のダイヤモンド"の名にふさわしい美しい星だ．

　こと座は，α と，ちかくの暗い ε, ζ を結んでできる小さな三角，そして，目のいい人には，ζ—δ—γ—β でつくるかわいい平行四辺形がめじるし．ただし，条件のわるい街の空では，おそらく α—β—γ の細長い三角になってしまうだろう．

　ここにえがかれた琴（こと）は，ギリシャ時代のたてごとで，日本の琴ではない．

　伝令の神ヘルメスが，波うちぎわで拾ったカ

メの甲に，7本の糸を張ってつくり，音楽の神アポロンに贈ったものだという．

青白いベガには，悲劇的なムードがあるからだろうか，東洋には七夕の話，西洋にはオルフェウスの悲劇がこの星に生まれた．

コトの名手オルフェウスは，なくなった美しい妻を追って冥府（めいふ）へ下った．王プルトーンの前で，かなでたコトの音（ね）はすばらしく，王妃ペルセホネーの涙をさそい，王も，彼に妻をかえしてくれる．

しかし，オルフェウスは，よろこびのあまり「地上にでるまでは，けっして妻を見てはならない」という王との約束を忘れてしまった．妻は，ふたたび冥府へおちてしまうのだ．

とりのこされたオルフェウスは，一人さみしくコトをひきながら死んでしまう．

ベガをのぞいたこと座の名所は，εとM57だ．

M57は，βとγにはさまれたあたりにある惑星状星雲だ．タバコの煙の輪のような形から"ドーナツ星"とか"リング星雲"というニックネームで親しまれている．ひこぼしが，おりひめぼしにおくった"エンゲージリング"とみるのも楽しいではないか．

残念ながら，このリング，光度9.0等で肉眼はおろか，双眼鏡でも楽しめない．

εは，愉快な重星だ．双眼鏡をつかうと2つにわかれ，小望遠鏡の高倍率でそれらがさらに2つずつわかれる四重星だ．

なかには，肉眼で2つにわかれるという人もいるのだが，さてあなたの目には……？

おもな星

α／ベガ Vega（おちるワシ）

七夕の"おりひめぼし""真夏の女王""夜空のアーク灯"などと呼ばれる夏のよい空の最輝星．夏の三角星中もっとも明るく，もっとも青白く輝き，女王の名にふさわしく，南中時にはほとんど天頂にのぼる．

中国では"七夕の物語"ギリシャでは"オルフェウスの琴"という悲劇がこの星にあるのは，青白い輝きがそのムードを感じさせるからだろう．

となりのεとζとを結ぶと，かわいい三角∴（織女三星）ができるが，こ

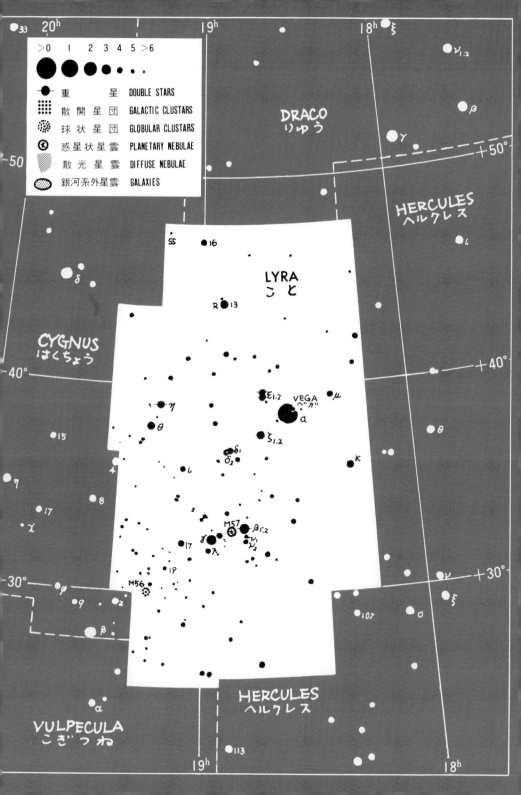

の形が，つばさをおって"落ちるワシ"にみえたのだろう．
　　＜18^h37^m　+38°47′　0.0等　A0＞

$\beta_{1,2}$／シェリアク Sheliak（こと）

　　口径 5 cm なら 8 等星がならんでいる重星だが，この"こと座β"を有名にしているのは，"こと座β型の変光星"といわれるこの種の食変光星の代表であることだ．

　　この食変光星，主星と伴星が非常に接近し，おたがいに共通重心を，毎秒 200 キロちかくという超スピードでまわりながらガスを噴きだし，そのガスの中に，みずからつつみこまれてしまうという奇妙な食変光星なのだ．

　　肉眼でみられるのだから，変光星観測の入門用にいい．βのような接触型の連星は，連続的に光度をかえるので，観測も連続しておこなわなければいけない．

　　双眼鏡では，ちかくの微光星がいくつかみえて多重星としてみえる．有名なリング星雲（M57）をさがす手がかりとしても，無視できない重要な星だ．
　　重星　変光―7.8等　149°　45.″7（1955年）
　　変光星　3.4等〜4.3等　周期12.9日　食変光星
　　＜18^h50^m　+33°22′　3.5等　B7＞

γ／スラファト Sulafat（カメ）

　　こと座にえがかれたたて琴は，富と幸運の神ヘルメス（Hermes）が，浜辺でひろったカメの甲らに，7本の糸をはってつくり，音楽の神アポロン（Apollon）におくったという．
　　＜18^h59^m　+32°41′　3.2等　B9＞

$\delta_{1,2}$　双眼鏡でもみわけられる重星．
　　双眼鏡重星　5.6等―4.3等　750″
　　$\{\begin{array}{l}\delta_1\ 18^h54^m\ +36°58′\ 5.6等\ B3\\ \delta_2\ 18^h54^m\ +36°54′\ 4.3等\ M4\end{array}\}$

$\varepsilon_{1,2}$／こと座のダブルダブルスター

　　ぜひみてほしい楽しい四重星だ．

　　ε_1 と ε_2 はオペラグラスでも楽にわかれる双眼鏡重星だが，それぞれが更に 2 つずつにわかれる重星なのだ．

　　ダブルダブル double double（複重星）は，双眼鏡ではむり，"口径 5 cm クラスで分離したら優秀"といったところなので，シーイングのいいと

こと座＜夏＞ 161

き, 高倍率でいどんでみよう.

双眼鏡重星 $\varepsilon_1-\varepsilon_2$　4.7等—4.5等　172°　207″（1924年）
連星 ε_1　5.0等—6.1等　350°　2″.6（2000年）　周期1165.6年
連星 ε_2　5.1等—5.4等　82°　2″.3（2000年）　周期 585.0年
$\begin{cases}\varepsilon_1 & 18^h44^m\ +39°40'\ 4.7等\ F1-A4\\\varepsilon_2 & 18^h44^m\ +39°37'\ 4.5等\ A8-F0\end{cases}$

$\zeta_{1,2}$　小さな平行四辺形と, 小さな三角がζでつながっている.

条件のいいときなら双眼鏡でもわけられる重星だ. 一度ためしてほしい.

重星 $\zeta_{1,2}$　4.4等—5.7等　150°　43″.7（1924年）
$\begin{cases}\zeta_1 & 18^h45^m\ +37°36'\ 4.4等\ A4\\\zeta_2 & 18^h45^m\ +37°36'\ 5.7等\ F0\end{cases}$

η／アラドファル **Aladfar**（つめ）

口径 5 cm クラス向きの重星.

重星　4.5等—8.7等　82°　28″.2（1925年）
＜19^h14^m　+39°09′　4.4等　B3＞

球状星団

M56　口径10cm以上　×60

M56　**NGC6779**

はくちょう座のアルビレオ（β）から, 約3°西, そして約2°北にある. アルビレオとγの間にあるので, γからたどってもいい.

双眼鏡では小さなわずかににじんだ光点に, 口径 5 cm ではごくちいさなまるい星雲状, 口径 10 cm でも星雲状だが, 周辺の星がいくつか分解できるという人もいるが…

5.5等星がわずか30′はなれてならんでいる.

＜19^h17^m　+30°11′　8.3等　7′　X＞

惑星状星雲

M57

M57　**NGC6720/Ring Nebula**（リング星雲）

こと座のみものは, なんといってもM57だ. "ドーナツ星雲""リング星雲"の名で呼ばれ, 形のおもしろさが親しまれている. 望遠鏡をもつものが, 一度はかならずこの星雲にむけるあ

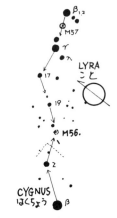

M56 のさがしかた

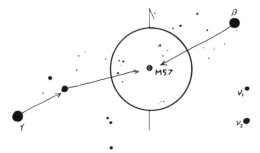

M57 のさがしかた

M57　口径 10 cm　×60

M57　口径 5 cm　×20

こがれの君である．

　オリヒメがもらった"エンゲージリング"というみかたもできるが，このリング，実は星の爆発の跡なのだから，"星の葬式にささげられた花輪"といったほうが正しい．

　βとγの間，すこしβよりに見当をつけてさがしてみよう．

　双眼鏡でごくごく淡い恒星状の姿がみとめられるというが，なれないとみわけがつかない．つまり，位置を知っている人がそこをみれば見えてるということで，位置を知らない人がさがすためには役に立たないということだ．

　口径 5 cm クラス×40で，小さく淡い星雲がまるくみられるだろう．口径 10 cm でははっきりその形がみとめられ，低倍率でみるM57はかれんで実にチャーミングだ．すこし倍率をあげると楕円の外形と中央の暗部がわかるだろう．

　シーイングのいい夜，口径 5 cm 以上あったら倍率をいろいろかえて，ドーナツの穴に挑戦してみようではないか．みえたら，あなたの望遠鏡も，あなたの視力（観測能力）もともに優秀なのだ．

$<18^h54^m\ \ +33°02'\ \ 9.0等\ \ 2.5'>$

19. わし座<日本名>

Aquila. Aquilae. Aql <学名，所有格，略符>
the Eagle <英名>
赤経 $18^h38^m \sim 20^h36^m$　赤緯 $+19° \sim -12°$ <概略位置>
652.47平方度<面積>
9月下旬<20時ごろの子午線通過>

たて座<日本名>

Scutum. Scuti. Sct <学名，所有格，略符>
the Shield <英名>
赤経 $18^h18^m \sim 18^h56^m$　赤緯 $-4° \sim -16°$ <概略位置>
109.11平方度<面積>
8月下旬<20時ごろの子午線通過>

わし座

わし座の主星 α（アルタイル）は，天の川をはさんで，こと座のベガ（おりひめ）と向かいあっている七夕の"ひこ星"のことだ．

わし座をさがすときは，αを中心にβとγをつないだ三つ星がめじるしになる．

αを頭にして，α—γ—ζ—δ—η—θ—β でできるひろげたワシのつばさ．δ—λ をワシのしっぽにすると，まるで奴凧のようにしゃっちょこばったワシの姿がうかんでくる．

もっとも，ここがわし座になったのは，αを中心にした三つ星を，羽根をひろげたワシにみたかららしい．

αの固有名アルタイルには"とぶわし"という意味があるのだ．おもしろいことに，こと座のベガに"落ちるワシ"といった意味がある．

ベガをちかくのεとζに結ぶと，小さな三角

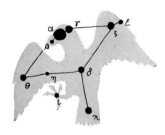

ができて，羽根をすぼめたようにみえるからだろう．

いろいろある七夕の伝説のなかに，子持ちのひこ星が登場する話がある．

泉で水あそびをする天女をみつけた彦太郎は，天女といっしょに暮らしたい一心で羽衣をかくし，ついに天女を自分の妻にした．

二人は楽しい日々を送り，やがて子どもも二人できた．ところが天女は天に帰らねばならなくなった．

彦太郎は，二人の子をかごに入れてかつぎ，あとを追ったが，天の川があって渡れない．

彦太郎親子はひしゃくをつかって天の川の水を全部くみだしてしまおうかと思った．そして，くる日もくる日も水をくんだ．もちろん，天の川の水はなくならない．

このひたむきな親子の姿に同情した女神が，年に一度だけ天女と彦太郎親子をあわせる約束をした．

子連れ彦太郎は星になった．αは彦太郎で，両側のβとγが二人の子どもだ．3等星のγが兄で，4等星のβが妹なのだろう．もちろん天女は，こと座のベガだ．

ギリシャの伝説では，このワシ，大神ゼウスの化身で，トロヤの美少年ガニメデスをさらったという．ただし，フラムスチードの星座絵にえがかれているのは，美少年アンティヌス（かってアンティヌス座があった）の姿だ．

おもな星

α／アルタイル Altair（とぶわし）

中国の七夕の伝説であまりにも有名な"けん牛"，日本名は"ひこぼし"だ．"織女（こと座α）"と天の川をはさんでいる．

織女とくらべると，すこし赤味をおびているので，それがいかにも日やけした男性の顔らしくていい．アルタイルというアラビヤ名は，αをはさんだγ，βを，ひろげたワシの翼とみたのだろう．こと座のベガ（落ちるワシ）と対照させてみてほしい．

　　　$<19^h51^m$ $+8°52'$ 0.8等 A7>

β／アルシャイン Alshain（わし）

飛ぶワシのつばさ．αをはさんだ"三つ星"を彦星（彦太郎）と二人の子ども（γが兄でβが妹）にみた伝説もある．中国ではγ, α, βを右将軍，

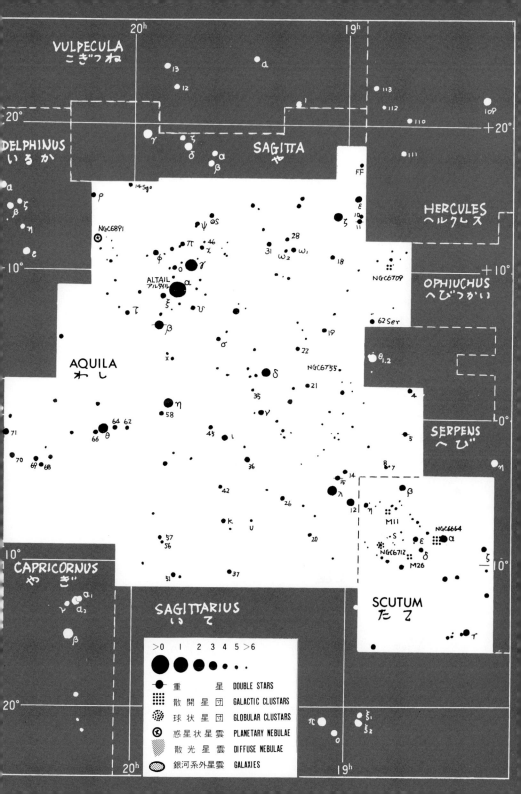

大将軍，左将軍という三将軍にみたてている．
　　〈19ʰ55ᵐ　+6°24′　3.7等　G8〉
γ／タラゼド　Tarazed（わし）
　　〈19ʰ46ᵐ　+10°37′　2.7等　K3〉
δ　　わし座のほぼ中心部にある．
　　〈19ʰ25ᵐ　+3°07′　3.4等　F3〉
ε／デネブ　Deneb（しっぽ）
　　わし座にワシの姿をえがくとき，θ を目，η を頭，α—δ—λ をつばさにすると，ε と ζ はしっぽになる．私にはどうも，α を頭，ξ をくちばしという先入観があって，λ がしっぽにみえるのだが，さて，あなたのえがくワシの姿は……？
　　〈18ʰ59ᵐ　+15°04′　4.0等　K1〉
ζ／デネブ　Deneb（しっぽ）
　　〈19ʰ05ᵐ　+13°52′　3.0等　A0〉
η　　ケフェウス δ 型の脈動変光星で，約 1 週間の周期で，4 等〜5 等に変光する．
　　η→θ→とのばした先を，双眼鏡でみると，5 等星が 4〜5 個半円をえがいて並んでいる．このあたりが，かってのアンティヌウス座（ローマの美少年）だが，現在はわし座に吸収されている．
　　変光星 3.9等〜5.3等　周期7.1766日
　　〈19ʰ52ᵐ　+1°00′　3.9等　G0〉
θ　　わしの翼にある．
　　〈20ʰ11ᵐ　−0°49′　3.2等　B9〉
λ　　わしのしっぽにある．
　　〈19ʰ06ᵐ　−4°53′　3.4等　B9〉

たて座

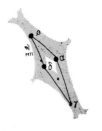

たて座は，わし座の λ のすぐ西にある小さな星座だ．

"ソビエスキーのたて" と呼ばれ，ポーランド王ソビエスキーを記念してつくられた星座で，かっての，わし座の一部をきりとったものだ．

17世紀，トルコ軍がウィーンに攻めいったとき，勇敢な王ソビエスキー（John Sobieski）の

活やくで打ちやぶることができた．回教徒をしりぞけたキリスト教徒の勝利を記念して，天の川のもっとも美しい部分をきりとって星座にしたのだという．ソビエスキーは西欧文明の救世主と仰がれた．

わし座の λ の西に β があるが4.47等と暗くみとめるのがむずかしい．その南西の主星の α ですら4.07等星なのだから，星を結ぶ星座ではなく，天の川のもっとも美しい部分を観賞するための星座としてさがしてほしい．

星の美しいところでなら，いて座の上に"いちじるしく明るい天の川のかたまり"としてみとめられ，"スモールスタークラウド"とよばれる．

かって，銀河系宇宙の構造に挑戦したウィリアム・ハーシェルは，望遠鏡をつかって夜空の星を数えたのだが，このあたりでは5度平方の中に約33万個の星をかぞえたという話が知られている．

一度は双眼鏡でのぞいてみたい星座だ．まさに銀河といった感じですばらしい．ただし，残念ながら街の空では，望遠鏡の助けをかりてもこのすばらしさは味わえない．

おもな星

α　このあたりが，天の川のもっとも美しいところといわれる．双眼鏡か，あるいはすばらしい肉眼をつかって，β—α—γ でつくるかわいいたて座と，そのバックに微光星をぎっしりしきつめた銀河の景観を楽しんでほしい．
　　＜18^h35^m　$-8°15'$　3.9等　K3＞

β　たての上端．
　　＜18^h47^m　$-4°45'$　4.2等　G4＞

γ　たての下端．
　　＜18^h29^m　$-14°34'$　4.7等　A3＞

散開星団

スモールスタークラウド

M11　**NGC6705/Wild Duck**（野鴨）

空がいい夜なら，肉眼でもみとめられる．もっとも，うんといい空では，バックの天の川が明るいので，その中にめりこんでかえって認めにくいという人もいるほどで，このあたりは双

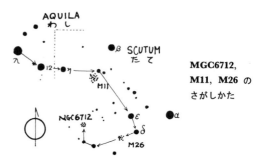

MGC6712, M11, M26 の さがしかた

M11 口径 5 cm ×60

眼鏡でも星がにぎやかで楽しい．

ところでM11だが，双眼鏡でボーッとひかる小さな星雲状，口径 5 cm で星雲状の中に明るい星がみえはじめ，口径 10 cm ではぎっしり集合した（扇形にみえる）みごとな大型星団が楽しめるだろう．

密集度がgという一見球状星団風の，ととのった二枚目星団の魅力を，じっくり味わってほしい．

わし座三星から λ をさがして 12—η の先約 2°西にある．

<18^h51^m　$-6°16'$　5.8等　12′～30′　200個　g>

M26　**NGC6694**

大型のM11にくらべると，こじんまりとした星団だ．口径 5 cm で明るい星がいくつかみられる．明るい星が西洋凧のように4つあつまっているのもかわいらしく楽しい．

δの東南東約1°にある．M26から2°東へ，そして1°北に球状星団 NGC6712（8.9等　2.′1 Ⅸ）があるので，ついでにさがしてみよう．

口径 5 cm で小さな小さな淡い光のシミにみえる．

<18^h45^m　$-9°24'$　8.0等　15′　20個　f>

M26 口径 5 cm ×40

20.　や座 <日本名>

Sagitta. Sagittae. Sge <学名，所有格，略符>
the Arrow <英名>
赤経 $18^h56^m \sim 20^h18^m$　赤緯 $+16° \sim +21°$ <概略位置>
79.93平方度 <面積>
9月中旬 <20時ごろの子午線通過>

こぎつね座 <日本名>

Vulpecula. Vulpeculae. Vul <学名，所有格，略符>
the Fox <英名>
赤経 $18^h56^m \sim 21^h28^m$　赤緯 $+19° \sim +29°$ <概略位置>
268.17平方度 <面積>
9月下旬 <20時ごろの子午線通過>

いるか座 <日本名>

Delphinus. Delphini. Del <学名，所有格，略符>
the Dolphin <英名>
赤経 $20^h13^m \sim 21^h06^m$　赤緯 $+2° \sim +21°$ <概略位置>
188.55平方度 <面積>
9月下旬 <20時ごろの子午線通過>

こうま座 <日本名>

Equuleus. Equulei. Equ <学名，所有格，略符>
the Colt <英名>
赤経 $20^h54^m \sim 21^h23^m$　赤緯 $+2° \sim +13°$ <概略位置>
71.64平方度 <面積>
10月上旬 <20時ごろの子午線通過>

や座　や座は，わし座のすぐ北にある非常に小さな星座だ．わし座の α（アルタイル）と，はくち

よう座のβ（アルビレオ）との間をさがすといい．

α, β, γ, δ のつくるかわいい矢がある．α, β をそれぞれ δ に結ぶと矢ばね，γ は矢じり，δ—γ をむすぶと矢ができあがる．放たれたこの矢は，まずこぎつね座をつきぬけて，はくちょう座を射とめるだろう．

小さくめだたないが，一度さがしあてると妙に心にのこる星座だ．

それもそのはず．伝説のや座は人の心を射とめる愛の神エロス（キューピッド）の矢なのだ．

エロスは背中に翼をもつ美しい青年の神だったが，年とともに若くなり，ついに弓矢をもった子どもになってしまった．

エロスは，気まぐれに人や神のハートめがけて矢を放つのだ．胸を射られた多くの神や人はそれによって苦しんだ．愛に苦しみはつきものなのだ．

おりひめ星とひこ星の間にあるや座は，ひょっとすると，エロスが二人に愛の苦しみをおぼえさせようと放った矢なのかも知れない．

愛の神エロスは，金の矢と銅の矢をつかいわけたともいう．

金の矢は二人の愛をめばえさせるのに，銅の矢は二人の愛を消すためにつかった．

や座は，もちろん金の矢だ．

ところで，エロスの気まぐれな矢が，いつなんどきや座を眺めるあなたのハートを射ぬくかもしれない……ということも忘れないでほしい．

おもな星

α　α, β, δ, γ でかわいい愛の矢ができる．
　　　α, β は矢ばね，γ が矢じりをあらわすのだ．
　　　α, β は，わし座のアルタイル（α）と，はくちょう座のアルビレオ（β）の中間あたりをさがすといい．
　　　$\langle 19^h 40^m \quad +18°01' \quad 4.4等 \quad G_1 \rangle$

β　α とともに矢ばねをあらわす．
　　　$\langle 19^h 41^m \quad +17°29' \quad 4.4等 \quad G_8 \rangle$

γ　矢じり．
　　　$\langle 19^h 59^m \quad +19°30' \quad 3.5等 \quad M_0 \rangle$

δ　矢ばねのつけね．
　　　$\langle 19^h 47^m \quad +18°32' \quad 3.8等 \quad M_2 + A_0 \rangle$

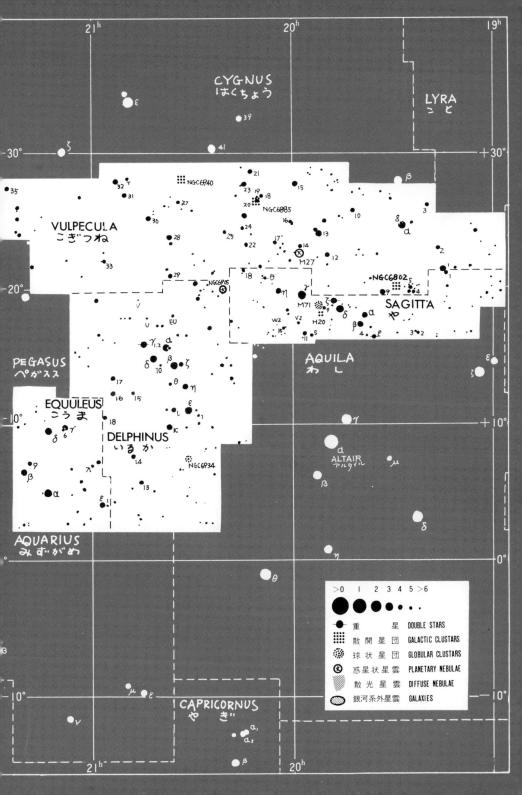

球状星団

M71　口径 5 cm　×60

NGC6838

　双眼鏡ではあわい星雲状だが，δとγの間，9番星と20′ほどはなれてならんでいてさがしやすい．しかも，すぐ南 0.5° に散開星団 H20（9.6等　10′　20個　d）があっておもしろいところだ．ついでにみておこう．

　さてM71は，口径 5 cm では，あわい光のひろがりをみせるだけだが，口径 10 cm クラスなら密集した星の集団ということがはっきりわかるだろう．

　この比較的まばらな球状星団は，かって密集した散開星団（密集度 g）とされていたのだが，どちらともとれるコウモリ星団だ．

　ところで，H20は暗くてあまりさえないのでそのつもりで……．

＜19^h54^m　+18°47′　8.3等　6′　g＞

こぎつね座

　こぎつね座は，や座，いるか座の北，夏の大三角にかこまれたところにかくれている．

　バイエル記号のついた唯一の主星αが，やっと 4.6 等星なのだから，肉眼で楽しむのにはちょっとつらい星座だ．もっとも，その姿をかくしてみせないところが，いかにもキツネらしくていいのだが……．

　望遠鏡をつかえば，M27というみのがせない名物がある．亜鈴状星雲の名で有名な惑星状星雲だ．や座のγのすぐ北をさがしてみよう．

　ところでこの小ギツネ，かっては"小狐とがちょう座"と呼ばれたこともあった．だから星座絵の小ギツネはガチョウをくわえている．

――や座・こぎつね座・いるか座・こうま座＜夏＞ 173

おもな星

α　　はくちょう座のアルビレオ（β）の南にある．すぐとなりにぴったり8番
　　　星（6等星）がよりそって，双眼鏡重星となっている．
　　　双眼鏡重星　α―8　4.4等―6.0等　M0―G6　403″
　　　＜19ʰ29ᵐ　+24°40′　4.4等　M0＞

散開星団

NGC6940

こぎつね座のはずれにあるので，はくちょう座のεから41をさがして，こぎつね座30との中間をさがしてみよう．

星数は多いが，案外小さく，双眼鏡ではぼんやりした楕円の星雲状にしかみえないだろう．

口径 5 cm でもぼんやりした姿はたいしてかわらないが，それがすばらしいのだという人もいる．

口径 10 cm では微星のあつまりであることがみえてみごとだ．

NGC6940　口径 10 cm　×40

＜20ʰ35ᵐ　+28°18′　6.3等　31′　100個　e＞

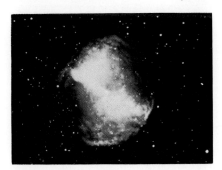

大望遠鏡でとらえた M27

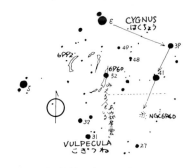

NGC6940 のさがしかた

惑星状星雲

M27　　**NGC6853/Dumbbell Nebula**（あれい状星雲）

　　　思ったより明るく，大きく，これほどよくみえる惑星状星雲はほかにない．

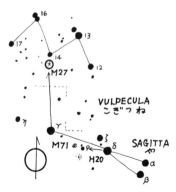

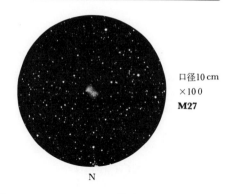

口径10cm
×100
M27

M27, M71 のさがしかた

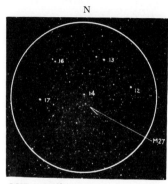

M27 双眼鏡 7×50

や座のγ（矢じり）の北約3°に，Wをさかさまにした12—13—14—16—17が双眼鏡の視野にスッポリ入ってくる．M27はその中心星14番星の0.5°先（や座γより）をみると，ぼんやりした光のしみが楽に発見できるだろう．

まん中がすこしくびれた形は，口径 5 cm 低倍率でも，形はちいさいが認められるという人もいる．口径 10 cm 以上なら，もっと明るく形もはっきりする．

ボディビルにつかう鉄亜鈴ににているというのだが，みかたは人によってさまざまだ．

"うちでのこづち"だとか，カイコの"マユ"だとか，"まくら"だとか"木の葉"のようだとか……．

さて，あなたの目にうつるM27は，なにみえるだろうか？

これほどみごとな天体をみのがす手はない．
＜20ʰ00ᵐ　+22°43′　8.1等　480″×240″　Ⅲa＞

いるか座

いるか座をみつけるには，わし座のアルタイルの近くに，小さな菱形をさがせばいい．

α—β—γ—δ のつくる菱形に，ドルフィンキックのしっぽを β—η—ε とのばすと，人間と音楽のよき理解者として天に上げられたイルカの

姿ができあがる．ミニ星座だが，こじんまりまとまっていて，案外さがしやすく楽しい星座だ．

シチリヤ島の音楽会で優勝した天才アリオンは，帰りにまちがって海賊船にのってしまった．

アリオンは，賞金ほしさの海賊に命をねらわれ，彼は死出の歌とともに海へとびこんだ．ところが，船のまわりには，彼の歌に聞きほれたイルカの群れがあつまっていたのだ．

イルカはアリオンを背中にのせて，船よりはやく彼を故郷の港へはこんでくれた．海賊どもは，港にまちうける役人に，もちろん御用となったことはいうまでもない．

ところで，菱形に柄がついたこの配列は，つかいふるしたひしゃげたひしゃくにもみえる．ひこぼしが，おりひめに逢いたくて，天の川の水をくみほそうとしたとき，このひしゃくをつかったという日本の伝説もある．

おもな星

α／スアロキン Sualocin （人名？）

$\alpha-\gamma-\delta-\beta$ でつくる菱形がかわいい．双眼鏡の視野にスッポリはいってしまう小さなイルカの頭だ．

固有名のスアロキンは，β のロタネブと共に，イタリヤのパレルモ天文台長ピアッヂが，台員のニコラウス・ベナトル Nicolaus Venator の名前を，さかさまにつづったものといわれる．これほど，ユーモラスで，ふざけた名前をもらった星はほかにみあたらない．

$<20^h40^m$ $+15°55'$ 3.8等 B9>

β／ロタネブ Rotanev （人名？）

$<20^h38^m$ $+14°36'$ 3.6等 F5>

γ　口径 5 cm でわかれる重星で，イルカの鼻の頭に輝く．K 1 型と F 6 型の色のちがいを「黄金と青緑色のコントラストがみごと」といわれる重星だが，もちろん色の感じ方は人によってちがう．さて，あなたの目には？

重星 5.5等—4.5等 K1—F6 269° 10.″4 (1952年)

$\begin{cases} \gamma_1 & 20^h47^m & +16°07' & 5.1等 & F7 \\ \gamma_2 & 20^h47^m & +16°07' & 4.3等 & K1 \end{cases}$

δ　　ひし形の一つ．
　　　＜20ʰ43ᵐ　+15°04′　4.4等　A7＞
η　　しっぽ．
　　　＜20ʰ34ᵐ　+13°02′　5.4等　A3＞
ε／デネブ Deneb（しっぽ）
　　　その名のとおりしっぽに輝く．
　　　＜20ʰ33ᵐ　+11°18′　4.0等　B6＞

こうま座

　天馬ペガススの鼻づらに，かわいい小馬が鼻をすりよせている．

　ペガス座の鼻づらの星（ε）のすぐ先(アルタイルにむかって)に，4～5等星のα，β，γ，δ でつくる変形四辺形がある．そのあたりがこうま座だ．星を結んで小馬の姿を想像することは，もちろん不可能なので，"お馬の親子は，なかよしこよし"といった感じでさがしてほしい．ペガスス座のおまけか，付録のような星座だと思えばいい．

　こうま座の西どなりに，いるか座がある．こうま座は，ペガススとイルカにサンドイッチされた小さな小さな星座で，88星座中，みなみじゅうじ座につぐ第２位のミニ星座なのだ．伝説のこうま座は，ペガススの兄弟馬で，伝令の神ヘルメスが，勇士カストル（ふたご座）に送ったといわれる．天馬ペガススに子馬がいたという話は聞いたことがない．

おもな星

α　　いるか座と，ペガス座のはなづら（ε）の前に，α—β—γ—δ でつくる四辺形をさがしてみよう．
　　　＜21ʰ16ᵐ　+5°15′　3.9等　G0+A5＞
β　　四辺形の一つ．
　　　＜21ʰ23ᵐ　+6°49′　5.2等　A3＞
γ　　すぐちかくの6（6等星）と肉眼重星（とくに目のいい人にかぎり）をつくる．
　　　＜21ʰ10ᵐ　+10°08′　4.7等　F0＞
δ　　四辺形の一つ．
　　　＜21ʰ14ᵐ　+10°00′　4.5等　F5+G0＞

21. はくちょう座 <日本名>

Cygnus. Cygni. Cyg <学名, 所有格, 略符>
the Swan <英名>
赤経 $19^h07^m \sim 22^h01^m$　赤緯 $+28° \sim +61°$ <概略位置>
803.98平方度 <面積>
9月下旬 <20時ごろの子午線通過>

　　はくちょう座は，夏の天の川のまん中に，みごとな十字をつくっている．
　　南十字星に対して，北十字星と呼ぶ人もいるほど形のいい十文字である．
　　長軸 α—γ—η—β はくちばしからしっぽまで，交差する短軸 δ—γ—ε の先をさらに ι と ζ とひろげると，優雅に大きくひろげたハクチョウのつばさができる．
　　主星 α はデネブ（しっぽ）と呼ばれる1等星だ．デネブは夏の大三角の一角で，三つのうち一番暗く，天の川の中に輝く星としてさがすといい．
　　β はアルビレオと呼ばれる3等星でくちばしに輝く．暗くてさがしづらいが，ちょうどベガとアルタイルの中間，ややデネブよりにある．色の対比が美しい小望遠鏡ではみのがせない二重星だ．
　　ハクチョウは，天の川をさそり座にむかってとんでいくので，β の先をどんどんのばして南へ目をうつすと，そこにさそり座のアンタレスがある．
　　天の川の中にあるはくちょう座は，双眼鏡でみるとにぎやかで楽しい．天の川のところどころにポコッと星がぬけたようにみえるのが暗黒

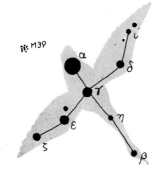

星雲だ．

　伝説のハクチョウは天の大神ゼウスの化身である．

　ゼウスは，絶世の美女レダ（スパルタの王妃）のもとに，ハクチョウに変身してかよったのだ．やがて，レダは2個の卵を生みおとす．そのひとつから男の双子カストルとポルックス（ふたご座），もうひとつから女の双子トロイの美姫ヘレンと悪女クリュテムネストラが誕生したのだという．

　はくちょう座の学名がキグヌスというのは，もうひとつ別の伝説によるもので，エリダヌス川に落ちた日の神アポロンの子フェートンをさがしもとめた，親友キグヌスの姿がハクチョウになったというのだ．

　はくちょう座は比較的北にあるので，6月から12月のよいまで，長期にわたって姿をみせる．それぞれ季節によって，位置やかたむきがちがって味わいもちがう．12月に西の地平線の上に立つ十字架（くちばしを下にしたハクチョウ）もすばらしい．

おもな星

α／デネブ Deneb（しっぽ）

　　数あるデネブの内，1等星はこの白鳥のしっぽだけだ．

　　オシリの"デネブー"といって，子ども達には人気がある．

　　夏の三角星の一つだが，三角星中もっとも暗い．オリヒメ，ヒコボシへのえんりょかも知れない．白色に輝く美しい星だ．

　　　$<20^h41^m\ \ +45°17'\ \ 1.3等\ \ A2>$

β／アルビレオ Albireo（くちばし？）

　　くちばしに輝く3等星だが，小望遠鏡対象の重星としてもっとも有名である．

　　"アルビレオ"というもっとも美しい名前をもち，もっとも美しい色の対照をみせる重星として，もっとも人気があるのだろう．

　　オレンジとブルーがすばらしい全天一の美星に，ロメオとジュリエットと命名した人がいる．まさにそのとおりだ．

　　　重星 3.1等—5.1等　K3—B8　55°　34″.6（1925年）
　　　$\{\beta_1\ \ 19^h31^m\ \ +27°58'\ \ 3.1等\ \ K3\}$
　　　$\{\beta_2\ \ 19^h31^m\ \ +27°58'\ \ 5.1等\ \ B8\}$

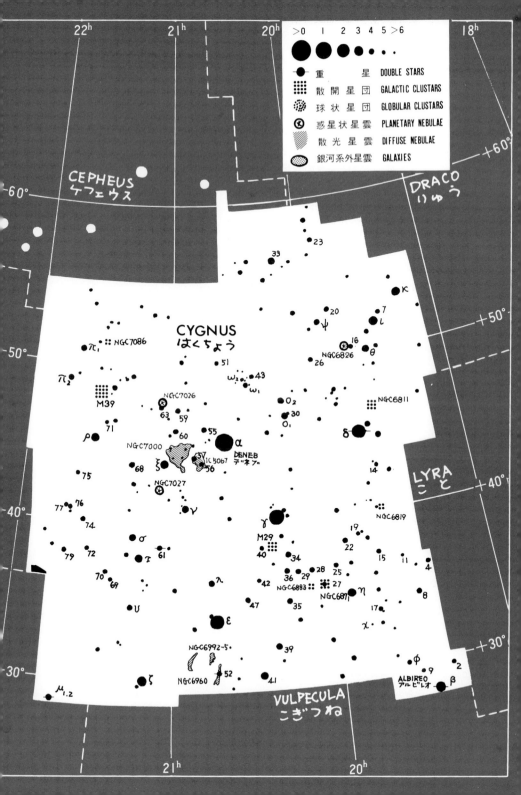

γ／サディル Sadir（むね）

十字星の中心，ハクチョウのへそに輝くなくてはならない2等星
αからγ→とのばしたところに，くちばしのβがある．
<20ʰ22ᵐ　+40°15′　2.2等　F8>

δ

δとεが，ハクチョウの両翼をあらわす．
<19ʰ45ᵐ　+45°08′　2.9等　B9+F1>

ε／ギェナー Gienah（つばさ）

γを中心に，εとδがひろげたつばさをあらわす．α—γ—βをたて軸
ε—γ—δをよこ軸とすると大きな十字架ができる．
<20ʰ46ᵐ　+33°58′　2.5等　K0>

ζ

つばさの先にある．
<21ʰ13ᵐ　+30°14′　3.2等　G8>

η

βとγの中間にある4等星

αが1等星，γが2等星，βが3等星，そしてηが4等星だ．
街の夜空は星がみられなくなったが，せめてこのηまで肉眼でみられないと，星座は楽しめない．あなたの街の空ではηがみえるだろうか？
<19ʰ56ᵐ　+35°05′　3.9等　K0>

χ

ミラ型長周期変光星の代表的なものの一つ．

407日の周期で，3等から14等まで変光する．つまり，肉眼でみえたりみえなかったりするわけだ．

変光星　3.3等—14.2等　周期406.84日
<19ʰ51ᵐ　+32°55′　変光　K0>

$\mu_{1,2}$

507年の周期でまわる連星だが，現在，角距離が$1''.2$（2000年）しかなく，口径10 cm 高倍率でいどんでも，ちょっとむずかしいかな，といったところだ．

連星　4.7等—6.1等　320°　$1''.2$（2000年）周期507年

$\begin{cases} \mu_1 & 21^{\text{h}}44^{\text{m}} & +28°45′ & 4.7等 & F6 \\ \mu_2 & 21^{\text{h}}44^{\text{m}} & +28°45′ & 6.1等 & G2 \end{cases}$

61

はくちょう座の61番星といえば，ドイツのベッセルによってはじめて視差が測定された．つまり，はじめて恒星までの距離を三角測量をつかって測定に成功した記念すべき星だ．

距離11光年の近距離星だった．

小口径がかんたんに分離する連星でもあるので，一度はみておきたい．

連星 5.6等―6.3等　150°　30″.3（2000年）　周期653年
＜21ʰ07ᵐ　+38°45′　5.2等　K4+K5＞

散開星団

M29　NGC6913

γの南2°に40番星とならんでいる．

非常に星のにぎやかな天の川の中心にあるので，双眼鏡では天の川にめりこんでしまってよくわからないほどだ．

口径5cmですこしまとまりが感じられるこじんまりとした星団だ．

＜20ʰ24ᵐ　+38°32′　7.1等　7′　20個　d＞

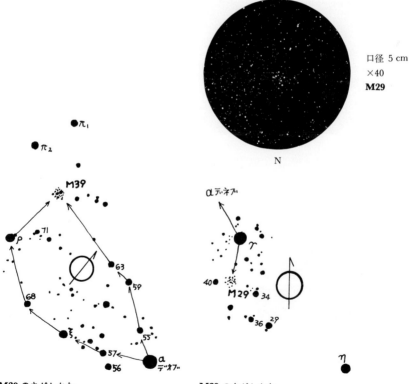

口径 5 cm
×40
M29

M39 のさがしかた　　**M29 のさがしかた**

はくちょう座

M39　**NGC7092**

M39　口径 5 cm　×40

これは明るい星のあつまりなので，デネブのうしろに，肉眼でもぼんやり明るいシミがみられる．双眼鏡でたくさんの星がみえて，すでに散開星団の雰囲気が十分楽しめるだろう．

口径 5 cm では視野をはみだすほどにひろがってすばらしい．

デネブから ρ をさがしてもいいが，デネブから直接見当をつけるズボラなさがしかたでもけっこううまくとらえられるはずだ．

<21ʰ32ᵐ　+48°26′　4.6等　32′　25個　e>

はくちょう座＜夏＞ 183

散光星雲

NGC7000

北アメリカ星雲

NGC6992-5
NGC6960

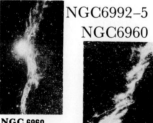

NGC 6960

NGC 6992

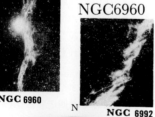

NGC6992-5 双眼鏡 7×50

/**North America Nebule**（北アメリカ星雲）

　天体写真では, 北アメリカ大陸そっくりにみえるのでその名がある.

　デネブ（α）のすぐ東にひろがる散光星雲だが, その形をみることはむずかしい.

　非常に条件のいい空なら肉眼でみえるという人もいる. たしかに, その気になってみると, デネブのとなりがばかに明るく, "いわれてみればあれがそうかな"といった感じにはみられる.

　天体写真のイメージをオーバラップさせながらさがしてみよう.

　双眼鏡でもあまりかわりがないようだ. 天体望遠鏡も役に立たない.

＜20^h59^m　+44°20′　1.3等　120′×100′＞

Cirrus（網状星雲）

　天体写真でおなじみの網状星雲だ. 天女の羽衣（はごろも）のようなすばらしい姿は写真におまかせして, その片鱗をなんとかのぞきみしてやろうというわけだ.

　εの南, ζの西に, 淡いガス雲のループが2つむかいあって, 大きなリングをかたちづくっている.

　肉眼で, 双眼鏡で, 口径 5cm～10cm の低倍率で, 高倍率で……と, いろいろためしてみよう.

　空の条件しだいで, あなたの目の前に, 天女が極く淡いはごろもをまとって姿をあらわすことだろう. ゆめゆめうたがうことなかれ.

$\begin{cases} \text{NGC6992-5} & 20^h56^m & +31°43′ & 78′×8′ \\ \text{NGC6960} & 20^h46^m & +30°43′ & 70′×6′ \end{cases}$

秋の星座のさがしかた

　秋は輝星にとぼしく，星空をさがすのに苦労するが，星座にまつわる伝説は楽しいし，たくさんある．

★**夏の三角星**をさがして，ベガからアルタイルのほうへどんどん地平線にむかってのばしたあたりに，**やぎ座の三角**がある．

　やぎ座はいて座につづいて秋一番に南中するが，淡い星ばかりであまりめだたない星座だ．

★夏の三角星が天頂にあるころ，東の地平線上に，2等星と3等星の四角形があらわれて，三角星が西にかたむく頃，その四角星は天頂にのぼる．**秋の大四辺形**の名で有名な**ペガスス座**なのだ．秋の星座はこの四辺形を手がかりにさがすといい．

★ペガススの四辺形には，北斗七星のように柄がある．この柄にあたる曲線が**アンドロメダ座**だ．

★アンドロメダ座のカーブのすぐ下（南）に，小さなほそ長い三角が発見できたら**さんかく座**で，さらに南に**おひつじ座**のつのがさせるだろう．

★**うお座**はたいへんさがしにくい星座だ．四辺形の南に一匹，東に一匹，二匹の魚がひもでむすんである．

★天馬ペガススの頭のすぐ南に，**みずがめ座**のめじるし**三つ矢**のマークがある．

　三つ矢のマークはみずがめをあらわし，こぼれた水が南に流れている．

★みずがめ座のみずの流れを，大口をあけてうけているのが，**みなみのうお座**だ．

★フォーマルハウトは，秋にでてくるたった一つの貴重な1等星だ．

　秋のよい空に，南をみて明るい星が一つだけポツンと輝いていたら，フォーマルハウトにまちがいないだろう．**秋の一つ星**ともいう．

★ペガススの四辺形は，西辺を北へのばすと**北極星**がさがせる．

★四辺形の東辺を南へのばすと2等星が一つ輝いている．デネブカイトスと呼ばれる**くじら座**のしっぽだ．

　くじら座は頭がおひつじ座の南にあるので，ずいぶん大きな星座だ．

★四辺形の東辺を北へのばすと，最初につきあたった2等星はカシオペア座のβだ．

　カシオペヤ座のWは北極星を中心に，北斗七星とはまったく反対側にあるので，カシオペヤ座が高くのぼる頃は，北斗七星は低くてよくみえない．

★**つる座**は，みなみのうお座のさらに南に，α，βの2つの2等星が並んでいるのがみつかるだろう．低いので南中時をねらってさがすといい．**ほうおう座**はつる座につづいて南中するが，これも南の地平線にちかくてみにくい星座だ．

★ペガススのはなづらのすぐ前（西）に，かわいい**こうま座**が小さな四辺形をつくっている．さらに西に**いるか座**の菱形もみつかるだろう．

★**とかげ座**はペガススの前足の北にあって，まるでペガススの前足にふまれているようだ．

★エチオピヤの王**ケフェウス座**は，王妃カシオペヤととなりあっているが，あまり目だたないので，カシオペヤと北極星の間にあるγをみつけて，γを頂点にしたひん弱な5角形をさがすといい．

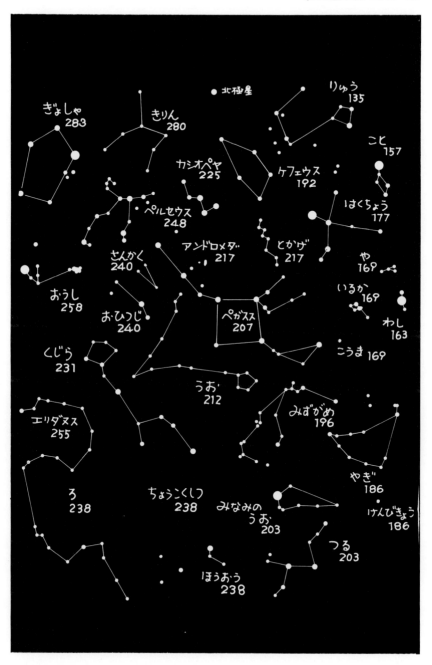

22. やぎ座 <日本名>

Capricornus. Capricorni. Cap <学名，所有格，略符>
the Sea-Goat <英名>
赤経 $20^h04^m \sim 21^h57^m$　赤緯 $-8° \sim -28°$ <概略位置>
413.95平方度 <面積>
9月下旬 <20時ごろの子午線通過>

けんびきょう座 <日本名>

Microscopium. Microscopii. Mic <学名，所有格，略符>
the Microscope <英名>
赤経 $20^h25^m \sim 21^h25^m$　赤緯 $-28° \sim -45°$ <概略位置>
209.51平方度 <面積>
9月下旬 <20時ごろの子午線通過>

やぎ座

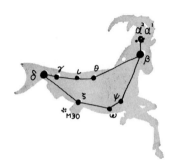

やぎ座は黄道12星座の1つ．いて座につづいてでて，秋の訪れを告げる星座だ．

　半人半馬のいて座のあとに続いて登場するやぎ座が，なんと半ヤギ半サカナというのだからおもしろい．

　学名カプリコルヌスには"角山羊"といった意味がある．

　やぎ座のシンボルは，めだたない淡い星をむすんだ直角三角形だ．形が大きいわりにさがしづらいが，それがまた繊細な秋にふさわしい．

　さがしにくいときは，わし座のアルタイルを中心にした三つ星にそって，南へすべりおちると，ポッカリまっ黒な口をあけた三角がみつかるだろう．

　ところで，この三角形，南中したとき頂点を下にした不安定な逆三角形となる．

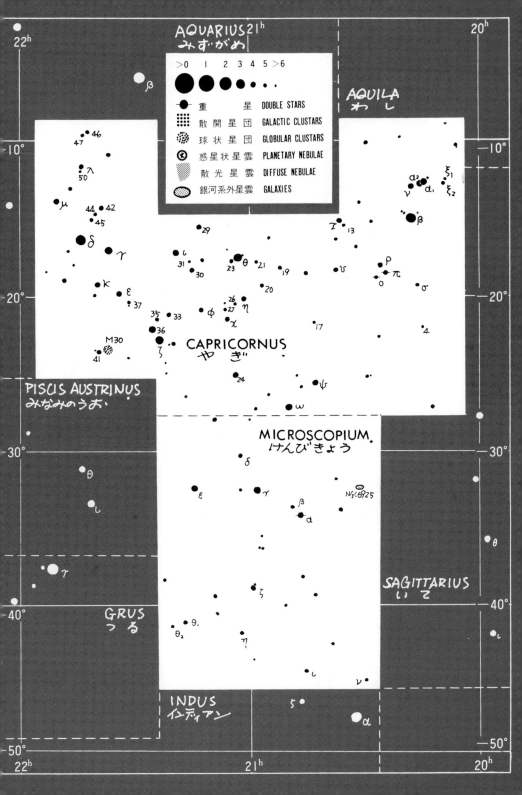

やぎ座と木星

　下になった頂点を直角にした二等辺三角形で，右上に $\beta-\alpha$ という角（つの）がつきでている．
　頭の β としっぽの δ が3等星であるほかは，すべて4等星以下でつくる三角形だ．
　ギリシャの哲人たちは，ここを"神々の門 Gate of Gods"とよび，この世を去った人の魂が，天国へのぼる入口だと考えた．
　秋の暗黒の空がこんな想像をさせたのだろうか，それとも，人間の生死と三角形がなにかつながりがあるのだろうか？
　死んだ妻をとりもどすために，冥府（めいふ）の王ハーデースをたずねた琴の名人オルフェウスも，ここを通ったにちがいない．
　ある日，ギリシャの神々がナイルのほとりに全員集合して，年に一度の大酒盛りをしたときのことだ．
　突然，ティフォーンという怪物があらわれた．ギリシャのティフォーンは，頭が100もあって，いろいろいやがらせやいたずらをして，神々を困らせた怪物だ．
　ティフォーンは，自分だけ酒盛りに呼ばれなかった腹いせに，100の頭で大声をはりあげてあばれこんだ．
　フイをつかれたギリシャの神々は，あわててそれぞれ動物に身ををかえて逃

げたのだが，なかでも，牧神パーンのあわてぶりは愉快だ．得意のヤギに化けて駈けだしたのはよかったが，うろたえて川へ飛びこんでしまったのだ．ところがあわててうまく魚に化けられない．えーいっ，ままよと下半身だけ魚という珍妙な姿で川を泳いで逃げてしまった．

化けそこなったパーンの姿がおもしろいので，他の神々はこの形を星にして残そうと考えた．そして，ワッショイ，ワッショイやがるパーンを無理やり担ぎ上げて星にしてしまった．

やぎ座がひかえめで暗くてさがしにくいのは，きっとパーンが恥ずかしがっているせいだろう．

イタズラと音楽好きの陽気な牧神パーンの姿とはおもえないほどの恐縮ぶりがおもしろいではないか．

おもな星

$\alpha_{1,2}$／ギェディ Giedi（やぎ）

めだたない星座だが，わし座三星を南へのばして，α と β がたてにならんでいるのは，比較的さがしやすい．

月のない夜なら $\beta—\theta—\gamma—\delta—\zeta—\omega—\psi—\beta$ にそって，いくつかの微光星がならび，▽形の直角二等辺三角形ができるだろう．

みえなければ，双眼鏡をつかってたどってみていただきたい．それが，消えいるようにはずかしがっている魚山羊の姿だ．

α_1 をプリマ・ギェディ Prima giedi, α_2 をセクンダ・ギェディ Secunda giedi という呼名もある．α_1 と α_2 は代表的な肉眼重星として有名だ．みえたら，"オメデトウ．あなたの視力はまあまあです"といったところだ．

なお，α_1 は 45″ はなれた 9 等星が口径 5 cm クラスでみられ，α_2 は 7″ はなれて 11 等星が口径 10 cm クラスでみられるだろう．

肉眼重星　$\alpha_1—\alpha_2$　4.2等—3.6等　291°　376″
$\begin{cases} \alpha_1 & 20^\text{h}18^\text{m} & -12°31' & 4.2等 & G3 \\ \alpha_2 & 20^\text{h}18^\text{m} & -12°33' & 3.6等 & G8 \end{cases}$

β／ダビー Dabih（ひたい）

β を頭にして，α と ξ をつのにみたてるのだ．双眼鏡でみると 6 等星がくっついている．$\alpha_{1,2}$ や $\xi_{1,2}$ とみくらべてみたい．

双眼鏡重星　3.3等—6.2等　205″
＜$20^\text{h}21^\text{m}$　$-14°47'$　3.1等　F8＋A0＞

γ　　δとγはならんでいる．

　　δをヤギのしっぽとすると，γはヤギのオシリだ．
　　$<21^{\text{h}}40^{\text{m}}\ -16°40'\ 3.7$等　F0$>$

δ／デネブ・アルギェディ Deneb Algiedi（やぎの尾）
　　ここに魚山羊の姿をえがくと，"魚の尾"になるのだが……．
　　$<21^{\text{h}}47^{\text{m}}\ -16°08'\ 2.9$等　A5$>$

ζ　　ヤギのおしり．
　　$<21^{\text{h}}26^{\text{m}}\ -22°25'\ 3.7$等　G4$>$

ω　　ヤギの逆三角形の頂点にある．
　　$<20^{\text{h}}52^{\text{m}}\ -26°55'\ 4.1$等　M0$>$

球状星団

M30　NGC7099

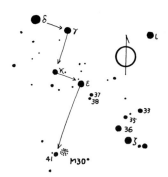

M30のさがしかた

みのがせない明るい球状星団だが，南に低いので，高くのぼったチャンスをのがさないようにみてほしい．双眼鏡でも光点としてみとめられるので，さがすのは苦労しない．

δ→γ→κ→ε→41 とたどれば，41 と約 0.5°はなれた西にあって，低倍率なら同視野にならんでみえるだろう．

口径 5 cm でまるい星雲状．口径 10 cm クラスなら，きめのこまかい明るい星雲状．星が分解するのはもっと大口径が必要といわれるが，シーイングと視力にめぐまれた人は，倍率を上

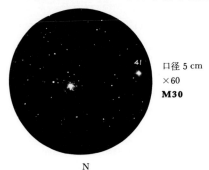

口径 5 cm
×60
M30

N

げて挑戦してみよう．周辺部からザラザラした感じにみえてくる．

$<21^h40^m\ -23°11'\ 7.5等\ 5'.7\ V>$

けんびきょう座

けんびきょう座は，やぎ座の下(南)にある．

やぎ座自身が暗くてさえない星座なのに，けんびきょう座は，それにわをかけて，さらにめだたない．おまけに地平線にちかいのだから，おせじにも楽しい星座とはいえない

南天の星座の中に，望遠鏡，六分儀，時計，定規など，科学的な器具の名前がわりと多くみうけられるが，けんびきょう座もその中の1つだ．

ラカイユが，この星座を設定した当時は，最新の科学機器であったのだろうが，時代のうつりかわりと共に，いずれも色あせてしまった．

星座にこの種の名前をつかったのは，失敗であったのでは……と私はおもう．

なんとしても，一度はみてやろうと決意のかたい人は星図をたよりに，双眼鏡をつかってどうぞ．望遠鏡で顕微鏡をさがすのもおもしろいではないか．

おもな星

α　やぎ座の逆三角形の下に，ε—γ—α のへの字がさがせたら，"さーすがけんびきょう"といわれるほど，いかにもけんびきょう的なめだたない星座だ．

$<20^h50^m\ -33°47'\ 4.9等\ G7>$

けんびきょう座をぼうえんきょうでみる？

23. ケフェウス座 <日本名>

Cepheus. Cephei. Cep <学名,所有格,略符>
Cepheus <英名>
赤経 20^{h}01^m〜8^{h}30^m　赤緯 +89°〜+51°<概略位置>
587.79平方度<面積>
10月中旬<20時ごろの子午線通過>

カシオペヤの夫,アンドロメダ姫の父親,つまり,古代エチオピヤの国王ケフェウスが星座になっている.

カシオペヤのβと北極星をつないで,その途中,ほんのすこし北極星よりにケフェウス座のγがある.

γを頭にして,β, α, ζ, ι, γと結ぶと,細長くとがった三角屋根の五角形が描けるのだが,星が暗くて,なれないとちょっとさがしにくいかもしれない.

神の怒りにふれた最愛の妻と,いけにえに捧げられる運命の娘をもって,すっかりうちしおれたケフェウス王といった感じだ.

みかけがさえないケフェウス座だが,国王の貫禄をしめして,話題の星を2つもっている.

1つは,αとζを結んだ線のやや南にあるμだ.

μは通称"ガーネットスター"と呼ばれる5等星である.

肉眼ではむりだが,双眼鏡以上の望遠鏡でみると,まさにその名のとおり"真紅のザクロ石"が楽しめる低温度星なのだ.

もう1つは,変光星δだ.

五角形の一角に,ζ—ε—δでできる小さな三

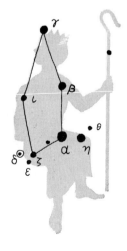

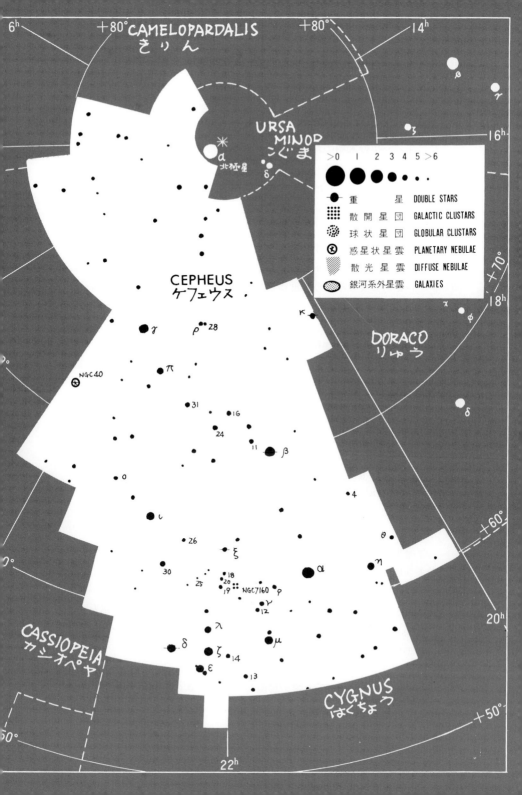

角形がある．

　さて，このケフェウス座δは，星自身が膨張，収縮をくりかえす代表的な脈動変光星で，規則正しく5 1/3日で変光する．

　これは星の一生の末期におこる一現象と考えられているが，この種の変光星を"ケフェウス座デルタ型"あるいは"ケフェイド"という．

　ところで，ケフェイド星は"宇宙のモノサシ"としてなくてはならない重要な星だ．

　変光周期と光度との間に一定の法則があるのを利用するのだ．アンドロメダ銀河までの距離が230万光年あることも，この宇宙のモノサシをつかった．

　まず星雲の中にケフェイド星をさがして，その変光周期から，絶対光度を推測し，その絶対光度とみかけ光度のちがいから距離を算出するという方法だ．

おもな星

α／アルデラミン **Alderamin**（右うで）

　　δを頭にして，北極星に足をむけたケフェウス王をえがくと，αはひろげた右うでになる．

　　$<21^h19^m \quad +62°35' \quad 2.4等 \quad A7>$

β／アルフィルク **Alphirk**（ケフェウスのこと）

　　口径5 cmで挑戦できる重星

　　重星 3.3等—8.0等　250°　13.″7（1922年）

　　$<21^h29^m \quad +70°34' \quad 3.2等 \quad B1>$

γ／アルライ **Alrai**（羊番）

　　北極星にちかい

　　γとカシオペヤのWを結ぶと舟の錨（いかり）のようにみえる．

　　γを頂点にβ—α—δ—ι—γと結んでできる5角形は，こわれかけの家のようにたよりなげだが，ケフェウス座をさがす目標となる．

　　それにしても，となりの王妃カシオペヤのスッキリした目だちかたと比較すると，"尻にしかれたケフェウス王"といわれてもしかたがないほどの貧弱さだ．その気になってさがさないとみすごしてしまいそうだ．

　　$<23^h39^m \quad +77°38' \quad 3.2等 \quad K1>$

δ　有名すぎるほど有名なケフェウス座δ型変光星（ケフェイド）の大親分である．δ, λ, ζ, εで王の頭を想像している．δの変光は，王冠の宝石のまたたきにたとえたい．

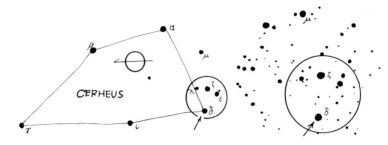

ケフェウス座δのさがしかた

1784年イギリスのグドリク（Goodricke）によって発見された．5日9時間弱で4等～5等に変光をくりかえす脈動変光星（星自身がふくらんだり，ちぢんだりして輝きをかえる）だが，現在は"宇宙のものさし"として天文学上重要な役わりをはたしている．

変光星観測入門用として最適．双眼鏡でもわかれる小口径向きの重星．
変光星 3.5等～4.4等　周期5.366日　短周期脈動
重星　変光－7.5等　19°　41″（1953年）
<22^h29^m　+58°25′　変光　F5-G1>

ε　ケフェウス王の頭部にある．
<22^h15^m　+57°03′　4.2等　F0>

ζ　ケフェウス王の頭部にある．
<22^h11^m　+58°12′　3.4等　K1>

μ／ガーネット・スター Garnet Star（ザクロ石の星）

δ, α, μ で平たい三角ができる．

肉眼ではさえない4等星だが，ウイリアム・ハーシェルに"ガーネットスター"と命名されたM型の低温星だ．

双眼鏡または小口径望遠鏡で"こぼれた一滴の血のように"とか，"こぼれたザクロの実"のようだと表現されたあざやかなμがみられる．

もっとも，色の感じ方は主観的なものだから，あなたの目にうつるμが赤くみえるかどうかはわからない．朱色にみえるかもしれないし，オレンジにみえてくるかもしれない．

とにかく一度自分の目でみることだ．双眼鏡なら，白色のαを同視野に入れてみくらべるといい．

<21^h44^m　+58°47′　変光（3.4等～5.1等）　M2>

24. みずがめ座

Aquarius. Aquarii. Aqr <学名,所有格,略符>
the Water Bearer <英名>
赤経 20ʰ36ᵐ～23ʰ54ᵐ　赤緯 +3°～-25°<概略位置>
979.85平方度<面積>
10月下旬<20時ごろの子午線通過>

　ペガスス座と,みなみのうお座のフォーマルハウトにはさまれた暗黒の部分をうめているのが,みずがめ座だ.
　暗黒の部分といっても,一見暗黒ということで,よく目をこらすと,淡い微光星がやたらにたくさんあって,このあたりが,水がめからこぼれでた水の流れをあらわしているのだ.
　みずがめ座のシンボルは,かわいい三矢のマークだ.
　天馬ペガススの頭 (θ) のすぐ下 (南) に,ζ(4等星)を中心に,4等星のγ,π,ηでつくる三矢のマークがみつかるだろう.そこに水がめがある.
　すぐ右 (西) のαとβを,水がめをかつぐ男の肩にみてはどうだろう.
　ここにえがかれる"水がめをかついだ男"は,大神ゼウスがワシ(わし座)に姿をかえて,天にさらってしまった美少年ガニメデスの姿だといわれる.
　少年の仕事は,ゼウスの酒のしゃくをすることがほとんどで,その他,身のまわりのせわをさせられたらしい.
　水がめは,実は酒つぼで,こぼれた酒を南の魚が大口をあけて待ちうけているのかもしれな

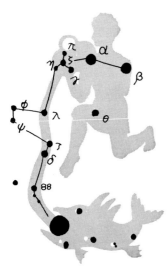

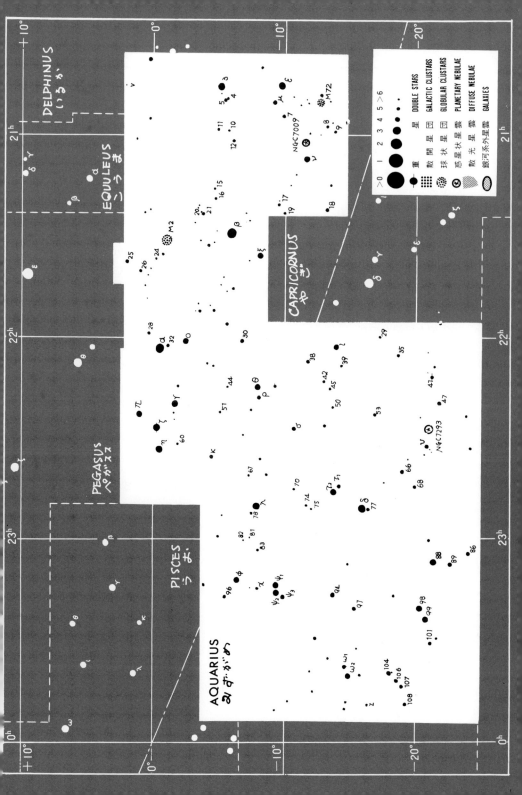

い．

　三矢マークの下の微光星をてきとうにたどって，フォーマルハウトまでつないだらいいのだ．

　もっとも，この話を聞いて「三矢マークから流れているのはサイダーでしょう」といった人がいる．この人，どこかの飲料水会社のまわしものらしい．

　ところで，このみずがめ座は，人間にとってなくてはならない貴重な水を星座にしたものだといわれる．

　星座の生まれ故郷メソポタミヤ地方に雨季がおとずれるのは，太陽がこの星座にやってくるころなのだ．黄道12星座の中で，やぎ座（半分は魚），みずがめ座，うお座，水にちなんだ星座がここにならんでいるのもそのせいだ．

　そして，このあたりの星に，しあわせを表現したアラビヤ名が多いのもそのせいにちがいない．この地方で雨，そして水は，人のしあわせときりはなせない重要な資源なのだ．

　主星αは"サダルメリク（王様のしあわせ）"，βは"サダルスド　（しあわせのなかのしあわせ）"，γは"サダルアクビア（秘密のしあわせ）"，そしてちかくのペガスス座のζには"サダルホマム　（英雄のしあわせ）"，ηは"サダルマタル（雨のしあわせ）"，θは"サダルバハム（けもののしあわせ）"，λは"サダルバリ（優秀な人のしあわせ）"という意味があったらしい．

　しあわせの星にかこまれたガニメデス少年は，片手で水がめをささえ，もう一方の手は"ボカー，シアワセダナー"と鼻をこすっているにちがいない．

　苦しいことや悲しいことがあったら，ぜひこの星座をおもいだしてあおいでほしい．

　しあわせの星を一つずつたどっていくうちに，いつのまにか，ふっくら心があたたまっているはず．

おもな星

α／サダルメリク Sadalmelik（王の幸運）

　　まとまりのないみずがめ座をさがすとき，私は，まずζを中に π, η, γ でつくる三矢のマークをさがして，それから右（西）のαをさがすことにしている．

　　三矢のマークが水がめで，αはそれをもつ少年ガニメデスの右肩をあらわすのだ．

⟨22ʰ06ᵐ　−0°19′　3.0等　G2⟩

β／サダルスド Sadalsud（幸運の中の幸運）

なんともすばらしい名前をもった星ではないか．
一度はさがしてあやかるべきだろう．
αの右下（南西）をみればいい．ガニメデス少年の左肩をあらわしている．

⟨21ʰ32ᵐ　−5°34′　2.9等　G0⟩

γ／サダルアクビア Sadalachbia（秘密の幸運）

"ひめられたしあわせ"といえばもっとすばらしい星に感じられる．βとはちがった，やはりいい名前だ．
三矢のマークをみつけたら，矢の右下（南西）にあるγを，さりげなくそおっとみてやってほしい．

⟨22ʰ22ᵐ　−1°13′　3.8等　A0⟩

δ／スカト Skat（ねがいごと）

少年ガニメデスの足（上はく部）に輝くのだが，古代アラビヤの人々の幸せのすべてをねがう星であったようだ．
はっきりしない水がめ座の下半分は，このδでしめている感じだ．

⟨22ʰ55ᵐ　−15°49′　3.3等　A3⟩

ε／アルバリ Albali（飲むものの幸運）

砂ばくをあるくアラビヤの人々らしい命名だ．α→β→εとさがすといい．少年の左手の先にある．

⟨20ʰ48ᵐ　−9°30′　3.8等　A1⟩

ζ　水がめをあらわす三矢のマークの中心星．
小口径向きの連星でもある．現在角距離減少中．口径 5 cm で挑戦を….

連星 4.4等—4.6等　192°　2″.1（2000年）　周期 856年
ζ₁　22ʰ29ᵐ　−0°01′　4.6等　F6
ζ₂　22ʰ29ᵐ　−0°01′　4.4等　F3

η　三矢マークの一つ．

⟨22ʰ35ᵐ　−0°07′　4.0等　B9⟩

θ／アンカ Ancha（腰）

少年のへそにある．少年のオシリだともいう．

⟨22ʰ17ᵐ　−7°47′　4.2等　G8⟩

λ　　水がめからこぼれた水は，三矢からλをとおって $\phi-\chi-\psi_{1,2,3}-\omega_{1,2}-$
104, 106, 107, 108—98, 99,—88, 89, 86, そして，みなみのうおの口へとそ
そいでいる．

　　双眼鏡をつかって，水の流れを追うのも，なかなか風流で楽しいではな
いか．

　　〈22^h53^m　$-7°35'$　3.7等　M2〉

π　　三矢マークの一つ．

　　〈22^h25^m　$+1°23'$　4.7等　B1〉

球状星団

M2　NGC7089

M2　口径5cm　×40

　　ペガスス座のM15，やぎ座のM30と，もうひとつこのM2は，秋の夜空で絶対みのがせないみごとな球状星団のトリオだ．

　　どういうわけかこの3つは，赤経がほぼ同じなので，南中時にはたてにならんでしまう．

　　M2は，非常に空の状態のいい夜なら，肉眼でも淡い恒星状の光点として認められるほどだ．

　　双眼鏡なら，ぼんやりにじんだ星雲状にみえるので簡単にみわけられる．

　　α→28→26→24→ とたどってもいいし，βから上（北）へさがしてもいい．

　　私はもっとずぼらに α, β, M2 で直角三角形

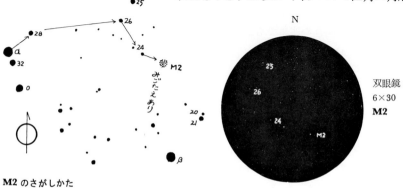

M2のさがしかた

双眼鏡　6×30　M2

―――――――――みずがめ座〈秋〉 201

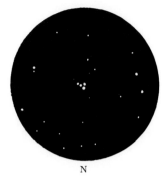

M73 口径10cm ×60
メシエの散開星団?

をつくる見当でねらいをつけることにしているが，町の中で，少々空が悪くてもこの手でバッチリうまくいっている．

　星に分解するには口径20cm以上が必要だといわれるが，口径5cmでも，10cmでも十分すばらしい明るい星団だ．倍率をあげても像はうすれない．

　球状星団の美しさは，星に分解したときだけにあるわけではない．明るい核を中心にボーッとかすんだ光のボールには，宇宙の"幽玄（ゆうげん）"といったものを感じさせる不思議な魅力があるのだ．
　　〈21^h23^m　$-0°49'$　6.5等　12'　Ⅱ〉

M72　NGC6981

　みずがめ座の西のはずれ，やぎ座の背中の上にある．

　M2とくらべると，だいぶ見おとりするが，双眼鏡でどうやら淡い恒星状にみとめられる．

　近くに有名な惑星状星雲NGC7009もあるので，εかνをさがしてたどってみよう．

　口径5cmで，まるい小さな光のシミだが，口径10cmクラスなら球状星団の雰囲気がみ

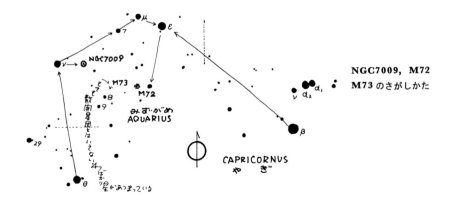

NGC7009, M72
M73のさがしかた

NGC7293　口径 10 cm　×30

惑星状星雲

NGC7009

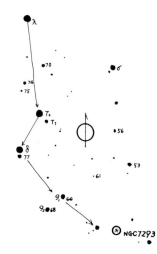

NGC7293 のさがしかた

NGC7293

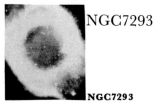

NGC7293

られるだろう．

ところでM72の東約1.5°に4つの微光星が小さくかたまっているところがある．（口径 5 cmでみられる）．実はここを散開星団 M73 としてメシエが記録しているのだ．もちろん，現在では，散開星団としてみとめていないので，星図にも記入されていないが，歴史をみるつもりでさがしてみるのもおもしろいではないか．

<20^h54^m　$-12°32'$　9.4等　5'>

Saturn' Nebula（土星状星雲）

球状星団M72をみたら，ちかくにあるのでついでにさがしてみよう．M72から8，9をみてνをさがしたら，約1°西にある．

惑星状星雲としては明るい方だから，ぜひみておきたいものだ．

口径 5 cm 30倍ていどでは，小さな光のシミ．80倍で円ばん状になる．口径 10 cm クラスなら円ばんの形がすこし楕円なのもはっきりしてくるだろう．青白いといわれるが，あなたの目にはどうみえるだろうか．

土星状星雲の名前は，さらに大口径でみると，左右に土星のようなうすい耳がみえたからだというが，小口径では歯がたたない．ただし，小口径でみたという人もあるので，一度ためしてみてほしい．

<21^h04^m　$-11°22'$　8.4等　44"×26">

視直径900"×720"は，惑星状星雲中もっとも大きい．そのかわり大変淡いのでみつけるには最高の空と，熟練と視力が必要だ．南中のころ低倍率でねらってみよう．

<22^h29^m　$-20°48'$　6.5等　900"×720">

25. みなみのうお座 <日本名>

Piscis Austrinus. Piscis Austrini. PsA <学名，所有格，略符>
the Southern Fish <英名>
赤経 $21^h25^m \sim 23^h04^m$　赤緯 $-25° \sim -37°$ <概略位置>
245.38平方度 <面積>
10月中旬 <20時ごろの子午線通過>

つる座 <日本名>

Grus. Gruis. Gru <学名，所有格，略符>
the Crane <英名>
赤経 $21^h25^m \sim 23^h25^m$　赤緯 $-37° \sim -57°$ <概略位置>
365.51平方度 <面積>
10月中旬 <20時ごろの子午線通過>

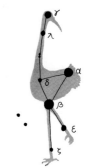

みなみのうお座

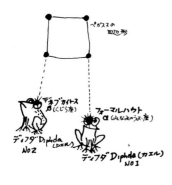

みなみのうお座の主星αは，秋にたった1つ登場する孤独な1等星だ．

αにはフォーマルハウト（魚の口）という固有名がある．

南の魚が一匹，南の海でポチャッと，大きな口をあけてはね上ったところを想像してみてほしい．ペガススの四辺形の西辺を下へのばすと，南の空低く輝いている．

口以外の星は，4等星以下なので魚の形をみることは，目のいい人でなければ，たいへんむずかしい．

αから$\varepsilon - \zeta - \lambda - \eta - \theta - \iota - \mu - \beta - \gamma - \delta$とたどれたら，どうにか魚らしくみえるのだが…．おうせいな秋の食欲を象徴して，大きな口だけが目だちすぎる星座だ．

東京で，南中高度が約25°という低い星座な

ので，12月の宵にはもう南西の地平線に姿を消してしまう．みなみの魚は10月が食べごろの季節の魚なのだ．

フォーマルハウトは，白色の1等星だが，日本では地平線に近いため，赤味をおびたにぶい輝きをみせることが多い．もっとも，そのたよりなげな光が，いっそう秋のムードを高めて，この星を"秋の一つ星"と呼ばせたのだろう．

中国では，この星に"北落師門"と名付けたが，冬近くにはいちはやく姿を消す薄命の星にふさわしいいい名前だ．もうすこし気どって"北落の明星"と呼んでみたい．

みなみのうお座の上にみずがめ座がある．

みずがめの水が，このウオの口にそそぎこんでいて，大口をあけて水をまつミナミノウオといった感じにもみえる．

もっとも，みかたをかえれば，川をのぼるサケにも，コイの滝のぼりにもみえてくる．

このウオ，本当はどんな魚を想像してつくられたのだろう？

おもな星

α／フォーマルハウト Fomalhaut（魚の口）

"フォーマルハウト" "秋の一つ星" "北落師門（ほくらくしもん）" "北落の明星"など，秋の南の空にでてくるたった1つの1等星には，なかなかいかす呼名がついている．

中国名"北落師門"は，長安城の北門の名前だとか……．

1等星の中では明るい方ではないが，それがいかにも，さみしい秋を感じさせていいのだ．αを南の魚の大きな口とみて，魚はε—λ—η—θ—ι—μ—β—γ—δ—αと結ぶのだが，大きな口がめだちすぎて，魚の形をみるのには，双眼鏡のたすけがいるほど，夜空にめりこんでいる．

南の魚は，秋の食欲を表現したような魚だ．ちょうど，水がめから流れる水にむかって大口をあけている．

$<22^h58^m\ -29°37'\ 1.2$等 A3$>$

β　魚のムナビレにある口径5cm向きの重星．

重星 4.4等—7.9等　172°　30″.27 (1952年)

$<22^h32^m\ -32°21'\ 4.3$等 A0$>$

γ　αのすぐ下に，δとならんでいる重星．光度差のため，口径5cmでは

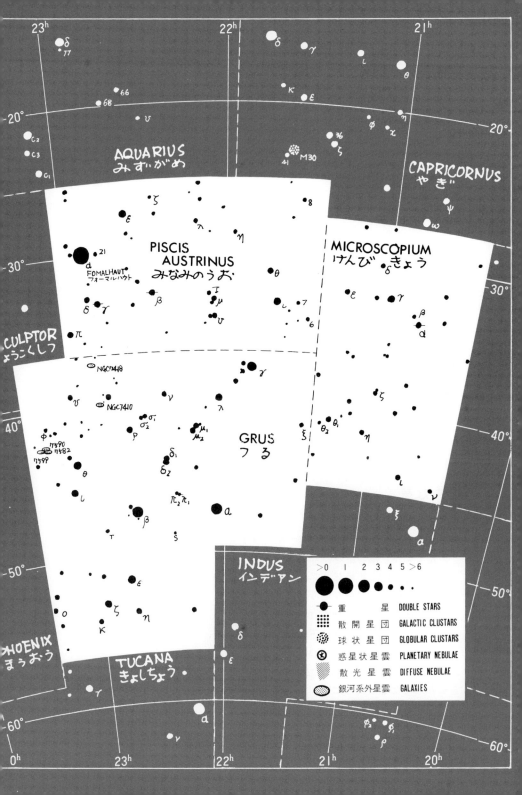

ちょっとむずかしいかな？　といったところ．
重星 4.6等—8.2等　262°　4″.2 (1957年)
<22ʰ53ᵐ　-32°53′　4.5等　A0>

つる座

　みなみのうお座のフォーマルハウトが南中するころ，地平線との中間，ほんの少し右よりに2等星が2つならんでいる．
　"オヤ"と気がついても，日ごろあまり目をむけない空なので，"こんなところに星が？"と，星座名がすぐ思い浮ばない人が多い．実は，そのあたりはつる座，よこにならんだ2等星は，つる座のαとβなのだ．低いので，日本ではつい忘れられがちだが，α (2.2等), β (2.2等)と意外に明るく，その気になれば簡単にさがせるだろう．
　ただし，星を結んでツルの姿をえがくことはむずかしい．α—β—ι—θ—δでできるよこ長の五角形が，ツルの胴体，β—ε—地平線，β—ζ—地平線と結んで2本の足，α—λ—γで長い首をつくるとツルができあがる．
　15世紀のイスパニヤの船のりたちは，このあたりをフラミンゴと呼んだらしい．なんとか努力して，結んでみる価値はある．
　もっと南のハワイあたりでみたら，"はきだめにツル"といった感じなのだろうが，残念ながら，日本のツルは，スモッグの中に両ひざをつっこんであえぐ日が多くなった．

おもな星

α／アルナイル Alnail（?）

　　みなみのうお座のフォーマルハウト（α）の下に，αとβがよこにならんでいる．南の空のいいときには，「あれっ，あんなところに星が…？」と，意外によくめだってみえるものだ．私がはじめて"つる座"を知ったときの出合いがそうだった．
　　<22ʰ08ᵐ　-46°58′　1.7等　B7>

β
　　フォーマルハウトの下にαと並んでいる．
　　<22ʰ43ᵐ　-46°53′　2.1等　M5>

γ
　　βからγまで，δ₁δ₂—μ₁μ₂—λ—γと，ツルの長い首がつづく．双眼鏡をつかってたどってみたい．
　　<21ʰ54ᵐ　-37°22′　3.0等　B8>

26. ペガスス座<日本名>

Pegasus. Pegasi. Peg <学名，所有格，略符>
the Winged Horse <英名>
赤経 21^h06^m～00^h13^m　赤緯 $+2°$～$+36°$<概略位置>
1120.79平方度<面積>
10月下旬<20時ごろの子午線通過>

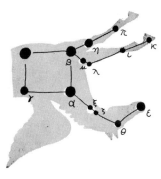

　ペガスス座は翼をもった天馬である．
　輝星のすくない秋の空で，もっともさがしやすい星座のひとつだ．というよりも，このペガスス座がさがせないようなら，他の秋の星座をたどることはできないといったほうがふさわしい秋の代表星座だ．
　秋の深まりと共に天頂へのぼるので，ペガススのシンボル2～3等星でつくる大きな四辺形は"秋の四辺形"として有名．
　天頂で翼をひろげるようすは，まさに"天高く馬はばたく秋"の感じだ．
　勇士ペルセウスが怪物メデューサの首をはねたとき，飛び散った血が岩のわれ目にしみ入ると，その岩が口を開いてペガススが誕生する．
　こんなドラマチックなうまれかたをしただけにその後の活躍も見事で，ペルセウスを乗せて天をかけ，クジラの化けものに襲われるアンドロメダ姫を発見し，海面へ舞いおりて姫を助けたり，コリントの王子ベレロフォーンをのせて怪物キメーラ退治にでかけたりした．
　ところで，天馬ペガススには下半身がない．それは，化けクジラと戦ったとき，ガブリッとやられたのだろうとか，あるときあまりはやく飛んだら，はやすぎて下半身がついてこられな

かったのだとか，解釈はいろいろだが，おそらく，全身を星座にするには大きすぎたので半分カットしたのが真相だろう．

天馬ペガススにはヘソもない．

四辺形のうち，馬のへそにあたる2等星は，美しいアンドロメダ姫の頭（アンドロメダ座の α）にささげてしまった．

このアンドロメダ座の α は，かってペガスス座の δ でもあったのだが，近代天文学としては，兼用をみとめるわけにはいかないのだ．

したがって，いまのペガスス座にはへそ（δ）はない．

β から前足をのばし，α から ξ—ζ—θ—ε とのばして首から鼻づらをえがくと，南からあおいだ天馬ペガススがさかさになって，空をとんでいく．

ペガススの四辺形は，日本にもシボシ，マスガタボシ，ヨツマボシといった呼名がある．この四辺形，一見正方形だが実はちがう．西辺が一番せまく13°，東辺が14°，北辺が14°，そして，南辺が16°となっている．したがって，西辺と東辺をまっすぐ北へのばすとまじわってしまうのだが，なんとそこに北極星があるのだ．

ところで，あなたの目で四辺形の中にいくつ星がみえるだろうか？　意外と少なく，6つ以上かぞえられたら優秀な目だ．

もっとも，べらぼうに目のいい星好きの青年が挑戦して，なんと肉眼で108個の星をかぞえたことがある．おそらく世界記録ではないだろうか？

どうぞ，双眼鏡でも使って，この記録に挑戦してみていただきたい．

おもな星

α／マルカブ Markab（馬のくら）

"秋の4角""ペガススの四辺形"の一角にあり，天馬の肩に輝く．α から ξ—ζ—θ と長い馬のくびがえがける．

<23^h05^m　+15°12′　2.5等　B9>

β／シェアト Scheat（足のつけね）

β から前足が μ—λ—ι—κ と—η—π のどちらも前にでて，大空をかけるといった感じがでている．

<23^h04^m　+28°05′　変光 2.3等～2.7等　M2>

γ／アルゲニブ Algenib（つばさ）

天馬ペガススがつばさをひろげて秋の夜空に舞い上がるのだが，どうい

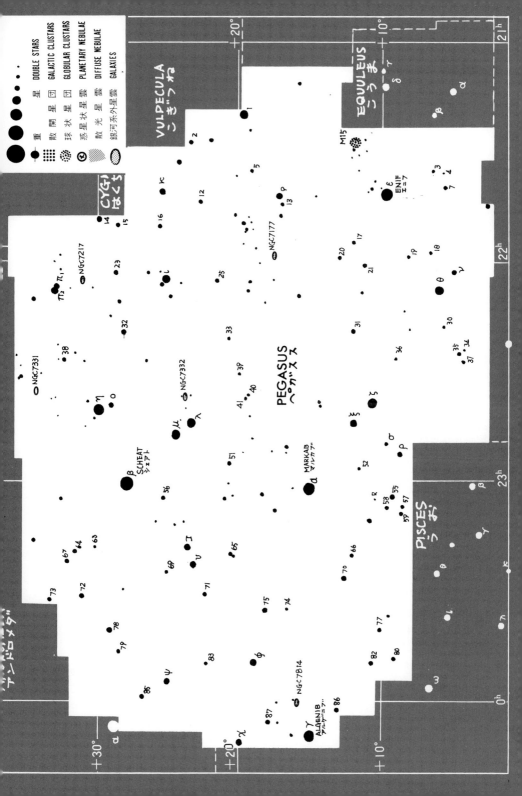

うわけか，この天馬南からあおぐと，つばさを下にして，さかさまにとんでいる．
 ＜0ʰ13ᵐ　+15°11′　2.8等　B2＞

δ／アルフェラッツ Alpheratz（馬のへそ）

実は，現在アンドロメダ座のαとなって，ペガスス座にδはないのだが，天馬をここにえがくとき，どうもこの星がないとしまらない．

ペガススの四辺形は，工夫するといろいろつかいみちがあるものだ．

① 西辺α→β→をのばすと北極星．
② 西辺をβ→α→と南下して，フォーマルハウト．
③ 東辺をγ→α（アンドロメダ）→の先30°でβ（カシオペヤ），さらに30°先に北極星．
④ 東辺は本初子午線とほぼ一致する．
⑤ 東辺α（アンドロメダ）→γ→春分点（赤経0ʰ赤緯0°）→β（くじら）
⑥ 南辺γ→α→の2倍先に，いるか座の菱形．
⑦ 四辺形に柄をつけて"ひしゃく星"にすると，その柄はつけねからアンドロメダ座のα，δ，β，γ．

ε／エニフ Enif（はなづら）

はなづらのすぐ西に，こうま座がある．
 ＜21ʰ44ᵐ　+9°53′　2.4等　K2＞

ζ／ホマム Homam（英雄の幸運）
 ＜22ʰ41ᵐ　+10°50′　3.4等　B8＞

η／マタル Matar（雨の幸運）

ζやθと共に，水がめ座にある"なんとかの幸運"と名付けられたいくつかの幸運シリーズの1つだ．

四辺形の1角からつきでたηは，妙に目につく．

東からηを先頭にのぼる姿は，四辺形がカメの甲ら，ηはそのカメの首にみえてしかたがない．
 ＜22ʰ43ᵐ　+30°13′　2.9等　G2＞

θ／バハム Baham（家畜の幸運）

ペガススの頭にあって，みずがめ座の三つ矢のマークがすぐ下(南)にある．
 ＜22ʰ10ᵐ　+6°12′　3.5等　A2＞

ι　前足のさきにある．

ペガスス座＜秋＞　211

κ　前足のひずめ．
　　＜22ʰ07ᵐ　＋25°21′　3.8等　F5＞
λ　前足のひざ．
　　＜21ʰ45ᵐ　＋25°39′　4.1等　F5＞
　　＜22ʰ47ᵐ　＋23°34′　4.0等　G8＞
μ　前足のひざ．
　　＜22ʰ50ᵐ　＋24°36′　3.5等　G8＞

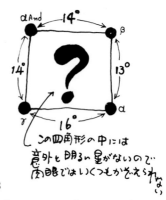

球状星団

M15　NGC7078

天馬ペガススのはなづらのすぐ先にあるので，"秋のプレセペ（かいばおけ）星団"とでも呼びたいかんじだ．

θ→ε→をそのまままっすぐ先へ，約4°で6等星があり，約⅓°西にM15がならんでいる．

双眼鏡では，カチッとした6等星とボンヤリ輝く光点の差ははっきりわかる．口径5cm低倍率で，中心の明るい美しい球状星団が6等星と同視野にならぶ．明るいので，おもいきって倍率をあげてみよう．非常にこまかな砂粒のような周辺の星がみえてくるだろう．

できれば口径10cm以上の高倍率で1度みてほしい星団だ．

＜21ʰ30ᵐ　＋12°10′　6.4等　12′　N＞

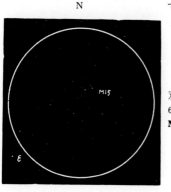

M15のさがしかた

双眼鏡
6×30
M15

口径5cm
×60
M15

27. うお座<日本名>

Pisces. Piscium. Psc. <学名，所有格，略符>
the Fishes <英名>
赤経 22ʰ49ᵐ～2ʰ04ᵐ　赤緯 －7°～＋33°<概略位置>
889.42平方度<面積>
11月下旬<20時ごろの子午線通過>

　　うお座は，ペガススの四辺形の南と東に一匹ずつ魚がいて，おたがいのしっぽがひもで結ばれているといったかわいい星座だ．
　　ただし，主星αですら4等星というさえない星座なので，双眼鏡のたすけか，あるいはとびきり上等な目をつかってさがしてほしい．
　　こういううもれた星座を「ウム，これが結びめのアルファ(α)か，とするとこれがエータ(η)だな……」
というように，星図と首っぴきで1つずつ確めながら発掘するのも楽しいものだ．
　　四辺形のすぐ南に，ちいさくまるまった魚が一匹えがけるが，東側の魚はどうもうまくまるまってくれない．まるで金魚とドジョウがつながっているようだと，おもしろい表現をした人がいる．
　　伝説のうお座は，アフロディテ（ビーナス）と，その子エロス（キューピット）が，突然あらわれた怪物ティフォーンにおどかされて，あわてて川にとびこんで魚になったという．
　　そして，親子ははぐれないように，おたがいのしっぽをひもで結びあったのだ．
　　愛の神エロスの金魚はまあまあだが，美の神アフロディテのドジョウはちょっとかわいそう

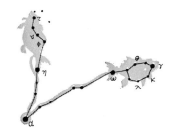

ではないか．

そこで私は，アンドロメダ座の $\beta-\mu-\pi-\delta-\zeta-\eta$ を無断借用して，もっとふくよかな女神の化身をつくることにしている．

ところで，この二匹は，それぞれ"西の魚""北の魚"と呼びわけられている．これに"南の魚（みなみのうお座）"を加えると，"東の魚"だけが行方不明ということになる．ひょっとすると，α の東にくじら座の $\alpha-\gamma-\nu-\zeta^2-\mu-\lambda$（クジラの頭）でできるサークルが，"東の魚"だったのかもしれない．

うお座は黄道12星座の最後の星座となっているが，地球の首ふりのおかげで，現在は12星座中トップになってしまった．うお座には，天の赤道と黄道がまじわる春分点（赤経0時，赤緯0度）があって，本初子午線（赤経0時の子午線）がここを通る．つまり，春分の日の太陽はうお座の中で輝くのだ．

天文学的な時間も，暦も，みなこのうお座からスタートする．

春分点は，ペガススの四辺形の東辺を南へのばしたあたりで，ω の南にあるが，もちろんみえるわけはない．

おもな星

α／アルリスカ Al Rischa（ひも

2匹の魚のしっぽをひもで結び，その結び目に α があるのだ．

α を基点に西（右）と北（上）へひもがのびて，1匹ずつ魚が結ばれている．

広視野のオペラグラスか，双眼鏡をつかってたどってみたい．肉眼でたどれれば，かなりりっぱな目のもちぬしだろう．

α は小口径向きの連星だ．かなり接近しているが，光度差がないので，口径5cmでも条件しだいで分離できそうだ．高倍率でためしてみよう．

連星 4.3等—5.3等 286° 1″.82（1973年） 周期 933年
$<2^h02^m$ $+2°46′$ 4.3等 A0+A3>

β ペガススの四辺形の西辺を南にのばすと，"西の魚"の口（β）がある．そして，さらにのばすと"南の魚"の口（フォーマルハウト）につきあたる．

$<23^h04^m$ $+3°49′$ 4.5等 B6>

γ 西の魚は，γ, 7, θ, ι, 19, λ, κ, γ と結んだサークリット（Circlet）とよばれる長円であらわされる．

1つだけ，サークリットからはなれた β は，水がめの水にむかってつき

だした魚の口の感じがしておもしろい．
<23^{h}17^m　+3°17′　3.7等　G9>

δ　西の魚をつなぐひもの一部．
<0^{h}49^m　+7°35′　4.4等　K4>

ε　西の魚をつなぐひもの一部．
<1^{h}03^m　+7°53′　4.3等　K0>

ζ　口径5cm向き重星．
重星　5.2等—6.3等　63°　23″.19（1955年）
<1^{h}14^m　+7°35′　5.2等　A7+F7>

η　うお座の最輝星．
<1^{h}31^m　+15°21′　3.6等　G7>

系外銀河

M74　NGC628

M74

たいへんみにくいM天体に挑戦してほしい．

かって星雲や球状星団では…？とみられたことのある天体だが，実は系外の渦状銀河．

非常に暗く，双眼鏡はもちろん，口径5cm 30倍でもなかなかとらえられない．

ηと105番をさがして，そのあいだをさがしてみよう．ηから東へ1.5°，北へ0.5°のところにある．

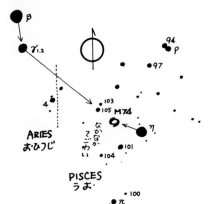

M74のさがしかた

M74 口径10cm ×40

口径 8 ～ 10 cm 以上がほしいところだが，口径 5 cm なら試してみたい．

星雲さがしにすこしなれてきた人なら，大丈夫さがせるだろう．ただし，自然の悪条件にはかてないので，空の状態のいい夜にねらってみよう．実にささやかな淡い光だが，みえたら"ご立派．あなたの視力は一流です"．この場合の視力は，普通の視力とちがって，"望遠鏡による観測能"というべき視力のことだ．

どうしてもさがせなかったら，もうすこし見やすい天体をいくつかたどって，あなたの観測能力を養ってから，もう一度挑戦してみよう．

本書の中で，"口径 5 cm でかすか"といった表現をしたものは，だいたいこのていどのものとおもってほしい．

ところで，こういう天体をみわける能力は，火星の表面の淡いもようをみおとさない，あるいは木星の表面の微妙な変化をみのがさない能力と同じものだということも，忘れないでいただきたい．

アンドロメダ座（**M31** 付近） ＜1ʰ37ᵐ +15°47′ 9.2等 8′.0×8′.0 Sc＞

28. アンドロメダ座 <日本名>

Andromeda. Andromedae. And ＜学名，所有格，略符＞
Andromeda ＜英名＞
赤経 $22^h56^m \sim 2^h36^m$　赤緯 $+21° \sim +53°$ ＜概略位置＞
722.28平方度 ＜面積＞
11月下旬 ＜20時ごろの子午線通過＞

とかげ座 <日本名>

Lacerta. Lacertae. Lac. ＜学名，所有格，略符＞
the Lizard ＜英名＞
赤経 $21^h55^m \sim 22^h56^m$　赤緯 $+35° \sim +57°$ ＜概略位置＞
200.69平方度 ＜面積＞
10月下旬 ＜20時ごろの子午線通過＞

アンドロメダ座

　天頂にのぼったペガススの四辺形のかたすみから，ポンポンポンと長い柄をつくると，なんとデッカイ北斗七星？ができる．
　もちろん，本物は北の地平線ちかくにあるので，この天頂の大ビシャクは"天斗七星"と名付けることにしよう．
　さて，この天斗七星の柄になる部分がアンドロメダ座なのだ．
　α（ペガススの四辺形の一つ）—δ—β—γと結んでできるナイーブなカーブから，美しい姫の姿がおもいうかばないだろうか？
　うんと目に自信のある人は，α—π—μ—51をさがして，δとπをバスト，βとμをウエスト，γと51をかわいい足の先とみれば，ヌードになった姫の姿が，なおいっそうはっきりしてドッキリさせられる．

かわいそうなアンドロメダ姫は，母カシオペヤのうぬぼれから，神の怒りをかって化けクジラのいけにえに捧げられることになってしまったのだ．
　星座絵の姫が，はだかで手足をくさりでつながれているのはそのせいだ．
　このあわれなアンドロメダをすくったのは，天馬ペガススにまたがったペルセウスだ．
　ペルセウス座は，アンドロメダの α—β—γ をむすんで，さらにその先へ同じ間かくだけのばすと，主星αがかんたんにみつかるだろう．
　ところで，アンドロメダを有名にしているのは，星の配列がすばらしいのでも，伝説のアンドロメダがとびきり美しかったからでもない．この星座には大銀河M31があるからだ．
　α—δ—β とたどり，βから直角に μ—ν とたどれたら，νのほんの少し先に，肉眼でもみられる光のシミがある．
　銀河系に匹敵する巨大な系外銀河のイメージにはほど遠いが，確かに200万光年のかなたにある1つの小宇宙をみているのだ．天体望遠鏡を使っても，写真でみるようなみごとな渦巻き銀河をみることはできない．しかし，自分の目でみた生の姿ほど迫力を感じるものはない．双眼鏡を使えばだれにでも簡単にさがせるだろう．
　ただ，夜の明るい町に住む人には，こういう天体をみる条件は極端にわるくなる．バックになる暗黒のかなたが明るく白けて，銀河の姿をめりこませてしまうからだ．
　M31をみるために，一度町をはなれてみるだけの価値はあるとおもう．

おもな星

α／アルフェラッツ Alpheratz （馬のへそ？）
　　美しいアンドロメダ姫の頭に輝く星とはおもえないへんな名前だが，かつて天馬ペガススのへそ（ペガスス座δ）をかねていたからだろう．ペガススの四辺形の北東の一角に輝く．
　　$<0^{\mathrm{h}}08^{\mathrm{m}}$　$+29°05'$　2.1等　B8$>$

β／ミラク Mirach （腰帯）
　　その名のとおり，ちょうど姫のウエストに輝く．β—μ—ν とたどって，M31をさがすときのてがかりとなる重要な星だ．
　　$<1^{\mathrm{h}}10^{\mathrm{m}}$　$+35°37'$　2.1等　M0$>$

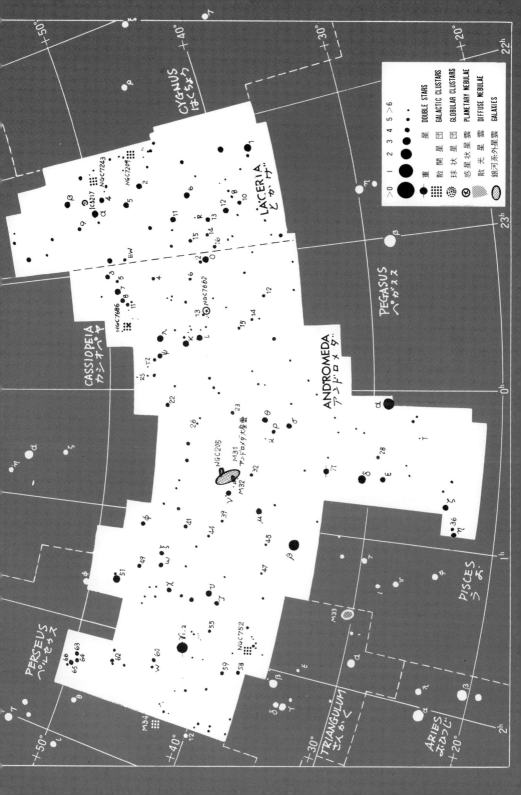

$\gamma_{1,2}$／アルマク Almak（アナグマ？　小動物の名前）

アンドロメダ姫の足をあらわす．色の美しい重星としても有名だ．

K3 と B8 の色のちがいは，金色と青色とか，オレンジとグリーンというふうに，みる人によって感じかたはさまざまだが，はくちょう座のアルビレオにまけない色の対照がすばらしい．

口径 5 cm クラスで楽しめる．

百聞は一見にしかず，ぜひみておきたい重星の一つだ．

重星 $\gamma_1-\gamma_2$　2.3等—4.9等　63°　10″（1925年）
<2^h04^m　+42°20′　2.3等　K3+B8>

δ　π とならんで姫の胸をあらわす．"アンドロメダのオッパイ星"なのだといったら，「品がないな」としかられるだろうか？
<0^h39^m　+30°52′　3.3等　K3>

ζ　くさりにしばられた姫のかよわい手首を想像してほしい．
<0^h47^m　+24°16′　4.1等　K1>

λ　もう一方の手首．
<23^h38^m　+46°27′　3.8等　G8>

μ　β とならんで姫の腰をあらわす．
<0^h57^m　+38°30′　3.9等　A5>

51　姫のもう一方の足首．この51をさがすと，やっと五体まんぞくな姫の姿がえがけるのだ．
<1^h38^m　+48°38′　3.6等　K3>

散開星団

NGC752

有名な大星雲の影にひそんで，ついみのがされがちだが，暗夜ではぼんやりした光が肉眼でみとめられるほどだ．

γ から59→58をさがし，西へ2°，あるいは，さんかく座の $\gamma \rightarrow \beta \rightarrow$ の先約3°で，56番星とならんでいる．

かなり広範囲にひろがっていて淡いことを忘れないでさがしてみよう．

もちろん，双眼鏡で簡単にみつけられるが，ぼんやりした星雲のかんじだ．口径 5 cm 低倍

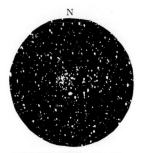

MGC752 双眼鏡　10×50

アンドロメダ座・とかげ座〈秋〉 221

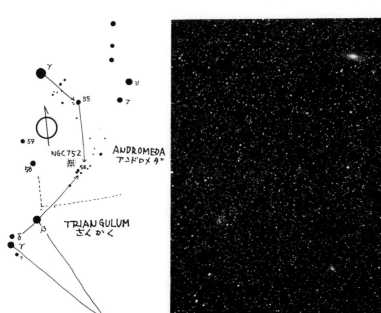

NGC752 のさがしかた

M31（右上）と **M33**（右下）と **NGC752**（左やや下）

率で視野一杯にひろがるが星数はすくない．口径 10 cm 以上で，やっとにぎやかになる．

〈1^h58^m　+37°41′　5.7等　45′　75個　d〉

惑星状星雲

NGC7662

λ, κ, ι をさがして13番星とならんでいるところをつかまえよう．

双眼鏡では淡い光点，口径 5 cm でもわずかに円ばんにみえるかみえないか，といったていどの小さな環状星雲だ．

口径 10 cm で倍率をあげると円ばん像がみられるが，どうがんばっても輪切りにしたちくわのようにはみえないようだ．

〈23^h26^m　+42°33′　9等　32″×28″〉

NGC7662 のさがしかた

系外銀河

M31　NGC224／大銀河

まさに大銀河である．

オリオン座の大星雲とともに，肉眼でもみられる．

M32とNGC205という露払いと，たち持ちをしたがえた，大横綱の貫録十分といったところだ．

暗夜に肉眼でさがしてみよう．

α—δ—β と 3 つたどり，β から直角に β—μ—ν と 3 つたどったら，すぐその先にかんたんにさがせるだろう．

肉眼でも，淡いガス状の光が，小さな光点をつつんでいるようにみえるはずだ．

双眼鏡ですでに長楕円形の渦状銀河の雰囲気が感じとれる．口径 5 cm ではさらに周辺がみえ，片側は急に暗くなって境界があるのに，もう一方は境界がなく，ぼんやりと暗くなっているようすがわかるだろう．

口径 10 cm では，その境界の外側にうず巻きの腕らしきものがみえることもある．

さすがの大銀河も，空の明るい町の空では，極端に貧弱になる．

ぜひ一度，暗黒の空でみるチャンスをつくってほしい．

M31　双眼鏡　6×30

M31

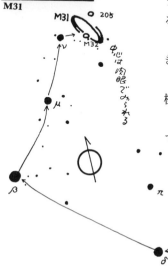

M31のさがしかた

230万光年のかなたからやってきた光をみる感激，直径10万光年の渦巻きに2千億以上の恒星をもつ，わが銀河系に匹敵する巨大な銀河の生の姿をみたという感激などなど，じっくり時間をかけて，宇宙の神秘をからだで味わってみたいものだ．

天体写真とはちがった魅力が，あなたをとりこにすることうけあいだ．

M32　(NGC221)
NGC205

＜0^h43^m　+41°16′　3.5等　160′×40′　Sb＞

どちらも，大銀河M31の伴銀河だ．

M32は口径5cmで，NGC205は口径10cmで，まるで，星に分解されない淡い球状星団のような感じにみられるので，その気になってさがしてみよう．

M32は大銀河の中心から25′南に，NGC205は45′北西にある．

NGC 205

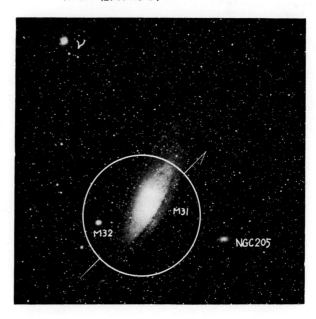

M32, M31

アンドロメダの大銀河は，伴銀河が2つあることも，巨大な渦巻き銀河であることも，わが銀河系にそっくりなのだ．ちょうど銀河系を鏡にうつしてみているようなもので，事実，この鏡にうつったわが姿をみて，私達は銀河系（自分自身）のことをいろいろ教えられたのだ．

<M32　0^h43^m　$+40°52'$　8.2等　$3'×2'$　E2>
<NGC205　0^h40^m　$+41°41'$　8.0等　$8'×4'$　E6>

とかげ座

　アンドロメダ座とはくちょう座にはさまれたところ，ペガスス座の北に，とかげ座がある．

　"とかげ座なんてあったっけ？"という人が多い．あまり知られていない星座だ．それもそのはず，バイエル記号をもつ星が4等星のα，βのみというめだたない星座なのだ．そのα，βも，バイエル時代につけられたものではない．1690年にヘベリウスが追加した新しい星座なので，ギリシャ文字のバイエル名はなく，のちにつけられたものなのだ．

　とかげ座には明るい星はないが，4～5等星でにぎわっている．星図の上では，9―β―α―4―5―2―6―1 と結んで，ひぼしになったトカゲのようなギザギザができるのだが….ただし実際には視野の中にやたらとたくさん微光星がとびこんできて，つづれおりのトカゲを想像することはきわめてむずかしい．

　昭和11年（1936）6月，この星座に新星があらわれ，明るい時は2等星にまでなった．発見者は日本の五味一明さん．

おもな星

α　　その気にならないと，たいへんさがしにくい星だ．
　　　4等星だから，オペラグラスか双眼鏡の助けをかりたほうがいい．
　　　<22^h31^m　$+50°17'$　3.8等　A1>

β　　ケフェウス座のδから，ペガスス座のβにむかってわずか移動させると，α―β がたてにならんでいる．
　　　<22^h24^m　$+52°14'$　4.4等　G8>

29. カシオペヤ座<日本名>

Cassiopeia. Cassiopeiae. Cas <学名，所有格，略符>
Cassiopeia <英名>
赤経 22^h56^m～3^h36^m　赤緯 $+46°$～$+78°$ <概略位置>
598.41平方度<面積>
12月上旬<20時ごろの子午線通過>

　　カシオペヤ座はW形がめだつさがしやすい星座だ．
　11月の声を聞くと，よい空のおおぐま座が冬眠の準備を急ぎ，地平線近くおりてきたのにたいして，北極星の上にのぼり，Wはさかさまになってmとなる．
　ペガススの四辺形の東辺を北へのばして，最初にぶつかるのがカシオペヤ座のβで，さらにのばすと北極星がある．天の川のみえるところなら，はくちょう座のしっぽの方へ，川をさかのぼるとカシオペヤがある．
　夏の天の川が冬の天の川につながるさかいめにあって，このあたり天の川としてはあまりめだたないが，双眼鏡でのぞくカシオペヤ座は実に星が豊富でにぎやかだ．
　カシオペヤのMは，β（ベータ）―α（アルファ）―γ（ガンマ）―δ（デルタ）―ε（エプシロン）とならんでいるので，"バガデ"とおぼえると忘れない．これくらいおぼえられないと「バカデはないか」と，バカにされる．
　この5つ星，簡単でまとまっているので多くの呼名がのこされている．
　山が2つならんだとみて"山がた星""双子山"，ケフェウス座のγと結んで，船の"いか

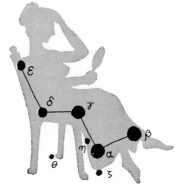

り星"ともいった．アラビヤでは砂ばくの"ラクダのコブ"といい，おもしろいのは"ワニの目"だ．水面から目だけをだしているワニを，正面からみたところというクイズの答のような呼名だ．

カシオペヤ座は，伝説のエチオピヤ王の王妃カシオペヤ（カッシオペイア）の姿だという．ところがこの星座，"王妃のイス"をあらわして王妃自身の姿はみえないというみかたもある．

カシオペヤが自分の美しさを自慢しすぎて，怒った神に姿を消されたのだとか，エチオピアの王妃だから色が黒くて夜はみえないとか，さかさまにイスにしばられている姿がはずかしくて，みずから消えてしまったのだともいう．

カシオペヤの5つ星の英名"the Lady in her chair（椅子の女性）"どおり，Wは姿を消したカシオペヤの椅子にみるほうが自然だ．

おもな星

α／シェダル Schedar（むね）

5つ星のWの頂点の一つ．だからといって，2つの山を，カシオペヤ王妃の豊まんな胸のふくらみとするのは考えすぎである．

$<0^h40^m$　$+56°32'$　2.2等　K0$>$

β／カフ Chaph（手）

5つ星を手の指の先とみた名ごりだろうともいう．βと北極星を結んだ線が赤経0^hの線（本初子午線）なので，βの位置をみれば，恒星時の見当がつけられる．つまり，βが北極星のま上にきたときが，その土地の恒星時が0時ということだ．

$<0^h09^m$　$+59°09'$　2.3等　F2$>$

γ／キイ Cih（？）

カシオペヤ5星の中央にある．つまりカシオペヤのへそなのだ．

このあたり微光星が多く，双眼鏡をむけるとにぎやかで楽しい．

$<0^h57^m$　$+60°43'$　変光（1.6～3.0）　B0$>$

δ／ルクバ Ruchbah（ひざ）

ζを頭，αを胸，βとθを左右の手，γを腹とみれば，この固有名はピタリとはまる．εは足の先だ．ただし，私はカシオペヤのWを彼女のこしかけにみて，彼女は姿を消したというみかたのほうが気に入っている．

$<1^h26^m$　$+60°14'$　2.7等　A5$>$

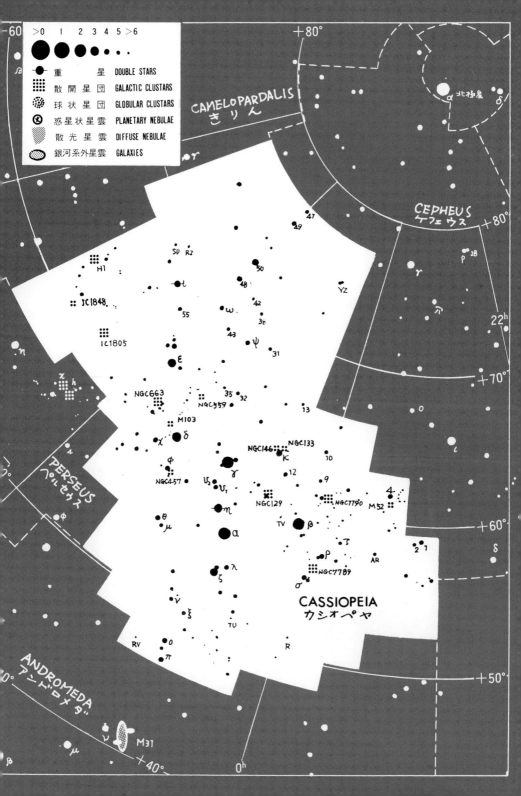

ε　足の先.
　　<1ʰ54ᵐ　+63°40′　3.4等　B3>

η　αとγにはさまれた小口径向きの美しい連星, 口径5cmのテスト星だ.
　　連星 3.4等―7.5等　317°　12″.9（2000年）　周期 480年
　　<0ʰ49ᵐ　+57°49′　3.4等　F9>

θ　カシオペヤの手.
　　<1ʰ11ᵐ　+55°09′　4.3等　A7>

散開星団

M52　口径10cm　×60

N103　口径10cm　×60

NGC7654

冬の天の川のなかにあるカシオペヤ座には, 足の踏みばもない, といっていいほどたくさんの散開星団がある.

いずれも, こじんまりしているか, 貧弱で, 豪華けんらんというわけにはいかないが, カシオペヤのWの周辺には, いくつもいくつもそういった散開星団が埋もれているのだ.

ときには, カシオペヤの散開星団発掘にのりだしてみよう.

広い砂はまに, 小さな小さなさくら貝をさがすつもりで, 発掘のたのしみを味わってほしい.

小さくまとまっているかわいい星団だ. カシオペヤ座の中では一番楽しい星団だとおもう.

"大がらなペルセウス座の h・χ（エイチ・カイ）より, このほうが好きっ"と, 女性にもてるタイプらしい.

双眼鏡で小さな淡い光のシミにみえる. α→β→の先の4番星（5等）とかくの6等星のむれをめあてにさがしてみよう.

口径5cm低倍率で, 星雲状の光中にいくつかの星がみられるが, 口径10cmでも明るくはなるがそれほどかわらない.

カシオペヤ座〈秋〉 229

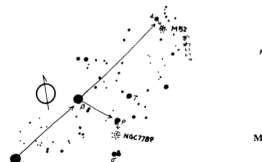

NGC7789, M52 のさがしかた

M103, NGC457, 663 のさがしかた

にじんだ星雲状の光はもっともっと大口径でなければ,星に分解することはむずかしいようだ.

<23^h24^m +61°35′ 6.9等 20′×12′ 120個 e>

M103 NGC581

δのすぐ北へ 0.5°,東へ 1°のところに,大変小さく,"Very loose and poor(散まんで貧弱)"と表現されたが,まったくその感じの集まりだ.

<1^h33^m +60°42′ 7.4等 12′×5′ 60個 d>

NGC133

M103以下,いずれも双眼鏡では"ありそでなさそでウーン?"といった感じで,口径5

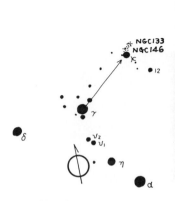

NGC133, 146 のさがしかた

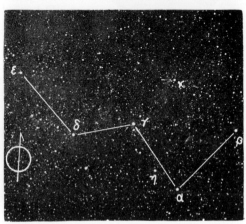

カシオペヤ座

cmクラスでは"へえーこれが星団?"といったところである. さがす楽しさを味わってほしい.

NGC146 　<0ʰ31ᵐ　+63°22′　9等　7′　50個　e>
κをとりかこむ星団で, 0.5°はなれて非常に淡いNGC133がある.

NGC457 　<0ʰ33ᵐ　+63°18′　9.1等　6′　50個　e>
φをとりかこむ星団.

NGC663 　<1ʰ19ᵐ　+58°20′　6.4等　10′　100個　e>
δとεの間, 双眼鏡ではM103と同視野に入ってしまう. このあたりいくつも散開星団がちらばっている.

NGC7789 　<1ʰ46ᵐ　+61°15′　7.1等　11′　80個　e>
σとρの間, 他の星団にくらべると, うんと遠く(13,000光年)にあるので, 非常に淡く星雲状にみえる.

口径10cm以上ではなかなかすばらしくなる大星団だ.

<23ʰ57ᵐ　+56°44′　6.7等　30′　200個　e>

口径10cm以上なら, それぞれ個性がみられておもしろい. あてもなくこのあたりを散策するのもいいものだ.

星原の散策中に, ふと気になる星のむれをみつけたら, さっそく星図をひろげてたしかめてみよう.

N
NGC457　口径10cm　×60

口径10cm
×40
NGC663

N

口径10cm
×40
NGC7789

N

30. くじら座 <日本名>

Cetus. Ceti. Cet <学名，所有格，略符>
the Whale <英名>
赤経 $23^h55^m\sim3^h21^m$　赤緯 $-25°\sim+10°$ <概略位置>
1231.41平方度 <面積>
12月中旬 <20時ごろの子午線通過>

　くじら座は，しっぽからさがすのが一番はやい．

　ペガススの四辺形の東辺を，2倍ほど南へのばすと，一つだけポツンと輝く2等星が，いやでも視野の中へとびこんでくる．デネブ・カイトス（クジラのしっぽ）とよばれるβだ．

　しっぽの2等星以外はすべて3等星以下という，図体が大きいわりにめだたない星座だ．

　$\zeta-\theta-\eta-\tau$を結んでできるできそこないの台形は，クジラの腰からオシリのあたり，そして，αを鼻づらとし，$\alpha-\gamma-\delta$の三角形，あるいは$\alpha-\gamma-\xi_2-\mu-\lambda$の五角形をクジラの頭，変光星$o$を心臓とみたらいい．

　ちょうど顔の前に，プレアデス星団があるので，美しいプレアデス姉妹を襲うお化けクジラといったみかたもできる．

　ところで，このクジラの心臓oは"ミラ（ふしぎな星）"と名付けられた有名な変光星だ．

　周期約332日で，2等星から10等星まで光度をかえる脈動変光星で，明るいときには，この星座中もっとも輝き，暗いときには星座の中から姿を消してしまうのだ．

　ミラはいかにも怪物クジラの心臓にふさわしいくじら座の名物だ．

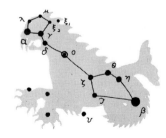

βの西，やや南に輝く1等星はみなみのうお座のフォーマルハウトだ．

伝説のクジラは，もちろんまともなクジラではない．ティアマトウという二本足で，まっ黒なからだに海草や貝がらをいっぱいくっつけた海魔だ．エチオピヤ王家の物語に悪役として登場する．人身御供となったアンドロメダ姫を襲うのだ．

グロテスクな体をくねらせて，姫をひとのみにしようとしたそのとき，天馬ペガススにまたがった勇士ペルセウスがとびこんでくる．たたかいの末，ティアマトウは岩のかたまりにされてしまう．

おもな星

α／メンカル Menkar（はな）

怪物クジラのはなづらにしてはさえない星だが，α—γ—ζ—μ—λ でつくるクジラの頭は，プレアデス星団をねらって，ささやかに怪物ぶりが感じられる．

$<3^h02^m\ +4°05'\ 2.5等\ M2>$

β／デネブ・カイトス Deneb Kaitos（くじらのしっぽ）

クジラの最輝星で，ただ1つの2等星だ．秋のよい空では，西のフォーマルハウトとよこにならんでいるのがよくめだつ．

別名ディフダ Difda（かえる）は，フォーマルハウトの呼名でもある．この2星を2匹のカエルにみたてたのだろう．

$<0^h44^m\ -17°59'\ 2.0等\ G9>$

γ／カッファルジドマ Kaffaljidhma（くじらの頭）

α—γ—δ の三角は比較的さがしやすい．

γは小口径向き重星．ただし，口径5cmではちょっとむずかしいだろう．

重星 3.5等—6.2等　293°　2″.9（1936年）

$<2^h43^m\ +3°14'\ 3.5等\ A3+F7>$

δ　クジラの首のつけね．

$<2^h39^m\ +0°20'\ 4.1等\ B2>$

ζ／バテン・カイトス Baten Kaitos（くじらのはら）

ζ—θ—η—τ でつくるゆがんだ4辺形が，クジラのぶかっこうなオシリにみえないだろうか．"とても，こんな奴に美しいアンドロメダ姫をわたしてなるものか"と，ペルセウスならずとも考えてしまう．

$<1^h51^m\ -10°20'\ 3.7等\ K0>$

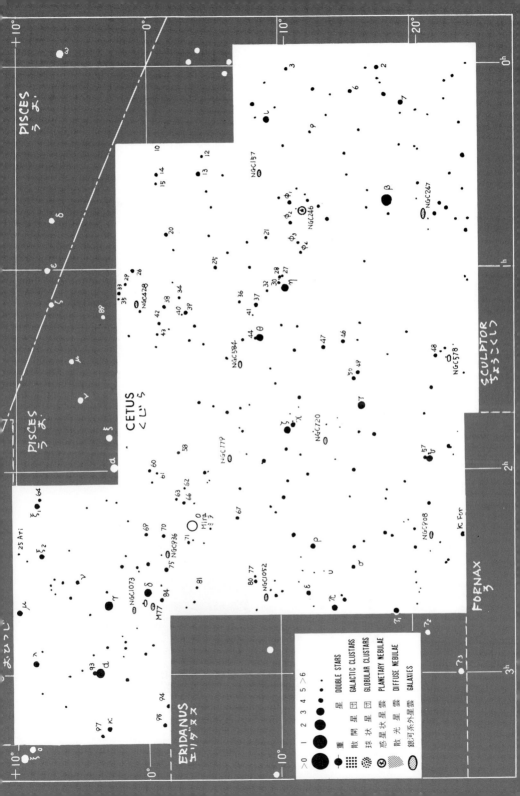

η／デネブ Deneb（しっぽ）
 　　＜1ʰ09ᵐ　−10°11′　3.5等　K1＞
θ　　クジラの背中にある．
 　　＜1ʰ24ᵐ　−8°11′　3.6等　K0＞
ι　　ピンとはねたしっぽの先．
 　　＜0ʰ19ᵐ　−8°49′　3.6等　K1＞
τ　　足のつけね．
 　　＜1ʰ44ᵐ　−15°56′　3.5等　G8＞
o／ミラ Mira（ふしぎ）

　くじら座の話題からミラをはぶくわけにはいかない．

　なんともふしぎな名前がつけられた o は，1596年ドイツのファブリチウスに発見された332日の周期で，2等〜10等に変光するミラ型長周期変光星の大親分なのだ．

　ペルセウス座の β とともに古くから知られ，固有名はそのふしぎな変光（ある時は2等，ある時はまったくみられない）によるものだろう．

　脈動する巨星ミラの極大の姿をみることは，332日待てばいつでも見られるわけではない．ミラと太陽の位置関係で，8月の明け方からよく年の3月の夕方までの期間にかぎられるわけだ．

　したがって極大期が，その期間にうまくはいる年でなければだめということになる．

変光星　2.3等〜10.1等　周期331.6日　長周期
＜2ʰ19ᵐ　−2°59′　変光　M7＞

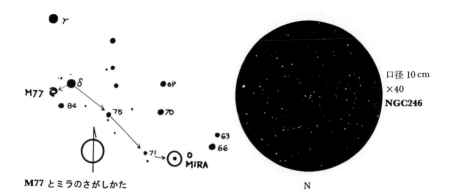

M77とミラのさがしかた　　　　　　　　N

口径 10 cm
×40
NGC246

くじら座〈秋〉 235

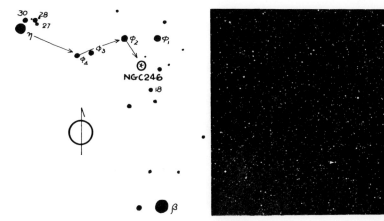

NGC246 のさがしかた　　ミラ付近

惑星状星雲

NGC246　　βの約7°北，$\phi_1 \phi_2$ のどちらからも約1°のところにある．

口径5cmではとても淡い光のシミ，口径10cmならボーとした円ばん状の姿がみられるだろう．

　　　　　　〈0^h47^m　$-11°53'$　8.0等　$240'' \times 210''$〉

系外銀河

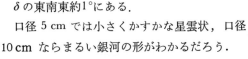

M77　**NGC1068**

δの東南東約1°にある．

口径5cmでは小さくかすかな星雲状，口径10cmならまるい銀河の形がわかるだろう．

くじら座には系外銀河が多い．口径5cmでかすか，口径8～10cmクラスでやっと形がみられるといったものだが，口径10cm以上か，あるいは口径5cmクラスと視力に自信のある人は，星図をたよりにして，さがしてみるといい．

M77　口径10cm以上　×80

〈2^h43^m　$-0°01'$　8.9等　$6'.0 \times 5'.0$　Sb〉

31. ほうおう座 <日本名>

Phoenix. Phoenicis. Phe <学名，所有格，略符>
the Phoenix <英名>
赤経 $23^h24^m \sim 2^h24^m$　赤緯 $-40°\sim-58°$ <概略位置>
469.32平方度<面積>
12月上旬<20時ごろの子午線通過>

ちょうこくしつ座 <日本名>

Sculptor. Sculptoris. Scl <学名，所有格，略符>
the Sculptor <英名>
赤経 $23^h04^m \sim 1^h44^m$　赤緯 $-25°\sim-40°$ <概略位置>
474.76平方度<面積>
11月下旬<20時ごろの子午線通過>

ろ座 <日本名>

Fornax. Fornacis. For <学名，所有格，略符>
the Furnace <英名>
赤経 $1^h44^m \sim 3^h48^m$　赤緯 $-24°\sim-40°$ <概略位置>
397.50平方度<面積>
12月下旬<20時ごろの子午線通過>

ほうおう座

つる座のα―βを左（東）にのばすと，2.4等のほうおう座のαがある．あるいは，みなみのうお座のα，つる座のα，ほうおう座のαをむすんで正三角形をつくるといい．

もっとも，この手は，つる座のαのほうがやや ひくいので，地平線ちかくの空にめぐまれていないとむずかしい．

そんなときは，ペガスス座の四辺形の東辺を

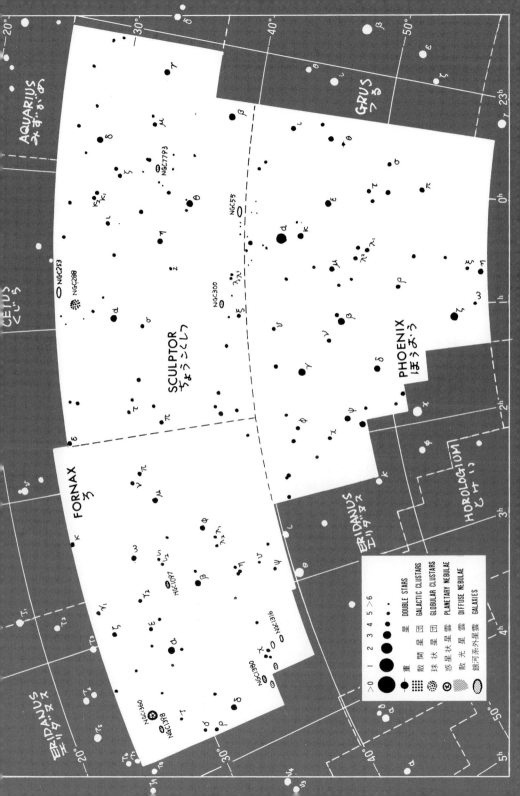

下へのばしてみよう．

くじら座のβ（2.0等）があって，その下にほうおう座のαがある．

さて，主星αは2等星だが，南中しても，東京で高度12°そこそこという低さで，輝きに精彩がない．

ほうおう座の学名 Phoenix フェニックスは，不死鳥のことだ．

不死鳥は，その名のとおり，火の中でも平気という，エジプト神話に登場する想像上の鳥なのだ．そして，ホウオウとは，中国で想像の中から生まれた美しい鳥のことだ．

残念ながら，我々の目にうつるスレスレ星座フェニックスは，美しいホウオウでも，精かんな不死鳥の姿でもない．

南の島へ旅をすることがあったら，ぜひ忘れないで，華麗なホウオウの姿をさがしてみてほしい．

おもな星

α　　つる座のα→β→の先にある．2等星なので南中時なら思ったよりさがしやすい．
　　　〈0^h26^m　$-42°18'$　2.4等　K0〉

β　　ほうおうの首のつけねあたりにある．
　　　〈1^h06^m　$-46°43'$　3.3等　G8〉

γ　　ほうおうのオシリ．
　　　〈1^h28^m　$-43°19'$　3.4等　M0〉

ちょうこくしつ座
ろ座

ほうおう座の上，くじら座の下に"ちょうこくしつ座"がサンドイッチされている．みなみのうお座のフォーマルハウトの左（東）のなんともさえないあたりだ．さらに左（東）に"ろ座"がつづく．

おもな星（ちょうこくしつ座）

α　　クジラのしっぽの下にある．
　　　〈0^h59^m　$-29°21'$　4.3等　B8〉

β　　ちょうこくしつ座の西南端．
　　　〈23^h33^m　$-37°49'$　4.4等　B9〉

球状星団（ちょうこくしつ座）

NGC288

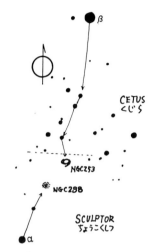

NGC288, 253 のさがしかた

星座そのものがみのがされがちなので，ほとんどの人にみのがされている星団だ．

穴場をさぐる楽しみがある．

ちょっとさがしにくいが，くじら座 β から南へたどるか，みなみのうお座のフォーマルハウト（α）から東へたどってみよう．1.5°はなれて，NGC253 があるので，ついでにさがしてみよう．

双眼鏡では非常にあわい光点，口径 5 cm で明るい中心を星雲状の光がまるくとりまく．口径 10 cm では球状星団らしく周辺部がザラザラした感じのみごとな姿がみられるだろう．

ひくいので，南の地平線がよく晴れた，しかも南中時をねらってほしい．

<0^h53^m　$-26°35'$　7.2等　10′　X>

系外銀河（ちょうこくしつ座）

NGC253

NGC253　口径10cm　×40

ぜひみてほしい穴場だ．

NGC288 と約 1.5°しかはなれていないので，双眼鏡では同視野に入ってくる．

口径 5 cm 30 倍で，細長いアンドロメダの大銀河のような形がわかるだろう．

"ヘェー，おもったよりよく見えるじゃないか"といった感じで楽しめることうけあいだ．

<0^h48^m　$-25°17'$　7.1等　24′.6×4′.5　Scp>

おもな星（ろ座）

α　まがりくねったエリダヌス座にはさまれている．
　　<3^h12^m　$-28°59'$　3.9等　F8>

β　α とならんでいる．
　　<2^h49^m　$-32°24'$　4.5等　K0>

NGC 253

32. さんかく座＜日本名＞

Triangulum. Triangli. Tri ＜学名，所有格，略符＞
the Triangle ＜英名＞
赤経 1^h29^m〜2^h48^m 赤緯 ＋25°〜＋47°＜概略位置＞
131.85平方度＜面積＞
12月中旬＜20時ごろの子午線通過＞

おひつじ座＜日本名＞

Aries. Arietis. Ari ＜学名，所有格，略符＞
the Ram ＜英名＞
赤経 1^h44^m〜3^h27^m 赤緯 ＋10°〜＋31°＜概略位置＞
441.40平方度＜面積＞
12月下旬＜20時ごろの子午線通過＞

さんかく座

アンドロメダ座のγと，おひつじ座のαという2つの2等星にはさまれて，小さなかわいい三角形がある．

小さな三角は，その名のとおりのさんかく座だ．

大星座アンドロメダの足もとに，ぴったりくっついた"さんかく座"を，大魚の腹に吸いついて，無銭旅行と無銭飲食を楽しむむしのいい小判ザメみたいだとゆかいな表現をした人がいる．

なるほど，そんなズルサが感じられておもしろい．

αとβが3等星で，γは4等星と，明るい星もなく，神話も伝説もない星座だが，案外目につくのは，まわりの星をうまく利用しているからなのだろう．

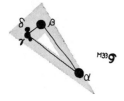

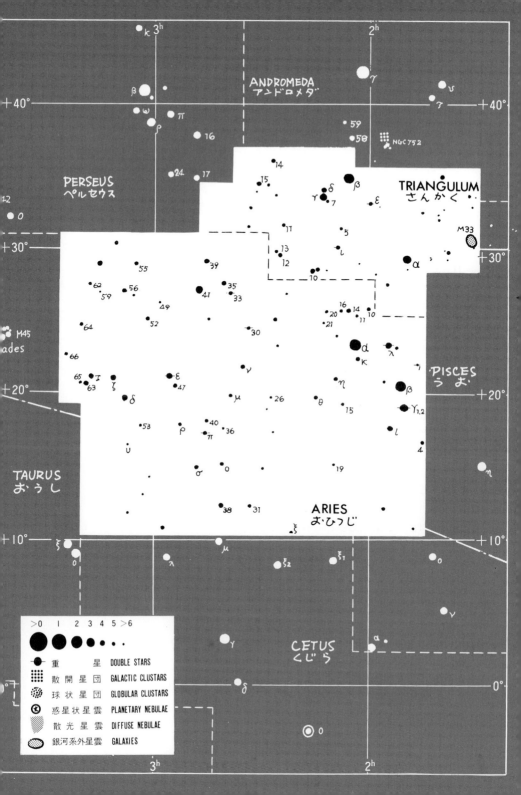

さんかく座は，エジプトで"ナイル川のデルタ（三角州）"とよばれた．
αを頂点に，β—γを結んでできる二等辺三角形が，この星座を代表するからだ．

主星αは，カプト・トライアングリ（三角の頭）と名付けられている．

さて，このαのちかくに有名なうず巻き銀河M33がある．

大望遠鏡で撮影された写真をみると，みごとな渦巻きが，アンドロメダの大銀河とちがって，ま正面からひろくひろがったようすがみられる．

ところで，アンドロメダの大銀河ほどではないが，最高の空と，最高の肉眼があれば，その位置をみとめることができるというのだが，はたしてあなたの目にとまるかどうか？

残念ながら筆者の目には，双眼鏡がなければみとめられない．自信のある人は挑戦してみてほしい．

おもな星

α／カプト・トリアングリ Caput Trianguli（三角のあたま）

アンドロメダの南に，小さな細長い三角がある．α, β, γの三角は，双眼鏡の視野にスッポリ入ってしまうほどかわいい．

<1^h53^m　+29°35′　3.4等　F6>

β　三角の一つ．

<2^h10^m　+34°59′　3.0等　A5>

γ　三角の一つ．

<2^h17^m　+33°51′　4.0等　A1>

σ　口径5cmでためしてみよう．

重星　5.3等—6.9等　71°　3″.9（1973年）

<2^h12^m　+30°18′　4.9等　G5>

系外銀河

M33　NGC598

"さんかく座といえばM33"というほど有名な渦巻き銀河だ．アンドロメダ銀河（M31）とほぼ同距離にあるわが銀河系にもっとも近い系外銀河の一つなのだが，M31とはちがって渦巻

さんかく座・おひつじ座〈秋〉 243

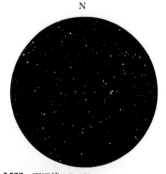

M33 双眼鏡 7×50

M33

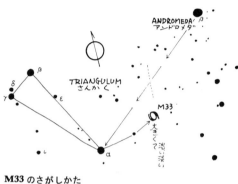

M33 のさがしかた

きを正面からみることになる.
　写真でみるM33は実にすばらしいが,残念ながら,望遠鏡でみる姿はあまりさえない.
　ところで,このM33は肉眼でみえる？　みえない？　という話題の銀河でもある.
　もちろん"しんのある光のひろがり"がみえたという人は少なくないし,私自身も山で"みえたような気がする"ていどになら感じられたことがないわけではない.
　眼視等級が5.7等という肉眼の限界に近い明るさと,65′×35′という月より大きく拡がった淡い淡い極く淡い星雲というイメージを,頭の中につくりあげてから,挑戦してみよう.
　いうまでもないが,月のない6等星がみえるほどの暗夜でなければむりだ.
　有名な銀河であること,肉眼でも見られると

M33 口径 10 cm ×40

いうことだけからつくったイメージでさがしたら，まず発見できないだろうし，双眼鏡で発見しても，期待はずれにガックリしてしまうだろう．

（淡い）の3倍か，（淡い）^{3} ぐらいにしかみられないことを覚悟してかかれば，50 mm × 7の双眼鏡や口径 5 cm ～ 10 cm 低倍率の視野一杯にひろがったM33の姿から，"天体写真のうずまき銀河を想像させる迫力あり"という人もいる．

さて，あなたの目には，どんなM33がみられるだろう？

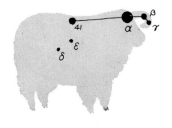

αからアンドロメダ座のβにむかって，約⅓ほどいったところにある．
<1^h34^m +30°39′ 5.7等 65′×35′ Sc>

おひつじ座

おひつじ座は，さんかく座をはさんで，アンドロメダ座と向かいあっている．

2等星のαと，3等星のβと，4等星のγが，へん平でいまにもつぶれそうな三角形をつくる．

いかにも"虫も殺せない羊の性格"にふさわしいめだたない星座だが，かつては，春分点がここにあって，黄道12星座のトップの座を占めたこともある．

昔の栄光をなつかしむかのようでもある，おひつじ座だ．

伝説の羊は，伝令の神ヘルメスが，雲の精ネペレーに授けた空をとぶ金毛の羊である．

国をおわれたネペレーの子，フリクソスと妹ヘレーが，まま母にいじめられたとき，この金毛の羊が助けた．

ところが，二人をのせた空を飛ぶ羊は，あまりにも速く，妹ヘレーをふり落してしまったのだ．

妹ヘレーは，ヨーロッパとアジアにはさまれた海峡にまっさかさまにとびこんでしまう．

この海峡は，以後ヘレスポント（ダーダネルス）海峡と名付けられたとか．

兄のフリクソスは，無事遠いコルキスの国へのがれることができた．彼は神の守りを感謝して，金毛の羊を犠牲にして大神ゼウスにささげた．
　ところで，この貴重な羊の皮は，強欲なコルキス王アイエテスが自分のものにし，恐ろしい火竜に番をさせたのだ．
　さて，勇士ヤーソンは，双子のカストル，ポルックス等を含む60人の勇士と共に，アルゴ船にのって，この金毛の羊の皮を，コルキス王からとりかえしに行く．
　この有名なアルゴ船遠征記は，なかなか迫力のある長編冒険物語となっている．
　それにひきかえ，なんとさえないおひつじ座なのだろう．
　この金毛の羊，実は金メッキだったのだろうか．

おもな星

α／ハマル Hamal （羊の頭）
　　さんかく座の南に $\alpha-\beta$ がならんでいるのがわりとかんたんにさがせる．
　　α の頭と，$\beta-\gamma$ のつのだけめだってあとがない．
　　$<2^{\mathrm{h}}07^{\mathrm{m}}\ +23°28'\ 2.0$等　K2$>$

β／シェラタン Sheratan （しるし，信号）
　　かって，春分点（赤経 0^{h} 赤緯 $0°$）がこの星座にあったことから，この固有名がうまれたものらしい．
　　$<1^{\mathrm{h}}55^{\mathrm{m}}\ +20°48'\ 2.6$等　A5$>$

$\gamma_{1,1}$／メサルティム Mesarthim （大臣）
　　口径 5 cm クラス向きの美しい重星．
　　重星 4.8等—4.7等　$0°\ 7''.93$（1953年）
　　$\begin{cases}\gamma_1 & 1^{\mathrm{h}}54^{\mathrm{m}}\ +19°18'\ 4.8\text{等 B9}\\ \gamma_2 & 1^{\mathrm{h}}54^{\mathrm{m}}\ +19°18'\ 4.8\text{等 A1}\end{cases}$

δ／ボテイン Botein （胃）
　　たべすぎてだぶついた"オヒツジの腹"といった感じのする愉快な名前だ．星は名前ほどめだたないが……．
　　$<3^{\mathrm{h}}12^{\mathrm{m}}\ +19^{\mathrm{h}}44'\ 4.4$等　K2$>$

λ　α のすぐとなりにある小口径向けの重星．
　　重星 4.9等—7.7等　$46°\ 37''.4$（1922年）
　　$<1^{\mathrm{h}}58^{\mathrm{m}}\ +23°36'\ 4.8$等　F0$>$

冬の星座のさがしかた

冬の星座は、なんといっても**オリオン座**だ.

冬の夜空をとりしきるオリオン一家は、親分オリオンを中心に、**おうし座**、**ぎょしゃ座**、**ふたご座**、**おおいぬ座**、**こいぬ座**といった主要メンバーがとりかこんでいる.

★**オリオン座**は、12月のよい空にま東、2月のよい空にま南、4月にま西に沈む.

2等星の三つ星を中心に、それをかこむ四辺形といった特徴のある星の配列は、冬の夜空の中でもきわだっている.

★オリオン座がさがせたら、三つ星を西にのばすと、**おうし座の主星アルデバラン**が輝き、さらにのばすと、散開星団プレアデスがある.

★おうしの左の角（つの）の星から、大きな五角形がえがける.

オリオンが南中したとき、ほとんどてっぺんにできる五角形だが、このあたりが**ぎょしゃ座**だ.

五角形の一角に輝く1等星がカペラだ.

★**ペルセウス座**は、プレアデス星団とカシオペヤを結ぶ曲線としてさがすといい. どっちかといえば冬のよいの南中時より、秋のよいに東からのぼるときのほうが、頭が上になっていて、さがしやすい星座だ.

勇士ペルセウスの足の下にプレアデス星団があるのだ.

★オリオンの三つ星を東へのばすと、全天一の輝星、**おおいぬ座**のシリウスがある.

★シリウスと、オリオン座のベテルギウスと、もう一つ**こいぬ座**のプロキオンという1等星を結ぶと、大きな正三角形ができる. この冬の大三角は、冬の天の川をまたいでいる.

★冬の大三角の中に、めだつ星はないが、**いっかくじゅう座**がある.

★こいぬ座のプロキオンの北、南中時にはほとんど天頂にならんだ一対の輝星は、**ふたご座のカストルとポルックス**だ.

★オリオン座の足の下に**うさぎ座**、そのまた下に**はと座**がある.

★おおいぬ座の左（東）、そして下（南）のあたりは**とも座**. とも座の東、うみへび座の頭の南に**らんしばん座**がある. らんしばん座の下（南）には**ほ座**、そして、とも座とほ座の下（主星カノープスをのぞいてほとんど地平線の下にかくれている）に**りゅうこつ座**がある. 共に印象にのこる星の配列がないので、このあたりといったとらえかたしかできないが……

★オリオン座のベテルギウスを出発点にして、右まわりにリゲル、おおいぬ座のシリウス、こいぬ座のプロキオン、ふたご座のカストル、ポルックス、ぎょしゃ座のカペラ、おうし座のアルデバランと、冬の1等星達を結ぶと、大きなカタツムリのような渦巻き曲線ができる.

この曲線を**冬の大曲線**という.

★オリオン座のリゲルの西から、ウネウネと南の地平線にむかってエリダヌス川が流れている. **エリダヌス座**の主星アケルナルは、川のはて（もっとも南）にあって、地平線の下にもぐってみえない.

★もっとさがしづらいのは、**きりん座**だ. ぎょしゃ座が南中するころ、北をむいて、

冬の星座のさがしかた 247

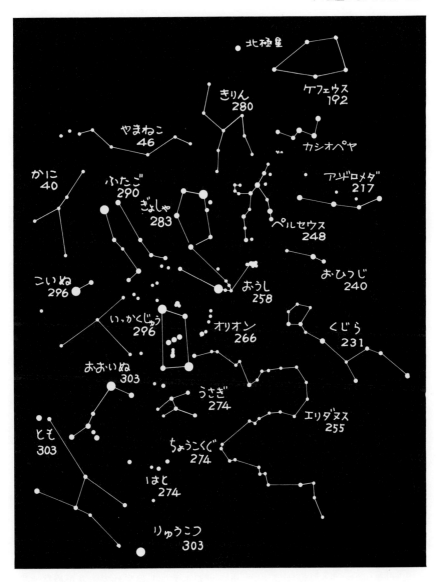

ぎょしゃ座と北極星にはさまれたあたりを眺めてみよう．そこに，さかさまになったきりん座があるのだが，大きいわりに輝星がなく，首の長いキリンの姿をえがくことはなかなかむずかしい．

ところで，北極星をこぐま座のしっぽの先にみると，北斗七星によくにた小北斗が，コグマのしっぽをあらわしている．

33. ペルセウス座＜日本名＞

Perseus. Persei. Per＜学名，所有格，略符＞
Perseus ＜英名＞
赤経 $1^h 6^m \sim 4^h 46^m$　赤緯 $+31° \sim +59°$＜概略位置＞
615.00平方度＜面積＞
1月上旬＜20時ごろの子午線通過＞

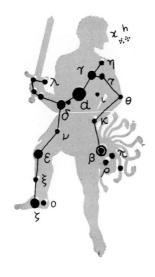

アンドロメダ座の α―β―γ と，等間かくに並んだ曲線を，さらにもう1つのばしたところに，ペルセウス座の主星 α がある．

α は，アルゲニブ（横腹）と呼ばれる2等星だが，よくみると α を中心に η―γ―α―ψ―δ―ν―ε―ξ―ζ が，小さく何度もおれながら全体で，大きく弓なりに連なっている．

アンドロメダのナイーブな曲線にたいして，ペルセウスのゴツゴツカーブは，いかにも勇士ペルセウスといった感じで男らしい．

このカーブ，カシオペヤからプレアデス星団までつらなっているが，カシオペヤに近い η で剣をふりあげ，ζ あたりが足をあらわし，プレアデス星団を踏台にしている．

カシオペヤがまきおこした"エチオピヤ王家の物語"に終止符をうったのは，主演男優ペルセウスの活躍だ．

右手で剣をふりあげ，左手に女怪メデューサの首をぶらさげ，「ヨッ，エチオピ屋！」とおおむこうから声がかかりそうなポーズで，みえをきっている．

カーブからすこしはずれて，β がめだっている．β はアルゴル（悪魔）と呼ばれる有名な食変光星だ．

日頃，光度 2.2等と明るい星だが，約69時間

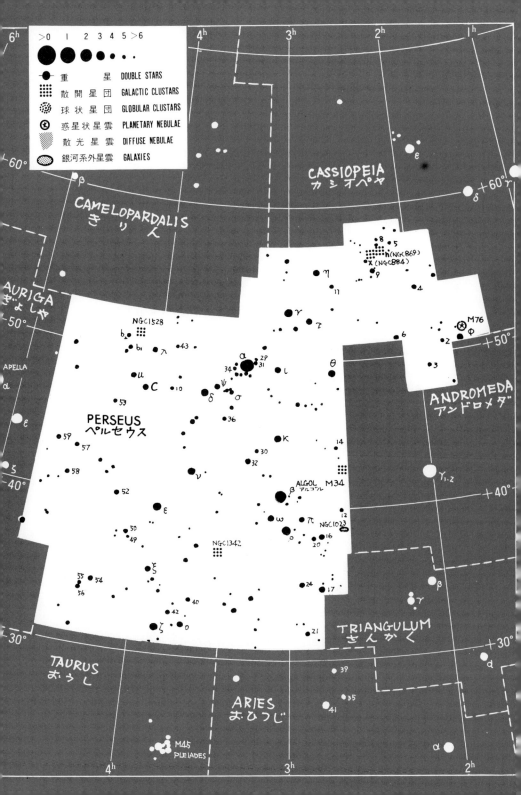

の周期で光度 3.5等に減光する．

　ペルセウス座のもう1つのみものは，h（エイチ）χ（カイ）と名付けられた2つの散開星団だ．

　条件さえよければ，ゴツゴツカーブがカシオペヤにつながるところに，肉眼でも光のシミとして認められる．実はここにhとχがならんでいて，"二重星団"という呼名で知られている．

　双眼鏡でなら"二重星団"らしくみえるだろう．

　ηとカシオペヤ座δを結んだηよりに目をむけてみよう．

おもな星

α／アルゲニブ Algenib（横腹）

　　アンドロメダの α—β—γ→ペルセウスαと等間かくに並んだ2等星が，大きな曲線をつくる．ペガススの4辺形と結ぶと大きなひしゃくができる．私はほとんど天頂にあがるこのひしゃくを，北斗七星に対して"天斗七星"，柄の曲線を"秋の大曲線"と呼ぶことにしている．

　　勇士ペルセウスのわきばらに輝くのだが，別名はミルファク Mirfak（ひじ）ともいう．

　　〈3^h24^m　+49°52′　1.8等　F5〉

β／アルゴル Algol（悪魔）

　　ずいぶん古くから知られていた有名な食変光星だ．

　　周期2日20時間48分29秒で2〜4等星に変光するのだが，肉眼観察が可能なので変光星観測入門にいい．近くのαやδと光度をくらべてみよう．

　　βは，勇士ペルセウスがもつ魔女メデューサ（Medusa）の首をあらわしている．変光の原因を知らなかった昔の人々にとって，明るさをかえる不思議な星は，悪魔の星にみえたのだろう．

　　正体は連星で，暗い伴星のうしろに主星がかくれて減光するのだ．

　　変光星　2.2等〜3.5等　周期2.8673日　食変光星

　　〈3^h08^m　+40°57′　変光　B8〉

γ

　　毎年7月20日〜8月20日ごろみられる有名なペルセウス座流星群の輻射点がここにある．さかんなときは1時間に100個以上みられることもあるので，"聖（セント）ローレンツォの涙"というすばらしい呼名がある．

　　〈3^h05^m　+53°30′　2.9等　F5+A3〉

ペルセウス座＜冬＞ 251

δ 　　双眼鏡でみると，δからαのあたりは実ににぎやかで楽しい．散開星団 Mel 20（メロット20番）．比較的近距離(510光年)にある散開星団なのだ．おうし座のヒヤデス星団(130光年)やかみのけ座の Mel 111（260光年）とくらべてみてほしい．
　　　＜3^h43^m　+47°47′　3.0等　B5＞

ε 　　光度差があって，口径 5 cm では高倍率でもちょっと分離がむずかしいかもしれない重星．
　　　重星 2.9等—8.1等　10°　8″.8 (1938年)
　　　＜3^h58^m　+40°01′　2.9等　B0＞

ζ／メンキブ Menkhib（肩）
　　　ペルセウスの足にあって，プレアデス星団を踏みつけているようにみえる．"肩"という固有名はおかしいが，昔，プレアデスが1つの独立星座であったときの名残りだろうと考えられる．
　　　＜3^h54^m　+31°53′　2.9等　B1＞

η／ミラム Miram（？）
　　　ηからγ—α—δ—ν—ε—ξ—ζ と，すこしゴツゴツした曲線がえがける．
　　　ηからカシオペヤ座δにむかってのばすと有名な二重星団があり，ζの先にプレアデス星団がある．ペルセウスはηからφへ大きなつるぎをふりあげているようにもみえる．
　　　＜2^h51^m　+55°54′　3.8等　K3＞

θ 　　α→ι→の先にある．
　　　＜2^h44^m　+49°14′　4.1等　F8＞

散開星団

h・χ　口径5cm　×20

h　NGC869
χ　NGC884 　Double cluster（二重星団）

"ペルセウス座の二重星団"，または"エイチ・カイ (h・χ) 星団"という奇妙な呼名で親しまれている．

絶対に見のがせないみごとな散開星団のカップルだ．

肉眼でももちろん，カシオペヤ座からつづく冬の天の川の中に，星雲状のはん点がならんで

h・χ のさがしかた

二重星団　**h**(右) χ(左)　双眼鏡　6×30

χ(右) **h**(左)　口径 10 cm　×60

いるようにみえるだろう．双眼鏡では，もうかぞえきれない星の大集団といった雰囲気がかんじられるほど，明るくにぎやかだ．

hとχという恒星名（バイエル記号）がついているのは，肉眼でみえたからだろう．それにしても，これだけ明るい星団にメシエ番号がついていないのはどういうわけなのか不思議だ．

2つの内，西側がh（エイチ）で，東側がχ（カイ），そして2つくらべてわずかに暗く感じる方がχだ．

口径 5 cm 以上なら，低倍率で美しい．中倍率でなら数えきれない星が視野一杯にひろがって，その迫力に圧倒されるだろう．散開星団ベストスリーの1つにかぞえたい．

カシオペヤ座のγ→δ→の先をペルセウス座のγにむかって，約2倍ほどいったところ，といったズボラなさがし方でも，けっこううまくつかまえられるだろう．

明るい星団なので，少々空の条件がわるくても，望遠鏡の視野の中ではよくみえる．

<h　2^h19^m　+57°09′　4.4等　36′　350個　f>
<χ　2^h22^m　+57°07′　4.7等　36′　300個　e>

ペルセウス座＜冬＞ 253

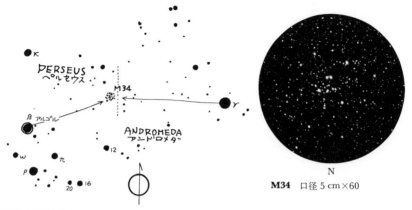

M34 のさがしかた

M34 口径 5 cm×60

M34 NGC1039

これも明るいので，目のいい人なら肉眼でぼんやりみられるだろう．β（アルゴル）から，アンドロメダ座γにむかってさがしたらかんたんにみつかる．

双眼鏡ではアルゴルと同視野につかまえられるが，ぼんやり淡い光の中にいくつかの星がみられる．

口径 5 cm ではうんと星数がふえて星団らしく感じられ，口径 10 cm ではみごと．

よくひろがっているので，低倍率のほうが星団らしくて美しいとおもうが……．

<2^h42^m　+42°47′　5.5等　35′　80個　d>

NGC1528 口径 10 cm×60

NGC1528

αから δ—c—μ—λ，あるいはストレートに α→λ をさがし，λ の北東約2°のところにある．

双眼鏡ですでに星雲状の光の中にいくつかの星がみられる．口径 5 cm で美しい．口径 10 cm では星の配列が楽しめる．おもわぬ掘出し物を発見したような気がして，うれしくなる星団だ．

<4^h15^m　+51°14′　6.2等　25′　80個　e>

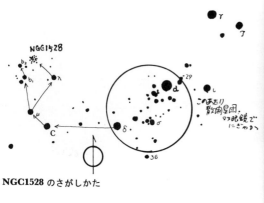

NGC1528 のさがしかた

ペルセウス座の α 付近

惑星状星雲

M76　NGC650, NGC651

M76　口径 10 cm 以上×60

　φの北約1°にあるが，非常に暗くてみにくい．口径 5 cm で暗い小さな光のシミにみえるというが，どうも私はみのがしたようだ．

　やっぱり口径 10 cm 以上がほしい．よこながのじゃがいも形星雲がみえたら，あなたの観望能力はなかなかたいしたものだ．

　倍率をいろいろかえてためしてみよう．

　2個の星雲がくっついて，形はこぎつね座の亜鈴状星雲ににているのだが……．

$\langle 1^h 42^m \quad +51°34' \quad 157'' \times 87'' \quad 12.2等 \rangle$

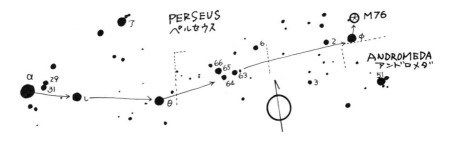

M76 のさがしかた

34. エリダヌス座 <日本名>

Eridanus. Eridani. Eri <学名，所有格，略符>
River Eridanus <英名>
赤経 1ʰ22ᵐ～5ʰ09ᵐ　赤緯 0°～-58°<概略位置>
1137.92平方度<面積>
1月中旬<20時ごろの子午線通過>

年の暮れがちかづくと，星のまたたきがいっそう忙しくなる．

南東の空にのぼったオリオンのベテルギウスとリゲルの輝きが，大みそかの紅白輝き合戦にそなえるころ，エリダヌス座が南中する．

リゲルのすぐ右（西）から，ウネウネと3等星以下のめだたない星の列が南の海にそそぎこんでいる．

神話にでてくるエリダヌス川をあらわしているのだが，東京あたりでは，残念ながらこの川が，海にそそぐところはみられない．

やっと，奄美大島あたりから，地平線スレスレに，"アケルナル（川のはて）"と呼ばれる主星αがみえる．

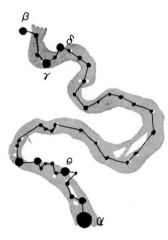

αはエリダヌス座ただ一つの1等星だ．

日の神アポロンの子フェートンは，ある日，父の日輪の車を無理にかりて天にのぼった．しかし，若いフェートンには，日輪の車をあやつるには未熟すぎた．

車はめちゃくちゃに道をはずれ，狂ったようにかけまわり，天も地もいたるところがやけこげた．これを知った大神ゼウスは，やむなく車をイカズチで打落としてしまった．

フェートンが車と共に飛びこんだのがエリダ

ヌス川だったのだ．

　フェートンの死を悲しんだ姉は，川辺のポプラの木になり，友人のキクヌスは，彼のなきがらをさがしもとめて白鳥（はくちょう座）になったという．

　双眼鏡片手に，ものがなしい伝説の川の"エリダヌス下り"としゃれてみてはどうだろう．

　星図の上に線をひくほど簡単にくだれないが，それがまた楽しいのだ．1つずつていねいにたどってみよう．できれば"川のはて"のみられるところまでたどってみたいものだ．

おもな星

α／アケルナル **Achernar**（川のはて）

　　エリダヌス川の果てにある1等星だが，北緯30°以南へ行かないとみられない．

　　$<1^h38^m \quad -57°14' \quad 0.5等 \quad B3>$

β／クルサ **Cursa**（足の台）

　　オリオン座βのちかくにあるが，エリダヌス川は，ここからはじまってウネウネと流れる．

　　オリオン座のβ, τとエリダヌス座のβ, λでつくる4辺形はオリオンの"足の台"といわれる．

　　$<5^h08^m \quad -5°05' \quad 2.8等 \quad A3>$

γ／ザウラク **Zaurak**（小舟）

　　$<3^h58^m \quad -13°31' \quad 2.9等 \quad M0>$

δ　オリオンのリゲルから西（右）へたどるといい．

　　$<3^h43^m \quad -9°46' \quad 3.5等 \quad K0>$

ε　δとならんでいる．

　　$<3^h33^m \quad -9°28' \quad 3.7等 \quad K2>$

η／アズア **Azha**（だちょうのす）

　　$<2^h56^m \quad -8°54' \quad 3.9等 \quad K1>$

θ／アカマル **Acamal**（月の光）

　　かつて，この星が"川の果て"であったらしい．

　　重星　3.2等—4.4等　88°　8″.22（1947年）

　　$\begin{cases} \theta_1 & 2^h58^m \quad -40°18' \quad 3.2等 \quad A4 \\ \theta_2 & 2^h58^m \quad -40°18' \quad 4.4等 \quad A1 \end{cases}$

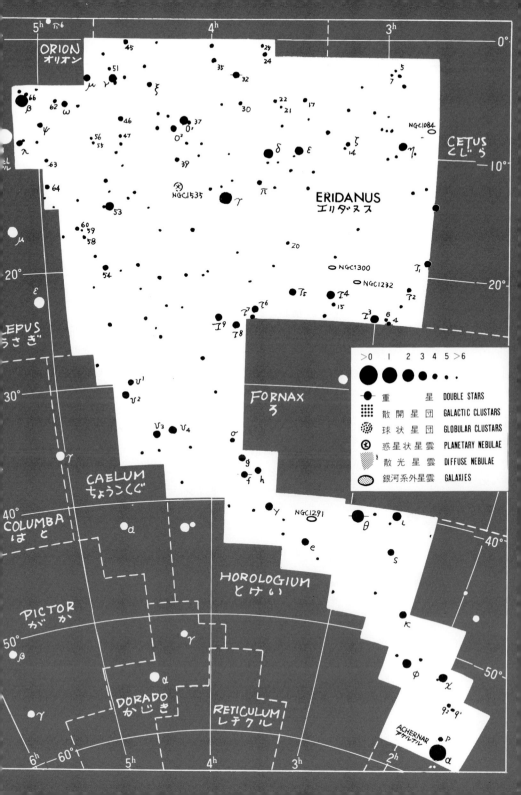

35. おうし座 <日本名>

Taurus. Tauri. Tau <学名, 所有格, 略符>
the Bull <英名>
赤経 3^h20^m〜5^h58^m　赤緯 0°〜+31° <概略位置>
797.25平方度 <面積>
1月下旬 <20時ごろの子午線通過>

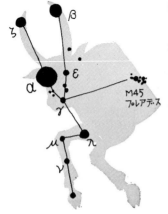

　おうし座は楽しい星座だ．
　まず目に輝く1等星αだ．すこし赤みをおびた輝きが，オリオンにむかって興奮のあまり充血したオウシの目にみえておもしろい．
　この星座には，肉眼で楽しめる有名な散開星団が2つある．というより，2星団をとりのぞくと，この星座がなくなってしまうといったほうがいいくらいだ．
　1つはヒヤデス星団，もう一つはプレアデス星団とよばれる．いずれも若い星のあつまった散開星団だ．
　αと結んでV字形にならんだ星々がヒヤデス星団だ．このVサインが，ウシの鼻づらをあらわしている．
　Vサインを"つりがね星"と呼んだ日本名もおもしろい．
　オウシの右目にあるαの固有名アルデバランには"つづくもの"という意味がある．プレアデスにつづいて空にのぼるからだろう．
　プレアデス星団は，オウシの姿をえがくとき，みかけのすばらしさにみあう重要な役わりをはたしていない．ウシの背中にできた"オデキ"の跡にしかならないのだ．
　かつて，プレアデス星団は，独立した1つの

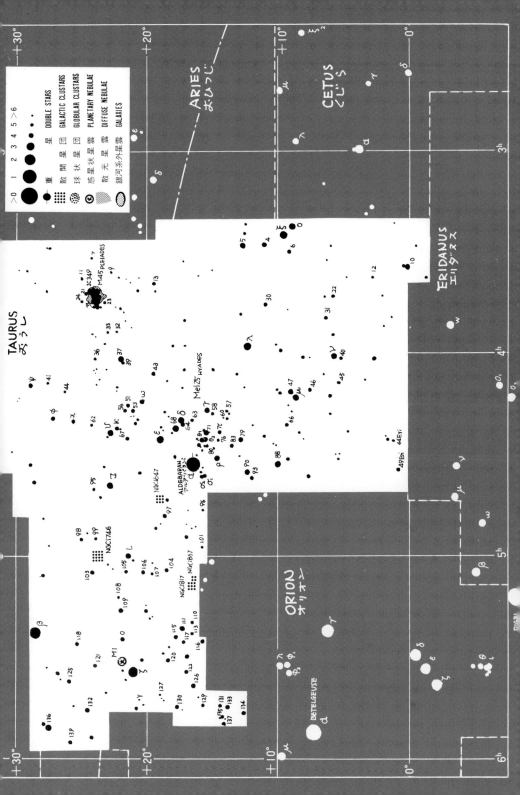

星座だったせいだろう.

プレアデス星団にはニックネームが多い．日本名"すばる"を知らない人はいない．そのほか，ムレボシ，アツマリボシ，六連珠（ムツレンジュ），ゴチャゴチャボシ，グザグザボシ，七曜星（シチヨウセイ），ハゴイタボシ，七福神，一升ボシ，ゴンゴウボシ，オスワリサン，ツンバリボシ……と，かぞえあげればきりがない．

お正月の夜，9時ごろ"すばる"はほとんど天頂に輝く．チマチマッとしたかわいい星の集まりは誰の目にもとまるはずだ．

双眼鏡をつかえば，数えるのがめんどうなほどの星がみえてくる．

伝説のオウシは，大神ゼウスの化身だ．

美しい少女エウローペをみそめたゼウスは，まっ白なオウシに姿をかえてちかづいたのだ．ウシは，少女をのせて地中海を渡り，クレタ島に上陸した．のちに彼女はクレタ王アステリオンの妃となる．

このあたり一帯は，いまも，彼女の名前をとってエウローペ（ヨーロッパ）と呼ばれる．

おもな星

α／アルデバラン Aldebaran（したがうもの）

プレアデスにつづいて東からのぼるオレンジ色の1等星だ．

オウシの目に輝く赤色巨星で，英名 Bull's Eye ブルズアイ（おうしの目）ともいう．

"つづくもの"というのは，プレアデス星団のあとにつづくという意味だ．そのほか"コル・タウリ Cor Tauri（オウシの心臓）"の名もある．こうふんのあまり充血したウシの目といった感じがなかなかおもしろい．

$<4^h36^m \quad +16°31' \quad 0.9等 \quad K5>$

β／ナト Nath（突くもの）

おうし座のVサインをそのままのばしたところにあるβとζは，それぞれオウシのつのの先をあらわしている．

βは，かつてぎょしゃ座のγをもかねていて，5角形の1角をうけもっている．

$<5^h26^m \quad +28°36' \quad 1.7等 \quad B7>$

γ

ヒヤデスのVサインの中心星．

$<4^h20^m \quad +15°38' \quad 3.7等 \quad K0>$

δ　鼻づらのVサインの中.
　　<4^h23^m　+17°33′　3.8等　K0>

ε　オウシのもう一方の目になるが，αの1等星にくらべると，左眼のεは4等星で，左右バランスがとれていない.
　　片目をつむって，オリオンに"アカンベー"をしているようにもみえる.
　　<4^h29^m　+19°11′　3.5等　G9>

ζ　オウシのツノ．有名なM1（かに星雲）がすぐ近くにある.
　　<5^h38^m　+21°09′　3.0等　B4>

η／アルキオネ Alcyone
　　双眼鏡で3等星―6等星―7等星の三重星にみられる．プレアデス星団中最輝星.
　　<3^h47^m　+24°06′　2.9等　B7>

$\theta_1\theta_2$　ヒヤデス星団の中にある肉眼重星．視力テストにつかってみよう．見えたらあなたの視力はりっぱ.

　肉眼重星　$\theta_1\theta_2$　3.8等―3.4等　337″
　　$\{\theta_1$　4^h29^m　+15°58′　3.8等　K0$\}$
　　$\{\theta_2$　4^h29^m　+15°52′　3.4等　A7$\}$

λ　牛の前足のひざこぞうに輝く.
　　変光星　3.5等〜4.0等　周期 3.953日
　　<4^h01^m　+12°29′　変光　B3+A4>

$\sigma_1\sigma_2$　αのすぐちかくにある肉眼重星.
　　$\{\sigma_1$　4^h39^m　+15°48′　5.1等　A4$\}$
　　$\{\sigma_2$　4^h39^m　+15°55′　4.7等　A5$\}$

散開星団

M45　**Mel 22/Pleiades**（プレアデス）

　　ご存知"プレアデス星団"日本名"すばる"と，あらためて紹介するまでもない有名な散開星団．

　　肉眼で，普通の視力があれば6個，視力のいい人ががんばると，気流の状態のいい瞬間に7個から9個ぐらいまで数えられる．もっとも，星の配列を知っている人と知らない人ではずい

プレアデスの星表

No.	Vis mag (実視等級)	Name
1	2.9	η (Alcyonc アルキオネ)
2	3.6	27 (Atlas アトラス)
3	3.7	17 (Electra エレクトラ)
4	3.9	20 (Maia マイヤ)
5	4.2	23 (Merope メローペ)
6	4.3	19 (Taygeta タイゲタ)
7	5.1	28 (Pleione プレイオネ)
8	5.4	16 (Celaeno ケレーノ)
9	5.5	HR 1172
10	5.6	18
11	5.8	21 (Asterope アステローペ)
12	6.1	HR 1183
13	6.3	24
14	6.4	22
15	6.6	
16	6.7	
17	6.8	

プレアデスの星図

(数字はPleiadesの星表ナンバー)

M45 口径5cm ×20 Mel 25

分ちがうものだ．そこにあるはずだとおもって見るからだろう．

　星図で星の位置をおぼえてから，あるいは双眼鏡で，もう一度挑戦してみよう．

　13個から25個ぐらい数えるという人がなかにはいるが，あなたの目ではいくつかぞえられるだろうか？

　M45は，双眼鏡でみた姿がもっと美しくすばらしい．

　それぞれが，淡い散光星雲につつまれているのだが，7×50の双眼鏡でながめると，その雰囲気が感じられる．うぶぎにつつまれた赤ちゃん星団といったふうでかわいらしい．

＜3^h47^m　+24°06′　1.4等　120′　120個　C＞

/**Hyades**（ヒヤデス）

　肉眼でV字形にならんだ美しい星団で，おう

おうし座〈冬〉 263

M45 双眼鏡 6×30

し座の鼻づらをあらわす.

1等星アルデバラン(α)とつながるが,これはヒヤデス星団の仲間ではない.

ヒヤデスには"雨を降らす女"の意味があるらしい.ウシのはなづらにみるよりは,"雨女"にみるほうがふさわしく女性的なやさしさを感じさせる星団だ.

散開星団中もっとも近く(約130光年),かなりひろがってみえるので,双眼鏡の視野いっぱいをうめつくしてみごと.

プレアデス星団と共に,肉眼か双眼鏡で十分楽しい星団だ.

<4^h20^m +15°37′ 0.8等 400′ 100個 C>

NGC1647

まばらで貧弱だが,アルデバランのすぐ先にあるので,ヒヤデスをみたついでにさがしてみよう.

双眼鏡ではボンヤリした光のシミ,口径5cm

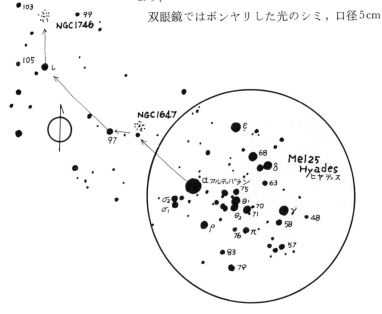

Mel 25(ヒヤデス星団)と 1647 と 1746 のさがしかた 双眼鏡 6×30

M1

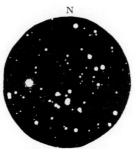
ヒヤデス星団　双眼鏡　7×30

NGC1647　口径 5 cm　×40

以上なら星がかぞえられるだろう．
<4^h46^m +19°04′　6.3等　40′　30個　C>

NGC1746

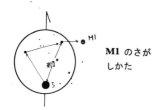
M1 のさがしかた

アルデバラン(α)から NGC1647 をみて，さらにβにむかうと，103番星と99番星にはさまれている．

まばらに広がっているが，これもまたヒヤデスをみたついでに双眼鏡を向けてみよう．
<5^h03^m　+23°49′　6.0等　45′　60個　e>

惑星状星雲

M1　口径 10 cm 以上　×80

M1　NGC1952/Crab Nebula（かに星雲）

"かに星雲"で有名．

おそらく一度はみごとな天体写真にお目にかかっているはず．

カニの名は，ロス卿が大望遠鏡の眼視観測で何本もの突起がでているのをみて命名した．カラー写真でみるM1は，赤い手足が四方八方につきでて，まさにカニ星雲だ．

さて，小望遠鏡でみるM1だが，残念ながら"カニ"というより"ふとりすぎのイモムシ"くらいにしかみられない．

でも，本物をみているという感激はまたかくべつだ．

1054年に爆発した超新星であったこと，強力な電波源であること，そして，パルサーがこの中心に発見されたこと，そして，それはまぼろしの星，中性子星だったことなど，M1は話題が多い．

オウシのつのの先（ζ）に近いので，さがすのはそんなに苦労はしない．

ζのちかくにある2つの目だつ星が約1°ずつはなれて，かわいい三角ができるのが手がかりになる．

口径5cmでは実に淡い光のシミだ．口径10cmならわずかにゆがんだジャガイモか，ふとりすぎのイモムシがみえてくる．

「どうしてもさがせない」という相談をうけることがあるが，星雲状の天体は，空が明るいと極端にみにくくなることを知っていてほしい．

それにしても，M1はよくみえるほうなのだが……？

倍率をいろいろかえてみくらべてみよう．

<5^h34^m　$+22°01'$　8.4等　$360'' \times 240''$>

M1付近

散光星雲

IC349 その他

プレアデス星雲

プレアデス星団を長時間露出で撮影すると，それぞれがガス星雲につつまれている．

伝説に，プレアデス姉妹が泣いているという表現があるのは，星の輝きがガス星雲につつまれてうるんでみえたからではないだろうか．

7×50の双眼鏡ならその感じがわかる．雨あがりの山でみためっぽう美しい星空で，私は肉眼でプレアデス星雲のにじみをみた記おくがある．IC349はメローペをつつむ星雲．

プレヤデス星団と散光星雲

36. オリオン座 <日本名>

Orion. Orionis. Ori <学名，所有格，略符>
Orion, the Hunter <英名>
赤経 $4^h41^m \sim 6^h23^m$　赤緯 $-11° \sim +23°$ <概略位置>
594.12平方度 <面積>
2月上旬 <20時ごろの子午線通過>

　　　　　　　　　　　　古今東西，オリオン座ほど多くの人に親しまれた星座はほかにない．
　　　　　　　　　　　　冬の星座の王者というより，"星座の王様"と呼ぶのにふさわしい星列がみごとだ．
　　　　　　　　　　　　12月のよい，ま東から，2等星の三つ星（δ, ε, ζ）が，左右に2つの1等星（α, β）をしたがえてのぼる．
　　　　　　　　　　　　地平線ちかくの月や太陽が大きくみえるように，錯覚による地平拡大が，よこになった巨人オリオンをさらにふくらませて，みごとなウルトラ巨人にして楽しませてくれる．
　　　　　　　　　　　　三つ星（オネショの神様）も，赤星（α）も，白星（β）も昨年とまったく変わりなく健在．星座の楽しみを知った人には，涙がでるほどの感激を味わうときだ．
　　　　　　　　　　　　南中したオリオン座は，西のおうし座にむかって，こん棒をふりあげて立ちあがる．三つ星をベルトにして $\alpha, \gamma, \beta, \kappa$ の四辺形がからだをあらわすのだ．
　　　　　　　　　　　　γ とアルデバランの間に，o_2—π_1—π_2—π_3—π_4—π_5—π_6 といった4等星のつらなりが楽しい．オリオンの片手が，オウシの目の前にシシの毛皮のたてをつきだしているのだ．
　　　　　　　　　　　　"三つ星"のすぐ下の"小三つ星"と呼ばれ

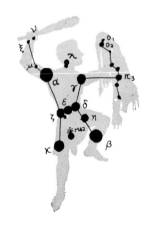

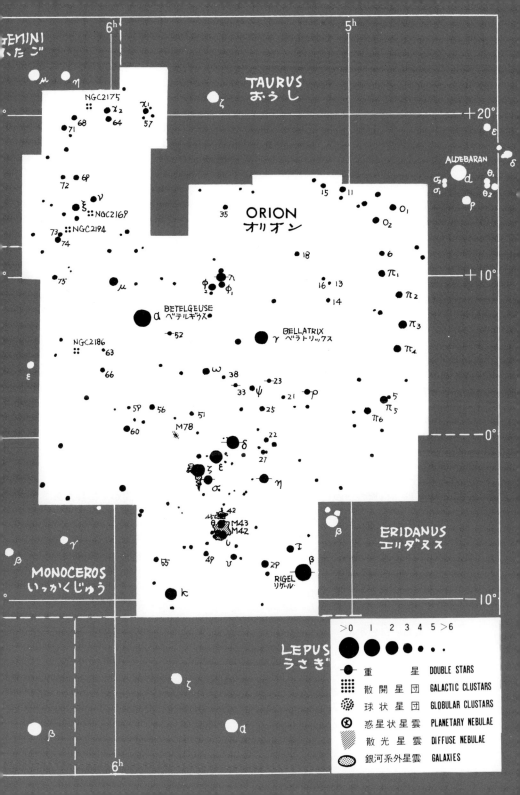

るかわいい三つ星ジュニアは，視力テストにもなる淡い星だが，月のない夜，まん中のθを中心にボーッとひかるガス雲が認められるだろう．

有名なオリオンの大星雲（M42）がそこにある．双眼鏡ならもっとはっきり，望遠鏡ならもっともっと，口径は大きいほどすばらしい．

三つ星をはさんだαとβは，ぜひ2つの色の差をみくらべてほしい．紅白のみごとな対照が楽しめるだろう．

人気星座オリオンには伝説，神話の類も多い．

らんぼうなかりうどオリオンは，神の怒りをかつて，サソリに殺されたという代表的な話を筆頭に，プレアデス姉妹を追いかけまわして星にされてしまったり，月の女神に愛されたため殺されたりもする．

男らしく野性的なかりうどオリオンは，月の女神アルテーミスに愛された．

しかし，女神の兄アポロン（日の神）は，アンチオリオン派であった．兄に「大鹿が海を渡っている」といってだまされたアルテーミスは，なんと自分の放った矢で，恋人オリオンの胸を射ぬいてしまうのだ．

月はいまでも，毎月一度かならず星になった恋人オリオンのちかくを通る．

おもな星

α／ベテルギウス Betelgeuse（わきの下）

　　　巨人オリオンの肩に輝く赤色超巨星．ベテルギウスの赤と，リゲルの白の対照が三つ星をはさんで実にみごとだ．

　　　日本名"平家星"は，平家の赤旗をいうのだろう．三つ星をはさんだリゲルは，白旗の"源氏星"と呼ばれる．三つ星を中心に等間かくにむきあったようすは，まさに源平合戦だ．

　　　耳をすませると"ヤーヤー"のときの声が聞こえそうだ．

　　　αは周期2070日，0.4等～1.3等の半規則変光星でもある．そして，太陽の直径の 500倍もあろうという巨人の星だ．

　　　$<5^h55^m\ +7°24'\ 0.4$等　M1$>$

β／リゲル Rigel（左足）

　　　美しい白色星だ．ベテルギウスと対照させてみるとさらにすばらしい．

　　　7等星をともなった重星で，口径 5 cm クラスのテスト星とされているが，主星が明るすぎてなかなか分離がむずかしい．8～10cmクラスが必要．

　　　重星 0.1等―6.8等　202°　9″.5（1954年）

　　　$<5^h15^m\ -8°12'\ 0.1$等　B8$>$

γ／ベラトリックス Bellatrix（女戦士）

どういうわけか，ギリシャ神話の女人国アマゾン Amazon の女兵士のことだ．もちろんオリオンはれっきとした男性である．

α—γ—β—κ でつくる大きな4辺形は，冬空にまいあがった大凧のように威勢がいい．

$<5^h25^m \ +6°21' \ 1.6等 \ B2>$

δ／ミンタカ Mintaka（おび）

δ—ε—ζ でつくる"三つ星"が，オリオンのベルトをあらわす．

δはほぼ天の赤道上にあるので，真東からのぼって真西にしずむ．つまり，オリオン座は真東からのぼり，赤道の真上を通り真西にしずむのだ．

口径 5 cm 向け重星．

重星 2.2等—7.0等 359° 52″.82（1932年）

$<5^h32^m \ -0°18' \ 2.2等 \ O9>$

ε／アルニラム Alnilam（真珠のひも）

三つ星の中心星．すばらしい呼名をもらったが，双眼鏡でこのあたりを眺めると，微光星がつながっていてなるほどとうなづける．

$<5^h36^m \ -0°12' \ 1.7等 \ B0>$

ζ／アルニタク Alnitak（おび）

"オリオンのベルト (Orion's belt)"は，日本で"三つ星さま""三大将""三大名""三つ神様""三光さま"中国で"参（しん）"．

三つ星をζの先へのばすと，おおいぬ座のシリウスがある．

ζのすぐ近くに，馬頭星雲で有名な暗黒星雲があるのだが，それは天体写真にまかせるよりしかたがないだろう．暗夜なら双眼鏡でいくらかその感じがみられるという人もいるが，私にはよくみえない．空にめぐまれた人は一度ためしてみてほしい．

$<5^h41^m \ -1°57' \ 2.1等+4.2等 \ O9+B0>$

η／サイフ Saiph（つるぎ）

"オリオンの剣 (Orion's sword)"といわれるのはηではなく，θのある"小三つ星"をいう．

ηも剣にみると，オリオンが左右二挺拳銃（剣）の西部の男にみえてくるからおもしろい．

$<5^h24^m \ -2°24' \ 変光(3.1～3.4) \ B1>$

θ_1／トラペジウム Trapezium

"小三つ星"の中心星だが,口径 5 cm クラスでオリオンの大星雲につつまれた多重星がみられるだろう.

θ_1 はトラペジウムの名で有名な四重星で,かわいい台形をつくっている.

そしてそれぞれがよくみると色の対照もみごとだ.

これらはいずれも生まれたての星の赤ちゃんで,もっとたくさんの仲間が星雲のむこうにかくれていると考えられる.大星雲はこれらの星々の光をうけて輝いているのだ.

トラペジウム　A—B　6.9等—8.0等（変光）　8″.9（1960年）
　　　　　　　A—C　6.9等—5.1等　　　　13″.0（1960年）
　　　　　　　A—D　6.9等—6.8等　　　　21″.7（1960年）
$<\theta_1$　5^{h}35^m　−5°23′　5.1等　O6$>$

ι

小三つ星の一番下（南）にある.

小三つ星は下から順に明るく,三つ全部みえたら"あなたの目は合格"といったところだ.

口径 5 cm クラス向けの重星.

重星　2.8等—7.4等　142°　11″.4（1941年）
$<$5^{h}35^m　−5°55′　2.8等　O9$>$

κ／サイフ Saiph（つるぎ）

オリオンの右足にあるのだが,固有名から考えると,彼は佐々木小次郎のようにずい分長い剣をぶらさげていることになる.

$<$5^{h}48^m　−9°40′　2.1等　B0$>$

λ／メイッサ Meissa（あたま）

巨人オリオンの頭.

重星　3.5等—5.6等　43°　4″.41（1958年）
$<$5^{h}35^m　+9°56′　3.5等　O8$>$

$\pi_1\pi_2\pi_3\pi_4\pi_5\pi_6$／オリオンのたて

オリオンがシシの毛皮をたてにして,おうし座の目の前につきだしている感じが,うまく表現されている.

視力に自信のある人は肉眼で,ない人はオペラグラスか,双眼鏡をつかってたどってみよう.なかなか楽しくつらなっている.

$<\pi_1$ 4.7等　π_2 4.4等　π_3 3.2等　π_4 3.7等　π_5 3.7等　π_6 4.5等$>$

流れる
オリオン座

散開星団

NGC2169　「ああ，これが星団？」といわれそうな貧弱星団．
　　　　　＜6^h08^m　+13°57′　5.9等　5′　18個　d＞

NGC2194　口径10cmクラスでも小さな星雲状にしかみえないのだが，NGC2169とちかいので挑戦してみてはいかが．

　どちらも，巨人オリオンがふり上げたこんぼうをにぎりしめているニギリコブシのあたりにある．

　ベテルギウス（α）からν，ξをさがしてみよう．
　＜6^h13^m　+12°48′　8.5等　8′　100個　e＞

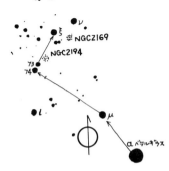

NGC2169, 2194 のさがしかた

口径 10 cm
×40
NGC2194

N

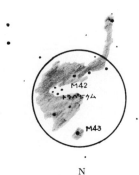
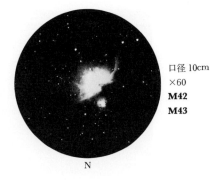

口径 10cm
×60
M42
M43

M42 とトラペジウム　口径 5 cm　×100

散光星雲

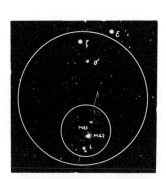

大きい丸　双眼鏡　6×30
小さい丸　口径 5 cm　×20
M42

M42　**NGC1976// Great Nebula（大星雲）**

　肉眼でみられる"オリオンの大星雲"にまず目をむけてみよう.

　"小三つ星"の中央の θ をぼーっとつつむ光のシミが，もしみえなかったら，あなたの視力はすこし弱いのでは…？

　双眼鏡をつかったら，だれの目にもバッチリ．口径 5 cm では，星雲の中に 4 重星（トラペジウム）がかわいい.

　星雲は低倍率で，トラペジウムはすこし倍率をあげてみるとはっきりする.

　口径 10 cm 低倍率では，星雲の形がはっきりして，マントをひろげた"空飛ぶ黄金バット"の偉容があなたにせまるだろう.

　フイッシュマウス（魚の口）といわれる暗黒の湾の形もはっきりみえるし，微妙なコントラストもみえてくるし，人によっては，カラー写真でみるような美しいピンク色がかすかに感じられるともいう.

　とにかくこれは絶対見のがせない.

　小口径でも，写真にない生の迫力を十分感じ

M42

させてくれる天体だ．

　ここでは多くの星が誕生しつつあるわけだが，そう思うとこの大星雲が，やさしく子ども達をつつむ母親の姿にもみえてくる．トラペジウムの4つの星も，事実ここで生まれたばかりの子ども達なのだ．

＜5^h35^m　$-5°27'$　4等　$66'×60'$＞

M43　NGC1982

　ことさらM42とわけることもないのだが，口径5cmクラスなら，大星雲M42の北に，ちぎれ雲のようなかすかなひろがりが認められるだろう．形をみるには口径10cm以上がほしい．

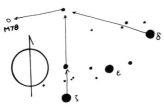

M78のさがしかた

　天体写真のほとんどは，露光時間をながくとる関係で，M42とくっついている．M42をひろげた鳥の羽根にみると，ちょうどとがったクチバシのように見える部分がM43だ．月のない暗夜，低倍率をつかってさがしてみよう．

＜5^h36^m　$-5°16'$　9.1等　$20'×15'$＞

M78　NGC2068

　三つ星の北，ζからなら北東へ約3°，δからなら東へ約4°のところにある．

　双眼鏡では，三つ星と同視野に入るから，さがすのはそれほどむずかしくない．

　星雲の中に8等級の重星があるので，まず重星をさがして，そのまわりをつつむ小さな光のシミをさがすといい．

　双眼鏡でははっきりしないが，口径5cmで"たしかに重星をつつんだガス雲がある"といった感じ，口径10cmクラスなら，楕円で，片側がいくらかひろがっているので，発見後間もないホウキボシをみる感じになる．

M78　口径10cm　×60

＜5^h47^m　$+0°03'$　8.0等　$8'×6'$＞

37. うさぎ座 <日本名>

Lepus. Leporis. Lep <学名，所有格，略符>
the Hare <英名>
赤経 4^h54^m〜6^h09^m　赤緯 $-11°$〜$-27°$ <概略位置>
290.29平方度 <面積>
2月上旬 <20時ごろの子午線通過>

はと座 <日本名>

Columba. Columbae. Col <学名，所有格，略符>
the Dove <英名>
赤経 5^h03^m〜6^h28^m　赤緯 $-27°$〜$-43°$ <概略位置>
270.18平方度 <面積>
2月上旬 <20時ごろの子午線通過>

ちょうこくぐ座 <日本名>

Caelum. Caeli. Cae <学名，所有格，略符>
the Chisel <英名>
赤経 4^h18^m〜5^h03^m　赤緯 $-27°$〜$-49°$ <概略位置>
124.87平方度 <面積>
1月下旬 <20時ごろの子午線通過>

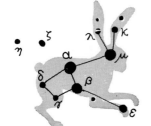

うさぎ座

オリオンの足の下にウサギが踏まれている．
　伝説によると，乱ぼうなオリオンの心をやわらげようと，天の神々がチエをしぼった苦心の傑作がこのウサギだという．
　つまり，これ以上可愛い動物はいないというウサギをみせて，オリオンの闘争本能を軟化させようという作戦なのだ．
　ところが，神々の計画はみごと失敗だった．なんと，オリオンは，そのウサギを情け容しゃ

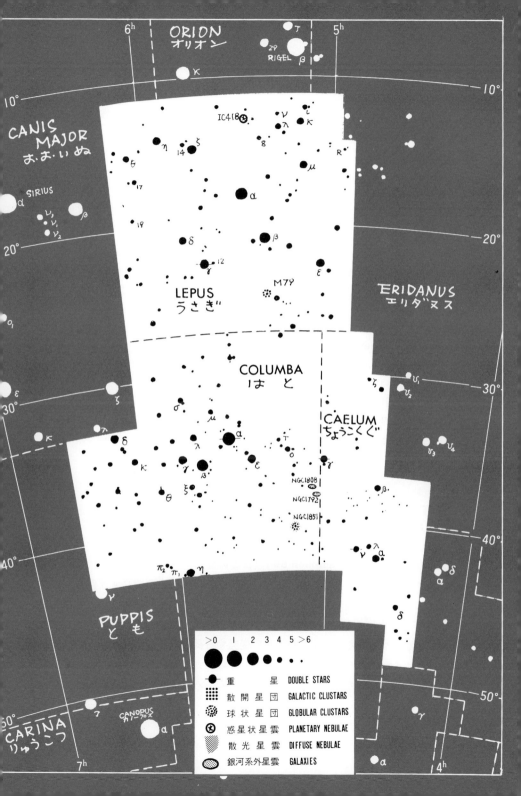

なく，大きな足で踏みつぶしてしまった．

その気になってさがすと，彼の足の下で，西にむかってピョンと跳ねたかわいい野ウサギがみられるだろう．

ウサギをふみつぶされておこった神々は，こんどはおそろしい毒虫サソリをつくって，オリオンを刺しころさせてしまった．

このウサギ，オリオンには踏まれるし，うしろ（東）から大犬（おおいぬ座）には追われるし……といった感じでかわいそうだが，前方（西）には川（エリダヌス座）があって，逃げることもできないのだ．

オリオン座のリゲルの下の μ をウサギの頭とすると，μ—κ—ι，μ—λ—ν のかわいい耳がある．$\alpha, \beta, \gamma, \delta$ の四辺形をからだにして，β から前足をヒョイと ε にのばすと，その感じがでてくる．

おもな星（うさぎ座）

α／アルネブ Arneb（うさぎ）

　　　α—β—γ—δ でつくる 4 辺形がウサギのからだをあらわす．
　　　$<5^h33^m \quad -17°49' \quad 2.6等 \quad F0>$

β／ニハル Nihal（のどがかわいたラクダ）

　　　$<5^h44^m \quad -20°46' \quad 2.8等 \quad G5>$

γ　口径 5 cm で楽にわかれる美しい重星．

　　　重星　3.6等—6.3等　350°　96″.33（1957年）
　　　$<5^h44^m \quad -22°27' \quad 3.6等 \quad F6>$

δ　おしりにある．

　　　$<5^h51^m \quad -20°53' \quad 3.8等 \quad K0>$

ε　ぴょんとでた前足．

　　　$<5^h05^m \quad -22°22' \quad 3.2等 \quad K5>$

R／クリムズンスター Crimson Star（深紅の星）

　　　μ のさらに西に"クリムズンスター"と呼ばれるまるでウサギの目のように赤いN型の 6 等星がある．"一滴の血のような赤"とオーバーな表現をする人もいるが，あなたの目にはどうみえるだろう？

　　　周期 427 日で 6 等星から11等星に変光する長周期変光星でもあるので，まごつかないようにしてほしい．1994年の極大が 4 月 2 日だったので，そこから極大時期の見当をつけたらいい．もちろん，肉眼では無理．

　　　変光星　5.9等～10.5等　周期 427 日
　　　$<5^h00^m \quad -14°48' \quad 変光 \quad N6>$

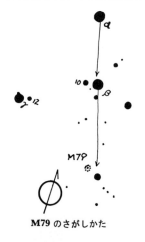

M79 のさがしかた

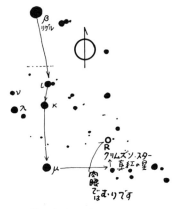

R のさがしかた

球状星団

M79　NGC1904

M79　口径 10 cm　×60

$\alpha \to \beta \to$ の先，西南西約4°はなれて，5等星とならんでいる．

5等星とは約0.5°はなれているだけなので，同視野にならべてみることができる．

双眼鏡では小さな光点でうっかりするとみのがしてしまうほどだが，口径 5 cm なら，にじんだ小さなまるい星雲状にみられる．

口径 10 cm ですこし倍率をあげるとやっと星団らしくなる．いかにもうさぎ座にふさわしいかわいい球状星団だ．

<5^h25^m　$-24°33'$　8.0等　3'.2　V>

はと座

オリオンの足の下にウサギがいて，そのまた下にハトがいる．

どちらも平和のシンボルだ．

どういうわけか，平和のシンボルがどちらも，乱ぼう者のシンボルオリオンの足の下に踏みつぶされているのは気にいらない．世の中そういうものだと，暗示しているのだろうか？

うさぎ座を追う
おおいぬ座

　うさぎ座もめだたないが，はと座はさらにめだたない．
　南中したオリオン座の κ から，うさぎ座の ζ ―δ とたどって，さらに下にのばすと，はと座の β―α―ε でつくる小さなへの字がみつかるだろう．共に3等星だが ε は少し暗い．
　このあたりに，オリーブの小枝をくわえたハトを想像してほしい．
　フランスのロワイエが新しく採用した(1627)のだが，その当時はノアのはと Columba Noachi と呼ばれた．
　ノアの方舟（はこぶね）から，地上のようすをさぐるために，最初に放たれたハトにみたてたのだ．
　ハトは，オリーブの小枝をくわえてもどってきた．ノアはそれをみて，水がひいたことを知ったのだ．
　すぐちかく（東）に，アルゴ船（現在はりゅうこつ座，ほ座，とも座，らしんばん座にわけ

られている）という大きな星座があったのを，方舟にみたてたのだろう．

おもな星（はと座）

α／ファクト Phact (?)

うさぎ座の下に β—α—ε のへの字をさがしてみよう．固有名はハトに関係はなさそうだ．

$<5^h40^m$　$-34°04'$　2.6等　B7$>$

β／ウェズン Wezn（重さ）

$<5^h51^m$　$-35°46'$　3.1等　K2$>$

ちょうこくぐ座

はとのすぐ右（西）に，ピタリとよりそって，タテながの小さな星座がある．

地平線ちかくであることと，α を含めてすべて5等星以下という星座なので，あるのかないのか，ときには，「こんな星座なくってもいいのに」といわれてしまう星座だ．

おそらく，「これがちょうこくぐ座か」といって確めた人はほとんどいないだろう．

しかしそういう星座を，星図をたよりに苦労してさがすのも，星座の楽しみの1つなのだ．

かつて，フランスのラカイユが，この星座を新設したときは，"彫刻用のみ Caelum Sculptoris" とされたのだが，現在は略して"彫刻具"と呼ばれるようになった．この星座が細長いのはノミをあらわしているからだろう．

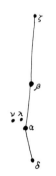

おもな星（ちょうこくぐ座）

α　双眼鏡がなければさがすこともむずかしいだろう．はと座の ε から ο，そしてちょうこくぐ座の γ → β ↓ α と，星図をたよりにたどってみよう．

$<4^h41^m$　$-41°52'$　4.5等　F2$>$

β　ノミの中心．

$<4^h42^m$　$-37°09'$　5.1等　F1$>$

38. きりん座＜日本名＞

Camelopardalis. Camelopardalis. Cam ＜学名，所有格，略符＞
the Giraffe ＜英名＞
赤経 3^h11^m〜14^h25^m　赤緯 $+53°$〜$+85°$＜概略位置＞
756.83平方度＜面積＞
2月上旬＜20時ごろの子午線通過＞

きりん座ときくと，なんとなく南方の星座で，日本でみられないようにおもえるが，実はれっきとした北天星座で，キリンの頭はなんと北極星のすぐとなりにあるのだ．

ぎょしゃ座と北極星の間に，わりと広い範囲をしめているにもかかわらず，あまり知られていないのは，やはり明るい星をもっていないことだろう．α, β は共に4等星だ．

星座の境界線の形をみると，たしかに，キリンが想像できるが，実際の空ではなかなかむずかしい．

そういう筆者の私も，実は"なるほどキリンにみえるわい"とおもってみたことがないのだ．

われとおもわん人は挑戦していただきたい．ぎょしゃ座が南中するころ，きりん座も，もっとも高く北極星の上にのぼる．ただし，そのときは，頭を下にサカサマになっている．

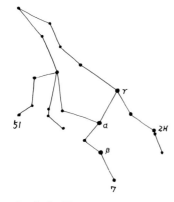

おもな星

α　この星座にはおもな星といえるような星がない．キリンの足のあたりにある α, β, γ でつくる「くの字」か，7を加えた台形がさがせたら，あなたはなかなかのベテランだ．オペラグラスか双眼鏡を使ってさがしてみよう．
　　＜4^h54^m　$+66°21'$　4.3等　O9＞

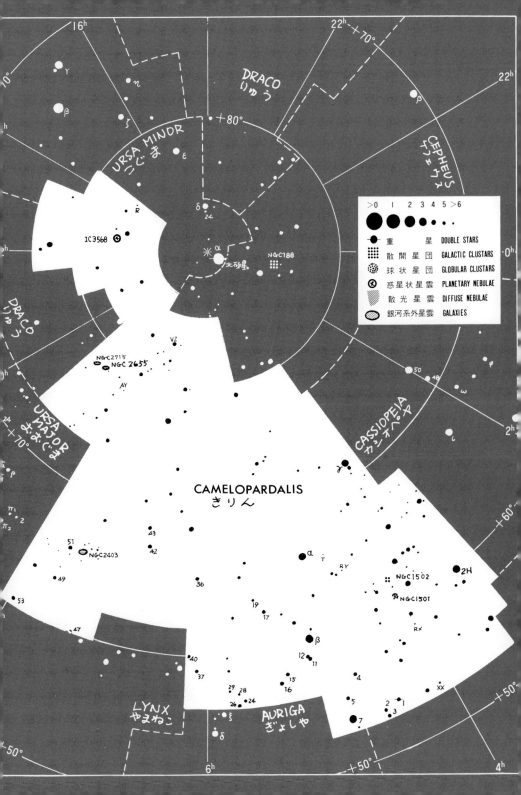

β　　キリンの足.
　　　<5^h03^m　+60°27′　4.0等　G1>
γ　　キリンの尻.
　　　<3^h50^m　+71°20′　4.6等　A2>

NGC 2403

系外銀河

NGC2403

なれないとさがすのにひと苦労だ．だいたいこのきりん座をさがすのもむずかしいのだから……．

おおぐま座のはなづら o をさがして，その先をなんとかたどって，51番星にたどりつけばいい．

双眼鏡でどうにか存在はわかる．口径 5〜10 cm ならすこしよこ長で，両側の2つの微光星にサンドイッチされているのがたしかめられるだろう．

大望遠鏡で撮影された写真をみるとみごとな渦巻き銀河なのだが……．

NGC2403　口径 10 cm　×30

<7^h37^m　+65°36′　8.4等　16′.8×10′.0　Sc>

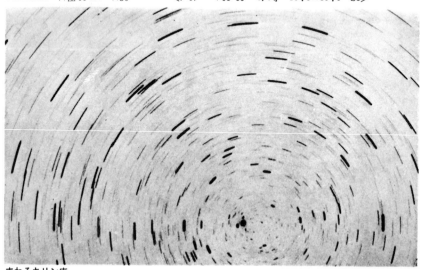
まわるキリン座

39. ぎょしゃ座 <日本名>

Auriga. Aurigae. Aur <学名, 所有格, 略符>
the Charioteer <英名>
赤経 4^{h}35^m〜7^{h}27^m　赤緯 +28°〜+56° <概略位置>
657.44平方度 <面積>
2月中旬 <20時ごろの子午線通過>

おうし座のつのの星 (β) から，ι, α, β, θ と結んで大きな5角形ができる．

この5角形，つまり，ぎょしゃ座は，南中時にほとんど天頂にのぼる．

中心はわずか北寄りなので，北からあおぐほうが首は楽なのだが，伝説のぎょしゃの姿が逆になるし，南のおうし座のツノからたどるほうが捜しやすいので，ちょっと苦しいが両足をふんばって，南からおもいっきりあおいでみよう．

日本の"五角星"は，中国では"五車"，そして，星座は"ぎょしゃ座"だ．

5角形の一角は，おうし座のβだが，かつてぎょしゃ座のγでもあったのだ．したがって，現在のぎょしゃ座にはγがない．

それにしても，自動車時代のこのごろ，ぎょしゃ座というのはいかにも古くさい．現代風の表現をするなら"運転手座"と呼びたいところだ．

ところで，このドライバーは過去何億年か無事故無違反だ．道にねそべったオウシにむかってクラクションも鳴らさず，ゆうゆうと待つ図は，そうとうに現代ばなれした優良ドライバーをおもわせる．

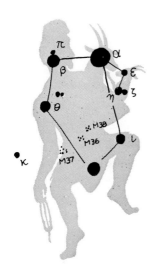

伝説のぎょしゃは，ヤギをだいたエリクトニオス王の姿だという．
　生まれながら足の不自由だった王は，四頭だての馬車を発明してのりまわしていた．
　動物好きな王は，空にのぼって星になるとき，ヤギの親子をだいて天にのぼったというのだ．
　ひときわめだって明るい主星αの固有名カペラは"メスヤギ"のことだ．そしてカペラのすぐ近くにできるε―η―ζの小さな三角は，子ヤギをあらわしている．
　同じ星をつかって，エジプトでは，羽根のかんむりをかぶった男が，ネコのミイラをかかえて，こしかけているのもおもしろい．
　カペラには"にじ星"という日本の呼名がある．
　12月ごろ，木枯しの中をのぼるカペラが，突然，緑一色に輝いたり，まっ赤になったり，ピンクに，紫にというように，あざやかに変色することがあるからだ．
　これは，地平線ちかくのはげしい気流のせいで密度をかえた空気の層が，分光器として働くからだ．したがってカペラにかぎっておこる現象ではないのだが，気流のみだれがはげしい季節にカペラがのぼるからだろう．
　さて，ぎょしゃ座は冬の天の川の中にあるので，散開星団も多い．有名なM36，M37など，肉眼でみとめられるものもある．

おもな星

α／カペラ Capella（めすやぎ）

　　0等星カペラのクリーム色の輝きはみごとだ．
　　太陽と同じG型星なので，太陽も遠くから眺めたらカペラのようなクリーム色に輝く星にみえるのだろう．
　　α―β―θ―β（おうし座）―ιでつくる5角形が，ぎょしゃ座のめじるしだ．β（おうし座）はかつてぎょしゃ座γを兼務していたのだが，冷こくな天文学はそれをゆるさない．かわいそうにぎょしゃ座は，オウシのつのに足（γ）をとられてしまった．
　　$<5^h17^m$　$+46°00'$　0.1等（0.6+1.1）　G5+G0$>$

β／メンカリナン Menkalinan（かた）

　　ぎょしゃの肩に輝く．
　　$<6^h00^m$　$+44°57'$　変光（1.9～2.0）　A2$>$

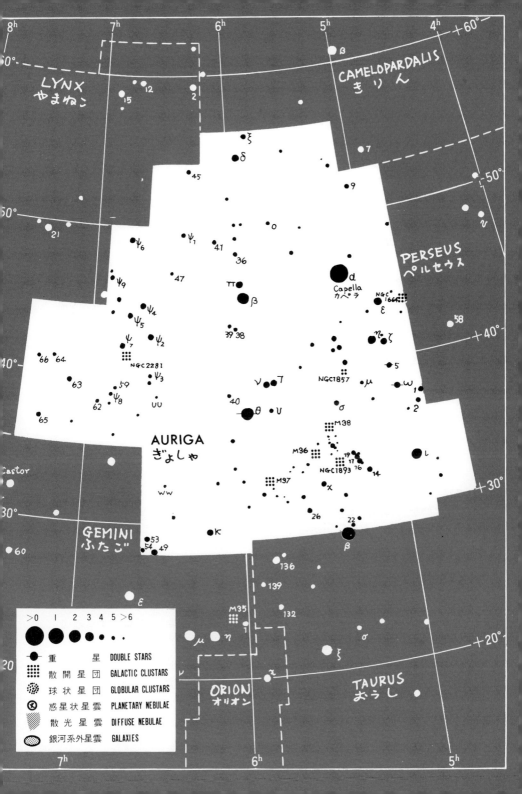

δ　　　θ→β→の先にδがある．δを頭にみてヤギをだいたぎょしゃの姿をえがいてみよう．
　　　＜6^h00^m　＋54°17′　3.7等　K0＞

ε／アル・マーズ　Al Maaz（おすやぎ）
　　αのすぐちかくに，ε,ζ,ηの3星で小さな三角形ができる．この細長い三角形が子ヤギをあらわし，キッズ Kids と呼ばれている．
　　εは9898日というとほうもなく長い周期で，3.3等～4.6等に変光する食変光星だが，なんと，主星のまわりを太陽の直径の2千倍もあろうという超巨大な伴星がまわっていて，しかも，その伴星は，からだは大きいが中身はうすく，主星の前を通るとき主星がすけてみえるほどだと考えられ話題の星であった．ところがこの話題の星，最近の電波観測によってまたまた新しい話題の星となったのだ．巨大な伴星は実は宇宙塵のあつまりであって，ひょっとするとここで惑星系が誕生しようとしているのではないか？　いやいや，どうやら昔ここで巨大な星が死んで，ブラックホール（自分の質量でみずからつぶれて，この宇宙空間から姿を消してしまった星）となり，まわりの宇宙塵は，そのなごりでは？　というのだ．つまりこの伴星，最大の巨星の座から一転して，無限に小さなブラックホールにと，驚異的な変身をとげたわけだ．
　　＜5^h02^m　＋43°49′　変光（2.9－3.8）　F0＞

η　　　こやぎ．
　　　＜5^h07^m　＋41°14′　3.2等　B3＞

θ　　　ぎょしゃの右肩．
　　　＜6^h00^m　＋37°13′　2.6等　A0＞

ι　　　ぎょしゃの左足．
　　　＜4^h57^m　＋33°10′　2.7等　K3＞

散開星団

M36　**NGC1960**

　　M36, M37, M38 は，共に双眼鏡ではっきりみとめられる．

　　M36とM37は暗夜なら肉眼でもボンヤリした光のシミがみとめられるだろう．

　　5 cm×7 の双眼鏡なら，それだけで十分鑑

ぎょしゃ座＜冬＞

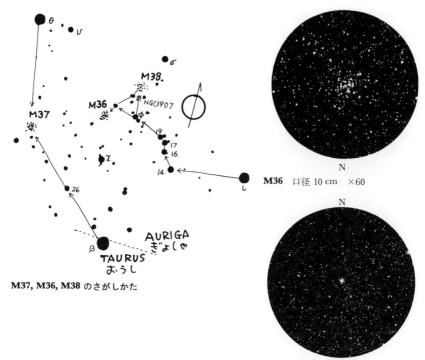

M37, M36, M38 のさがしかた

M36 口径 10 cm ×60

M37 双眼鏡 7×50

賞にたえる星団だ．

　M36は径が小さく，星数も少ないのだが，そのかわり星が明るいので，案内望遠鏡では一番さがしやすい．

　口径 5 cm あれば十分満足できる．

　ιから14—16—17—19すこしとんでφという星列をたどるのも一つの方法だ．

　＜5^h36^m　+34°08′　6.0等　20′　60個　f＞

M37　NGC2099

　M36とM38が，ぎょしゃ座の5角形のなかにあるのにたいして，M37だけ少しはみだしている．

　θからか，あるいはおうし座のβからたどればいい．少々遠まわりでも，最初にたどった星

ぎょしゃ座の散開星団

M37　口径 10 cm　×60

列が妙に印象にのこってしまうものだ.

　知らない町を歩くとき，最初に苦労してあるいた道が忘れられなく，その町へ行くとついその道をあるいてしまう．そして，そのうちその道がかよいなれた通学路のようになってしまうのだ．

　星雲星団さがしにも，似たところがある．

　星図をたよりに自分で苦労してたどってみるほうが，観望会などで，人がつかまえたものをのぞかせてもらうより，なん十倍も楽しいものだ．

　M37は，口径が大きければ大きいほどみごとだが，口径 5 cm×40 でみるキメのこまかい一見星雲状に，ビッシリ集まった姿もすてがたい魅力がある．

　人それぞれ好みがちがうが，M36, M37, M38シリーズの中で，私にはM37がもっともはだがつややかで魅力的な美人にみえる．

　＜5^h52^m　+32°33′　5.6等　25′　150個　f＞

M38　NGC1912

　M38だけは，すこし暗く肉眼でみにくいが，すこし目をこらすと，目のいい人にはみえなくはない．そのつもりで一度ためしてみよう．

ぎょしゃ座＜冬＞ 289

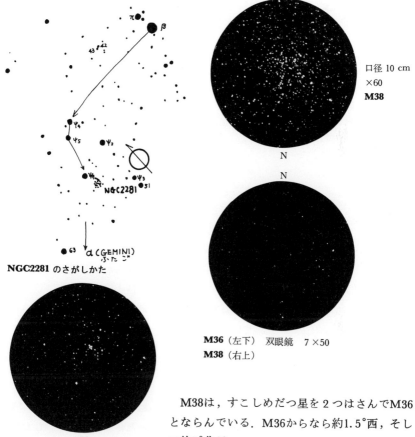

NGC2281のさがしかた

M36（左下）　双眼鏡　7×50
M38（右上）

　M38は，すこしめだつ星を2つはさんでM36とならんでいる．M36からなら約1.5°西，そして約2°北だ．
＜5^h29^m　+35°50′　6.4等　25′　100個　e＞

NGC2281　βから一連のψ群をさがすか，ふたご座のβ→α→の先へたどる手がある．
　双眼鏡でもいくつか星がみられる．口径5cmで，"星数は少ないが比較的明るくまとまっている"といった感じでもあるし，"なんだこのていどか"といったふうでもある．
＜6^h49^m　+41°04′　5.4等　17′　30個　e＞

40. ふたご座 <日本名>

Gemini. Geminorum. Gem <学名, 所有格, 略符>
the Heavenly Twins <英名>
赤経 5^h57^m〜8^h06^m　赤緯 $+10°$〜$35°$＜概略位置＞
513.76平方度＜面積＞
3月上旬＜20時ごろの子午線通過＞

ひなまつりの夜, なかよくならんだふたご座のαとβを, 内裏（だいり）びなにみたてて眺めるといい.

αがだいりさまで, βがおひなさまだ.

αの光度1.6等に対して, βは光度1.2等なので, 四捨五入の原則にしたがえば, だいりさまが2等星で, おひなさまが1等星ということになる. もちろん, 女性上位を表現しているわけではない. "この日のために"と着かざったせいだろう. ポオッと上気した彼女の顔が, こころなしか赤く感じられるはずだ.

3月3日の宵, ちょうど二人はほとんど天頂にのぼる.

まわりの, おおいぬ, こいぬ, オリオン, ぎょしゃ, おうしといった冬の星座達が, ひな壇を賑やかにしている. オリオンの2つの1等星は右近と左近, 三つ星は三人官女, そして, プレアデスが六人ばやし？といったところだ.

白く流れた冬の天の川が, こぼれた白酒にみえてくるだろう.

ふたご座のαとβの間は約5°.

並んだ2つの輝星を一対（つい）にみた呼名は日本にも多い.

"兄弟星" "曾我の五郎十郎" "二つ星" "イヌの目" "ネコの目" "カニの目" "めがね星"

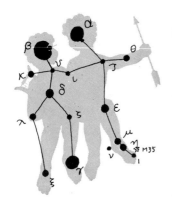

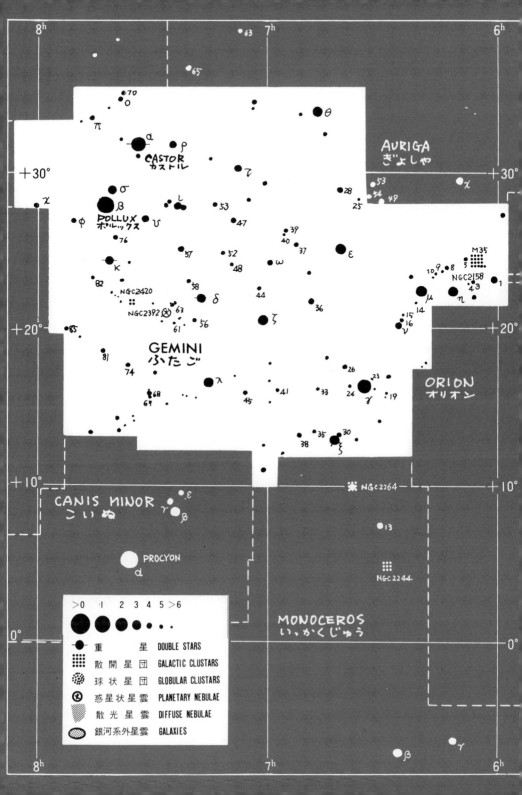

"かどまつの星"……．なかでも"きんぼしさま，ぎんぼしさま"という呼名がおもしろい．

わずかな表面温度のちがいが生んだ呼名なのだ．

A型星のαを銀とみると，なるほどK型星のβは金にみえる．

おひなさまの顔が赤くみえるのも，けっして偶然ではないのだ．

一般に，ふたご座の主星αはカストル，βはポルックスと，ギリシャ神話の双子の兄弟の名前で呼んでいる．

スパルタの美しい王妃レダをみそめた大神ゼウスは，白鳥に身をかえて彼女のもとへおりてきた．

やがて，レダは白鳥の卵を生み，その中からカストルとポルックスがでてくるのだ．

共に立派な勇士となるが，数々の冒険の後，カストルは先に死の世界へ旅立ってしまう．ポルックスは，カストルをしたって，あとを追おうとするのだが，不死身のためそれができない．自分の運命を嘆いたポルックスはゼウスに"自分にも死をあたえてほしい"とねがった．仲のいい二人を，ゼウスは天に上げて星にしたのだという．

双子の姿は，α—ε—μ と，β—δ—γ という二列を平行に結ぶと，肩をくんで，天の川に足をひたす仲のいい兄弟としてみとめられるだろう．

おもな星

α／カストル Castor

なかよくならんだαとβが双子の兄弟を想像させたのだろう．

2つならべて，わずかに暗く，わずかに青いほうがαだ．主星αのほうが暗いのはなぜだろうとあまり深くかんがえすぎないほうがいい．おそらく，バイエルは，実際に星を見くらべないで，星図上で命名したのであろう．

α，βを二人の頭にみたてると，冬の天の川にむかって二列の星の列ができて，肩をくんだ二人が想像できる．

αは6重連星でも有名だ．連星がそれぞれさらに連星になっているという複雑な組合せをしているめずらしい星だが，その内 A, B は，口径 10 cm 以上なら分離可能な実視連星だ．

連星 α A, B 2.0等—2.9等 62° 3″.8（2000年） 周期420年
$<7^h35^m\ +°31'53\ 1.6$等 $A_1+A_2>$

β／ポルックス Pollux

αのA型に対してβはK型星だ．2つをくらべると，αの白に対してβは黄色っぽくみられる．日本名の"ぎんぼしさん（α）""きんぼしさん（β）"は，その星の色をうまくとらえている．
　　　　＜7^h45^m　＋28°02′　1.1等　K0＞

γ／アルヘナ Alhena（ラクダのやき印）

ポルックスの足にある．ポルックスは β—δ—ζ—γ の星列であらわす．
　　　　＜6^h38^m　＋16°24′　1.9等　A0＞

δ／ワサト Wasat（中央）

頭（β）と足（γ）の中央にあるからか，あるいは，ふたご座の中央にあることからつけられた名前だろう．

口径 8 cm 以上向きの重星だが，一応，口径 5 cm のテスト星となっている．ためしに挑戦してみてはいかがだろう．
　　重星　3.5等—8.2等　216°　6″.40（1953年）
　　　　＜7^h20^m　＋21°59′　3.5等　F2＞

ε／メブスタ Mebsuta（のばす，ひろげる）

うっかりメスブタと読んでしまいそうな名前だ．カストルののばした足のひざっこぞうに輝く．

α—ε—μ—η がカストルの星列だ．
　　　　＜6^h44^m　＋25°08′　3.0等　G8＞

ζ／メクブダ Mekbuda（せばめる，ちぢめる）

ポルックスのひざっこぞうに輝く．

ひざをちぢめているようでもないのだが……？
　　変光星　3.7等〜4.2等　周期約10日　ケフェウスδ型
　　　　＜7^h04^m　＋20°34′　変光　F7＋G3＞

η／プロプス Propus（つきでた足）

M35のちかくにある．つきでたカストルの足．
　　　　＜6^h15^m　＋22°30′　変光（3.3〜3.9）　M3＞

θ　よこにのばしたカストルの左手にみてはどうだろうか．
　　　　＜6^h53^m　＋33°58′　3.6等　A3＞

ι　2人はここで手をつないでいる．
　　　　＜7^h26^m　＋27°48′　3.8等　G9＞

κ　ポルックスのひろげた右手の先にある．10 cm クラスなら，黄色と青の

美しい重星としてみられよう.

重星 3.6等—8.5等 236° 6″.8 (1924年)
<7ʰ44ᵐ +24°24′ 3.6等 G8>

散開星団

M35 NGC2168

ベスト5の一つにあげられる見のがせない有名な散開星団だ.

肉眼ではっきりその位置が確認できるほど,大きくて明るい.

双眼鏡ですでに星団の迫力が感じられる.

口径 5 cm クラス低倍率のためにあるような星団で,直径 40′ と,満月の 30′ より大きくひろがっている.

したがって倍率を上げると視野からはみだしてしまう.なかなかみごとな星団だ.

案内望遠鏡でよく見えるので,さがすのにあまり苦労はしないだろう.

ふたごのカストルの足先にある.μ, η を入れて 1 をさがしたら,M35—1—η で直角三角形をつくっている.1番星の 1°東,そして 1°北にある.

<6ʰ09ᵐ +24°20′ 5.1等 40′ 120個 e>

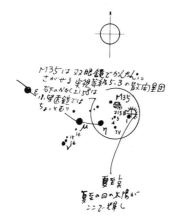

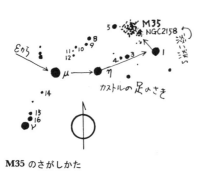

M35 のさがしかた

口径 10 cm
×40
M35
(左上は
NGC2158)

N

M35
NGC2158
双眼鏡　7×50（大円）
口径5cm　×70（小円）

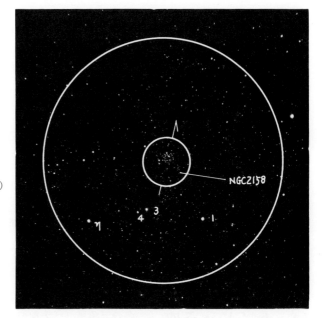

NGC2158　　M35の美しさによっぱらったら，酔いざましにNGC2158をさがしてみよう．

　M35の中心から40′ほどのところに，つまり，ほとんどくっついているサシミのつまのような星団がある．小さくて淡いので，十分目をならして，その気になってさがさないとみのがしてしまうだろう．

　空の状態がよければ，口径5cmでも淡くて小さな光のシミとしてみられるはずなのだが，なにしろ，およそ1万6000光年のかなたにある散開星団をみているのだから，見えすぎては，そのねうちがなくなってしまう．

　M35（距離約2600光年）との，ひと桁ちがいの距離の差をじっくり味わってほしい．それで，宇宙の深みが感じられたら成功だ．

＜6^h08^m　+24°06′　8.6等　4′　40個　g＞

41. いっかくじゅう座 ＜日本名＞

Monoceros. Monocerotis. Mon ＜学名, 所有格, 略符＞
the Unicorn ＜英名＞
赤経 $5^h54^m \sim 8^h08^m$　赤緯 $+12° \sim -11°$ ＜概略位置＞
481.57平方度 ＜面積＞
3月上旬 ＜20時ごろの子午線通過＞

こいぬ座 ＜日本名＞

Canis Minor. Canis Minoris. CMi ＜学名, 所有格, 略符＞
the Little Dog ＜英名＞
赤経 $7^h04^m \sim 8^h09^m$　赤緯 $0° \sim +13°$ ＜概略位置＞
183.37平方度 ＜面積＞
3月中旬 ＜20時ごろの子午線通過＞

いっかくじゅう座

冬の三角星（ベテルギウスとプロキオンとシリウス）の中にイッカクジュウ（一角獣）がいる.

学名モノケロスのモノはモノレールと同じ単数をあらわす. つまり, つのが一本あるけものということだ.

モノケロスは, ロバのからだにカモシカの足をもち, ライオンの尻尾と, ひたいに一本の角をもったへんな動物だ.

モノケロスをモノコロスと読んで, モノスゴイ動物と勘違いする人がいるが, 実は, 夢の中にでて, 幸福をはこんでくるというかわいい動物だ. 夢をみるならモノケロスの夢をみるといい.

モノケロスが初耳な人も, 英名ユニコンなら聞いたことがあるのでないだろうか.

ところでこの星座, 星をむすんで一本角の動

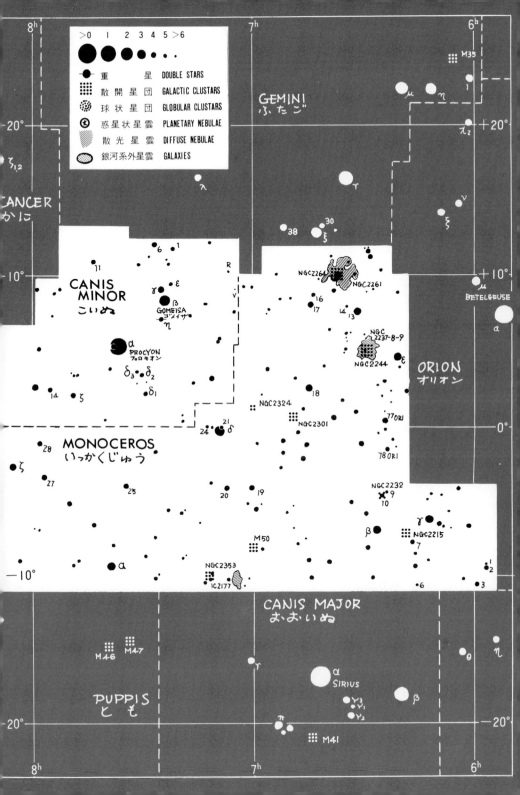

物をえがくことはできない．

すべてが4等星以下という暗い星ばかりなので，街の空でみるいっかくじゅう座には，まったく星がない．

いかにも，夢にでてくる動物らしく，その姿をはっきりみることすらむずかしいのだ．

冬の三角星をさがして，その中に想像してほしい．冬の三角星は一辺約25°のほとんど正三角形だ．

「三角のなかにもう一角あるから，本当は冬の四角星？だろう」といわれる冬の三角星だ．

明るい星はないが，いっかくじゅう座は天の川にあるので，双眼鏡や望遠鏡をつかったら，実ににぎやかなところだ．バラ星雲で有名なNGC2237もこの星座にある．

おもな星

α　　冬の三角星の中には輝星がなく，いっかくじゅうの姿をえがくことはきわめてむずかしいが，ここは天の川のまっただなかなので，双眼鏡でみると無数の星が点在してすばらしい．

　　　αは後足，ζがしっぽ，δを首，β，γを前足，εに頭をもってきてはどうだろう．いずれも4等星以下なので，双眼鏡をつかってたどってみよう．

　　　うまくつかまえられたら，伝説どおり，イッカクジュウが，あなたに幸せをはこんでくるにちがいない．

　　　〈7^h41^m　$-9°33'$　3.9等　K0〉

β　　有名な天文学者ウイリアム・ハーシェルに"もっとも美しい星"といわせた三重星をみてほしい．口径5cmでも分離するが，もうすこし口径がほしい感じ．

　　　三重星　A B　4.6等―5.4等　132°　7″.4（1935年）
　　　　　　　B C　5.4等―5.6等　106°　2″.7（1935年）

　　　〈6^h29^m　$-7°02'$　4.6等　B3〉

γ　　いっかくじゅうの前足．

　　　〈6^h15^m　$-6°16'$　4.0等　K1〉

δ　　いっかくじゅうの首．

　　　〈7^h12^m　$-0°30'$　4.1等　A2〉

いっかくじゅう座・こいぬ座＜冬＞ 299

ε　　有名なバラ星雲の近くにある．口径 5 cm 向きの重星．

重星　4.4等—6.7等　28°　12″.7（1955年）
＜6^h24^m　＋4°36′　4.4等　A5＞

散開星団

M50　NGC2323

M50　口径 10 cm　×60

暗夜なら，目のいい人には肉眼でもボンヤリその位置がみとめられる．

双眼鏡で小さな球状星団のようにみえる．口径 5 cm でなら星雲状の光の中にいくつかの星がみえてくる．

小粒だがピリッとからい感じの散開星団だ．

シリウスと δ の中間，δ→20→19→M50 とたどるのも一つの方法だ．

＜7^h03^m　−8°20′　5.9等　16′　100個　e＞

NGC2244

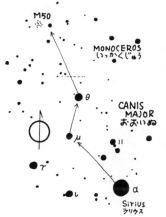

M50 のさがしかた

星団の中に12番星（6等星）がふくまれている．ふたご座 ξ から16→17→14→13→12 とたどるか，オリオン座のベテルギウス（α）から ε をさがすといい．ε の約2°東にある．

この星団をつつむ NGC2237〜9 は，"ロゼット星雲 Rosette Nebula"（バラ星雲）の名で有名．しかし残念ながら，写真のようなみごとなバラの花はみられない．

双眼鏡では中心にある NGC2244 の星のいくつかがみられる．口径 5 cm で中心に明るい星が2つずつ6個あつまっているのがわかる．口径を大きくしても，倍率はあげないほうがいい．星がバラバラになっておもしろくないからだ．

あっとおどろく星団ではないが，ここにバラ星雲があるとおもってみれば，別の興味がわい

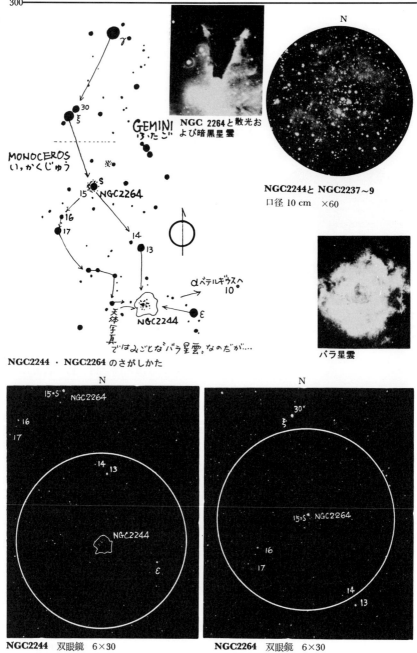

NGC 2264と散光および暗黒星雲

NGC2244とNGC2237〜9
口径 10 cm ×60

バラ星雲

NGC2244・NGC2264のさがしかた

NGC2244 双眼鏡 6×30

NGC2264 双眼鏡 6×30

てくる．

　暗夜なら，条件しだいで，星団のまわりにうっすらと星雲がとりまくのがわかるともいう．

　すみきった夜空をあおぐチャンスにめぐまれたら，双眼鏡でたしかめてみよう．

<6^{h}32^m　+4°52′　4.8等　40′　16個　e>

NGC2264　ふたご座のξの南へ約3°，そして西へ約1°のあたりに，15番星（4.5等星）を含むまばらな星団がある．同じ番号の散光星雲につつまれているがよくわからない．

　双眼鏡や，口径5cmクラスの低倍率で10個以上の星がみられる．

<6^{h}41^m　+9°53′　3.9等　30′　20個　C>

こいぬ座　人間にかぎらず子どもはかわいい．犬の子はとりわけかわいらしい．こいぬ座はそういう星座だ．こいぬ座でめだつのは，1等星のαと，3等星のβだけだ．

　αをオシリにして，βに顔をつくると，オシリでっかちのかわいい小犬ができる．

　βには"ゴメイザ（涙ぐむ目）"という固有名がある．なるほど，そうおもってみると，3等星のβが寒空でしょぼしょぼとまたたくようすが，母親を求めて涙ぐむ小犬といった感じにみえてくる．

　ただし，αの固有名プロキオンにはオシリという意味はなく"犬のまえ"という意味がある．おおいぬ座のシリウスの一歩前に，東の地平線から顔をだすからなのだ．

　プロキオンとシリウスとベテルギウス（オリオン座）を結んでできる大きな三角形は，冬の大三角で有名．

　プロキオンを"イロシロ"と呼ぶ日本名があ

る．白色に輝く美しい星だからだ．そして，その南（下）のシリウスは"ミナミノイロシロ"というのだ．さしずめベテルギウスは"イロアカ"ということになる．

　さて，伝説のこいぬ座は，シカ狩の名人アクタイオンの猟犬として登場する．

　アクタイオンは，ある日，森の泉で水浴びをする月の女神アルテーミスの美しいはだかを見てしまう．

　それを知った女神は「ぶれいものっ！　さあ，どこへでもいってアルテーミスの裸をみたと大声で叫んでごらんっ！」と，顔色をかえて怒った．

　その声を聞いたアクタイオンは，みるみるうちに毛むくじゃらなシカになってしまった．

　犬はシカをみてとびかかり，たちまち，かつての主人をかみ殺してしまう．

　犬はシカの死がいのよこで，何日も何日も，主人が来てほめてくれるのを待った．神はあわれな犬を天に上げて星にした．

　天にあがって星になったいまも，目にいっぱい涙をためて主人のかえりを待っているこいぬ座なのだ．

おもな星

α／プロキオン **Procyon**（犬の前）

　　　冬の三角星の一つ．固有名の意味は，大犬のシリウスの前に東の地平線からでてくることをいうのだ．

　　　おおいぬ座のシリウスとくらべると，たしかに，かわいいコイヌのイメージがある白色星．

　　　コイヌをここにえがくと，αはコイヌのオシリに輝いている．
　　　　＜7^h39^m　+5°14′　0.4等　F5＞

β／ゴメイザ **Gomeisa**（涙ぐむ目）

　　　なんというすばらしい呼名だろう．たしかにαにくらべると3等星のβは，冬の寒空に母親をもとめて涙ぐむ子犬の目の感じだ．

　　　双眼鏡なら，しょぼつかせた目（β）の上に，かわいい耳（γ, ε）がみられるだろう．
　　　　＜7^h27^m　+8°17′　2.9等　B8＞

γ　　こいぬの目．
　　　　＜7^h28^m　+8°56′　4.3等　K3＞

42. おおいぬ座 <日本名>

Canis Major. Canis Majoris. CMa <学名，所有格，略符>
the Great Dog <英名>
赤経 6^h09^m〜7^h26^m　赤緯 $-11°$〜$-33°$ <概略位置>
380.12平方度 <面積>
2月下旬 <20時ごろの子午線通過>

とも座 <日本名>

Puppis. Puppis. Pup. <学名，所有格，略符>
the Stern <英名>
赤経 6^h02^m〜8^h26^m　赤緯 $-11°$〜$-51°$ <概略位置>
673.43平方度 <面積>
3月中旬 <20時ごろの子午線通過>

りゅうこつ座 <日本名>

Carina. Carinae. Car <学名，所有格，略符>
the Keel <英名>
赤経 6^h02^m〜11^h18^m　赤緯 $-51°$〜$-75°$ <概略位置>
494.18平方度 <面積>
2月中旬（カノープス）<20時ごろの子午線通過>

おおいぬ座

オリオンの三つ星にそって，左下へ目をうつすと，おおいぬ座の主星 α(シリウス)が，全天一の輝きをみせてくれる．

おおいぬ座の目印は，シリウスと，その下にできる直角三角形だ．

α, γ, θ でできる 三角を犬の顔にして，$\alpha-\beta$ は前足，$\alpha-o-\delta$ を背中，$\delta-\varepsilon-\zeta$ は後足，そして，$\delta-\eta$ としっぽをつけると，大犬の姿が

えがける.

　この大犬，かりうどオリオンのりょう犬で，オリオンの足もとにいるうさぎ座を追っている．あるいは，地ごくの番犬，三つ首のケルベルスの姿だともいわれるが，どういう訳か，ここには伝説らしい伝説がない．

　昔，西洋では，シリウスが日の出前にのぼる7月から8月にかけて，"犬の日"と呼んで厄ばらいをしたという．

　炎暑のため草木が枯れたり，病気がはやるのは，シリウスが太陽と一緒になって照りつけるからだと考えたのだろう．シリウスには"やきこがすもの"という意味がある．

　光度－1.5等という明るさは全天一だが，直径は太陽のほぼ2倍で，恒星仲間ではたいして大きいほうではない．比較的近いため（8.6光年）に明るくみえるのだ．

　シリウスには，主星（A）のすぐ近くに，とてもかわいい伴星（B）がある．直径が地球とあまりかわらないミニミニ太陽だ．

　AとBは，おたがいに共通重心のまわりを50年の周期でまわっているが，Aのまばゆいばかりの輝きにかくれて，とびっきり小さい伴星の姿をみつけることはなかなかむずかしい．

　1862年に，はじめて発見されたこのミニ太陽は，小さなくせに表面温度14 800°（'75理科年表）という高温星で，白く輝いている．

　白色に輝く小人の星という意味で"白色わい星"と呼ばれた．

　星の大部分は，核燃料を使いはたしてその一生をおえるとき，自分の重みでどんどん収縮して，とてつもなく小さな重い星になるのだ．

　1立方センチが何トンにもなろうという高密度な白色わい星の正体は，いうなれば，末期をむかえた星の芯（しん）なのだ．

　シリウスは，こいぬ座のα（プロキオン）とオリオン座のα（ベテルギウス）でつくる冬の大三角星の1つだ．3つの中でもっとも明るくもっとも青白い．

　シリウスとプロキオンは，冬の天の川をはさんで輝いている．

おもな星

α／シリウス Sirius（やきこがす）

　　　　もちろん，冬の大三角星の1つ．まさに"やきこがすもの"にふさわし

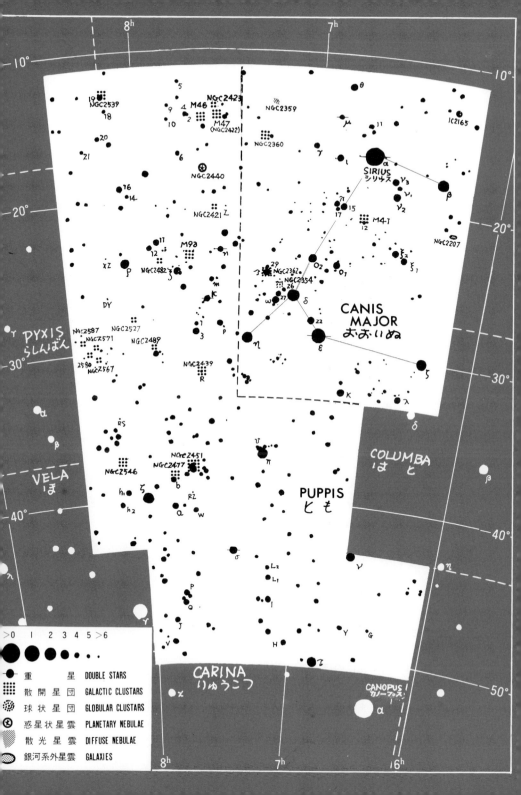

い全天一の最輝星だ．

　もっとも，とぎすまされた青白い輝きは，冬の夜を逆につめたく感じさせるようでもある．

　中国名の"天狼（てんろう）"といい，星座の大犬といい，えものをねらう気迫が，このシリウスのすさまじい輝きに感じられたのだろう．

　ヨーロッパでは，真夏の日の出直前にのぼるシリウスをみて，夏あついのはシリウスが太陽と一緒にのぼるからだと考え，そのころをドッグデイ Dog day といい，病気にならないように気をつけるのだともいう．そして，古代エジプトでは，ナイルのはんらんを予知する"ナイルの星"としてあがめたとか……．

　1844年，ドイツのベッセルは，シリウスの奇妙な動きから，まぼろしの伴星があることを予言した．そして1862年，小さな小さなミニ太陽（白色わい星）が発見された．

　さて，かわいい伴星シリウスBだが，地球の約1.7倍ほどの大きさで，太陽と同じ質量をもつという高密度星（1cm³が約0.5トン）である．

　それにしても，末期をむかえた星（白色わい星）が，まだ若い主星とどうして連星となったのだろう？　一見かわったカップルだが，星の世界ではごくありふれたあたりまえの組み合せなのだ．

　このカップル，約50年の周期でまわりあっているが，1973年にみかけの角距離が，11″.28で最大となった．

　角距離から考えると，口径5cmで十分分離できそうな数字だが，シリウスAの－1.5等に対して，シリウスBの8等と光度差が大きすぎて，実際には口径20cmでも楽ではない．

　なんとか一目でも……という人は，口径10cmでみたという人もいるらしいので，シーイングのいい時，すこしねばってみてはいかがだろう．

　　　　1995年　232°　3″.1
　　　　2000年　150°　4″.6
　　　　2005年　111°　6″.7

〈6ʰ45ᵐ　－16°43′　－1.5等　A1〉

β／ミルザム Mirzam（ほえるもの）

　シリウスの先にのぼるオオイヌの前足．

　シリウス様のお通りを告げる"つゆはらい"の役をおおせつかったのだろう．耳をすませると"下にー，下にー"とβの声が聞えそうだ．

　　　　　　　　　　　　　　　　おおいぬ座・とも座・りゅうこつ座＜冬＞　307

　　＜6^h23^m　$-17°57'$　2.0等　B1＞
γ／ムリフェイン Muliphein（いぬの頭）
　　$α—γ—θ$ の三角をさがしてみよう．オオイヌの頭にみえないだろうか．
　　＜7^h04^m　$-15°38'$　4.1等　B8＞
δ／ウエゼン Wezen（おもり）
　　シリウスがのぼった後から，いかにも重そうにのぼるからだろう．
　　ちょうどオオイヌのオシリに輝くのだが，南中時にもシリウスのシリの下にしかれっぱなしでぶらさがっている．
　　$δ—η$ がしっぽ，$δ—ε—ζ$ があと足をあらわす．
　　＜7^h08^m　$-26°24'$　1.8等　F8＞
ε／アダラ Adara（乙女たち）
　　$δ, ε, η$ の三角を，三人のおとめにみたてたのだが，実はイヌのオシリ．
　　＜6^h59^m　$-28°58'$　1.5等　B2＞
ζ／フルド Furud（かがやく一つ）
　　＜6^h20^m　$-30°04'$　3.0等　B3＞
η／アルドラ Aludra（乙女）
　　$η, δ, ε$ の三角を三等分して，$ε$ 側の1/3を南へのばしたところにカノープスがある．
　　＜7^h24^m　$-29°18'$　2.5等　B5＞
θ　犬の耳にかがやく．
　　＜6^h54^m　$-12°02'$　4.1等　K4＞

散開星団

　　　　M41　**NGC2287**

　　シリウスの南，約4°のところに"夜目にもクッキリ"星雲状の光斑がみとめられる．
　　双眼鏡で，ボーッとした星雲の中に星がむらがるといった明るく美しい星団．すこしはずれて明るいのは12番星だ．
　　口径 5 cm でよくまとまった星団が十分楽しめる．口径 10 cm クラスで視野いっぱいにひろがった姿はじつに美しい．
　　星のむれの中央に赤い（オレンジ色）星があ

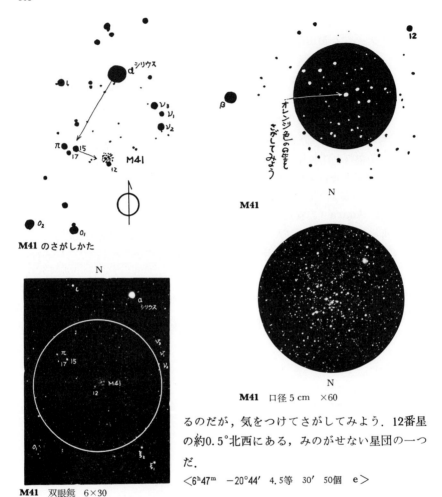

M41 のさがしかた

M41

M41 双眼鏡 6×30

M41 口径 5 cm ×60

るのだが，気をつけてさがしてみよう．12番星の約0.5°北西にある，みのがせない星団の一つだ．

<6^h47^m $-20°44'$ 4.5等 30' 50個 e>

NGC2360

シリウスから α→γ→の先約3°にある．さらにその先に豪華なとも座のM47，M46があって，そっちに目をうばわれてしまいがちだが，ときには，こういうあまり明るくないひかえめな星団をさがすのもいいものだ．草むらの中のスミレをさがすような楽しみがある．

　口径 5 cm ではうすい星雲状，できれば口径

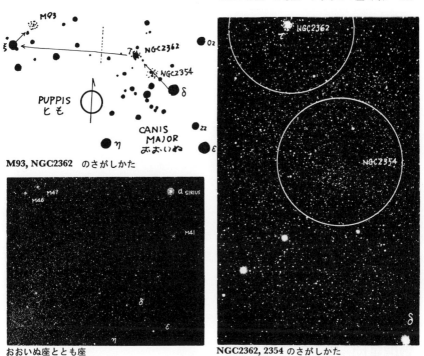

M93, NGC2362 のさがしかた

おおいぬ座ととも座

NGC2362, 2354 のさがしかた

10 cm クラスがほしい．

<7^h18^m $-15°37'$ 7.2等 12' 50個 g>

NGC2362　暗くてささやかな星団だが，τ をとりかこんでいるかんじがおもしろい．口径 5 cm ではあまりぱっとしないが，口径 10 cm 以上なら星団らしくなる．

<7^h19^m $-24°57'$ 4.1等 8' 40個 d>

とも座

とも座は，アルゴ船が各部に分解したとき船尾をうけもつ星座として独立した．

いっかくじゅう座の南，おおいぬ座の東と南，ちょうど冬の天の川が，南の地平線にそそぎこむあたりにある．

まとまった星の配列がないので，つい見のがしてしまう星座だが，天の川の中にあるので，双眼鏡や小望遠鏡にとっては，星団がいくつもとびこんでくる

穴場なのだ．

シリウスの左（東）のあたりで，てきとうに双眼鏡をふりまわしていると，M46とM47という二つの散開星団が一度にならんでとびこんでくる．

おもな星

ζ／ナオス Naos（船）
  とも座の最輝星．
  <8^h04^m　$-40°00'$　2.3等　O5>

π おおいぬのしりの下．
  <7^h17^m　$-37°06'$　2.7等　K3>

ρ 船の最後尾にある．
  <8^h07^m　$-24°18'$　2.8等　F6>

a これといって目だつ星の配列はないが，このあたり，天の川の中なので，双眼鏡をふりまわすと，散開星団がいくつでもつかまえられる．散開星団の宝庫だ．

  おおいぬ座ηの下にπをさがして，東のζへ行く．そして，ζのすぐ右になさけない顔をした4等星がある．
  <7^h52^m　$-40°35'$　3.7等　G5>

散開星団

M46　NGC2437

みのがせない星団だ．

シリウスの東，冬の天の川の中に，M46とM47が，なかよくならんでいる．

暗夜なら「おや？」と気がつくほど，星雲状の光のかたまりがよくみえる．

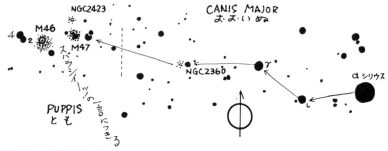

M46, M47, NGC2423 のさがしかた

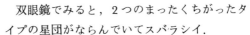

双眼鏡でみると，2つのまったくちがったタイプの星団がならんでいてスバラシイ．

左側（東）のきめのこまかい星雲状にみえるほうが，M46だ．

口径5cmでもやっぱり星雲状のかたまりだが，明るいので，色の白い京美人が想像できる．絹ごしの豆ふのようなハダの美しさがなんともいえない．

口径10cmでは視野いっぱいに，微光星の大集団がみえてくる．遠いので1つ1つの星は，M47にくらべるとうんと暗いが，星数が圧倒的に多く，星団のスケールは大きい．

＜7^h42^m $-14°49'$ 6等 30′ 150個 f＞

M46 口径10cm ×60

M47 NGC2422

M46が優雅な女性のムードなら，M47は荒っぽい男性的な星団だ．

2つの組合せがじつにいい．この見かけのちがいは，M47が3750光年の距離にあるのに対して，M46は，なんと6000光年のかなたにあるからだ．

M47はM46より明るく肉眼ではっきりみとめられるし，双眼鏡でも明るい星のいくつかがみられ，口径5cmで十分見ごたえがある．

口径10cm ×40
M47（上）とNGC2423

M46（左）とM47（右）

M46とM47は約1.5°はなれて東西にならんでいる．いつか誰かに，このスバラシイ景観をみせてやりたいと，誰もが思うだろう．みごとなカップルだ．

<7^h37^m　$-14°30'$　4.5等　25'　50個　d>

NGC2423

M47をみたついでに，ちょっと注意してM47の北約1°のあたりをさがしてみよう．

淡くてまばらな星団があることに気がつくだろう．低倍率ではM47と同視野に入る．

<7^h37^m　$-13°52'$　6.6等　20'　60個　d>

M93　NGC2447

おおいぬ座のδかりから，肉眼重星ξをさがす工夫をするといい．ξとは約2°ほどはなれている．

淡いが双眼鏡でわかる．口径 5 cm 低倍率ではこの星団の特徴である"三角形の集団"がわかる．密集度がgなので少々倍率をあげてもつまらなくはならない．口径 10 cm では星の配列がみえてきておもしろくなる．

<7^h45^m　$-23°52'$　6.0等　25'　60個　g>

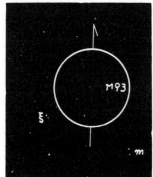

M93 口径 5 cm　×20

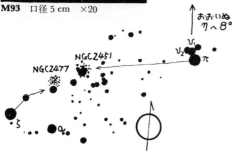

NGC2451, NGC2477 のさがしかた

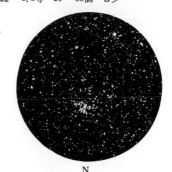

M93 口径 10 cm　×60

NGC2451

おもしろいことに，M46とM47によくにたカップルがここにもある．

NGC2451 は，星数はすくないが，明るいの

で，双眼鏡でもまばらな星のようすがよくわかるだろう．

まず，おおいぬ座のηからπ→ζとさがしてみよう．ζからたどるのはそんなにむずかしくない．それよりも，高度が低いので，南中時でしかも，空の状態のいいチャンスをねらうことのほうがむずかしいだろう．

<7ʰ45ᵐ －37°58′ 2.8等 45′ 50個 c>

NGC2451のバランバランなズボラ星団にくらべると，NGC2477は，双眼鏡でうすぼんやりした球状星団ふうのキメのこまかい姿がみられる．NGC2451の約1.5°東南東にある．

口径5cm×40で，M46のようにぎっしりとつまったきめのこまかな星の集団であることがわかる．密集度はM46以上だ．口径10cmではさらにみごとだ．

<7ʰ52ᵐ －38°33′ 5.7等 25′ 300個 g>

とも座の散開星団は，まだまだいくつもあるが，星図をたよりにさがしてみるといい．意外な掘出し物をさがしあてているかも知れない．

5cm×7の双眼鏡で，このあたりをさぐると，いくつもいくつも星団らしい光のシミがみえてくる．それを逆に星図で調べるのも楽しみかたの一つだ．

冬の夜のきびしい寒さを，すっかり忘れて夢中にさせられるにちがいない．

NGC2477　口径10cm　×60

NGC2438　口径10cm　×100

惑星状星雲

NGC2438

みておもしろいという代物ではないが，M46の中にある環状星雲であるところがおもしろい．

口径10cm以上をもっている人は，腰をおち

つけてさがしてみよう．

"みつけたぞっ！"という楽しみがある．ある程度倍率を高くして（80〜100倍）さぐるといい．中心から 10′ 北東に，10 等，視直径 1′ という暗くて小さいリング星雲の姿が，はたして発見できるかどうか？

<7^h42^m $-14°44'$ 10等 68″>

りゅうこつ座

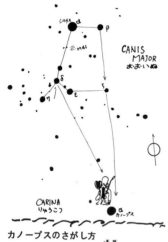

カノープスのさがし方

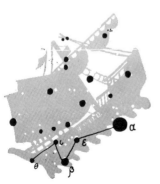

おおいぬ座のシリウスが南中するころ，その下，地平線スレスレのところに，すこし赤みがかった星がポツンと一つ．もし，発見できたら，あなたはとても運のいい人だ．

りゅうこつ座の主星 α，カノープスだ．

日本でみるカノープスは，たいへん低いため，よほどの好天にめぐまれ，地平線近くまで澄みわたり，しかも，南に障害物のないところで，カノープスが南中するころ，という限られた時間でなければむずかしいのだ．

スモッグ公害になやむ街の中からは，まず発見はのぞめないだろう．

中国では，地平スレスレにあらわれるこの星を"南極老人星"または"寿老人星"と呼び，七福神の寿老人を想像した．そして，この星を見たものは長生きをするといい伝えた．

年末から新年にかけての真夜中にちょっとだけ顔をだすことから生まれた名前らしい．

ところで，この老人星，なかなかの酒好きで，時折地上におりてきて，酒を飲む．この星がいつみても，赤い顔をしているのはそのせいだというのだ．

実は，カノープスはシリウスに次ぐ全天第 2 の輝星で，白色に輝く美しい星なのだが，低い

せいで，夕日が赤いのと同じ理由で赤味がかってみえるのだ．

南太平洋でみるカノープスは，けっして老人の星のイメージではなく，若さをほこる青年の星として，夜空に君臨している．

スレスレカノープスには，日本に"スレスレ星"とか"おおちゃく（横着）星"という呼名がある．ちょっとだけ顔を出して，すぐひっこむからだろう．

竜骨（りゅうこつ）とは，舟の背骨ともいうべき，中心になる骨ぐみをいう．かって，アルゴ座といって，アルゴ船という大きな伝説の船がえがかれたのだが，この船，大きすぎるので，1752年，ラカイユは，りゅうこつ，ほ，とも，ほばしら（現在のらしんばん座）の4星座に分割した．

日本からみえないが，このりゅうこつ座の ι，ε と，ほ座の κ, δ をむすぶと，天の川の中に立派な十字星ができあがる．南十字星より大きく，よくまちがえられるので"にせ十字"と呼ばれている．

おもな星

α／カノープス Canopus（水先案内人の名前）

カノープスの名で親しまれているが，日本では南の地平線すれすれにあらわれるので，なかなかお目にかかれない．

カノープスは，トロヤ戦争で艦隊の水先案内をつとめたが，不幸にも船の上でなくなったという．

日本でみるカノープスは，赤味をおびたなさけない輝きにしかみられないが，実はシリウスに次ぐ，全天第2の白色輝星で，南に旅をしたらぜひみたい星の一つだ．

日本では，海上すれすれにみられることから，海で死んだ漁師の魂があらわれたのだと"めらぼし"ちょっとでてすぐしずむから"おうちゃくぼし""すれすれぼし"と呼んだ．

おおいぬ座が高くのぼったとき，南の地平線の視界がひらけたところでさがしてみよう．

北緯35°のところで，南中時の高度が地平線上約2°という低さだ．その気になってチャンスを待たないとなかなかみられない．

私は，明石で瀬戸の海上にみたカノープスが一番印象にのこっている．

＜6^h24^m　$-52°42'$　-0.7等　F0＞

あとがき

　"百聞は一見にしかず"そして"百読もまた一見にしかず"である．
　星雲や星団の見え方を，言葉で表現して，正確に人に伝えることは実に難しい．
　同じ言葉が，伝える人の主観と伝えられる人の主観の違いによって，まるで違ったものになってしまうこともある．おまけに，使用する望遠鏡の違いや，空の状態の違い，観測者の経験，視力，その日のコンディション，感覚の違いなどから，ときには，同じ天体の印象が，まったく正反対の言葉で表現されることもある．
　本書をつくるのに参考にさせてもらった Messier's Nebulae and Star Clusters (K. G. Jones 著) には，各天体ごとに，発見者や著名な観測者の印象が集録されていて，なかなか面白い．
　ぎょしゃ座の M36 を例にとると，
　LE GENTIL（発見者）：星雲と呼ぶには不適当． MESSIER：口径 10cm で星に見分けることが難しい，星雲を含まない星団． BODE：小さな星の集団． J.H：明るく，大きく，そしてエレガント． SMYTH：すばらしい星団． WEBB：非常に規則正しく配置された美しい星団． ROSS：粗雑な星団． J.E.GORE：M37 に比べると貧弱．
　つまり，他人の見た印象など，あまり当てにならないということだ．
　本書の"見え方"についての記載内容も例外ではない．あくまで参考にとどめて自分の目を信頼していただきたい．
　本書を作成するにあたって，永田宜男氏，古田俊正氏には，天体写真その他で特別にいろいろ協力していただいたことを感謝します．そのほか多くの方々のすばらしい天体写真を使わせていただいたことも合わせて感謝します．
　さて，この『ほしぞらの探訪』も，1974年の初版発行から，いつのまにか20年という年月がたってしまった．もちろん，20年ごときで星空が変わるわけではないが，私たちが手に入れられる小型望遠鏡のクオリティはずいぶん高くなった．20年前は，お粗末な目盛り環が申し訳ていどにくっついていたが，この頃のは十分実用になる．天球上の天体の位置を表す赤経・赤緯は，歳差によって春分点（原点）が移動して，毎年，少しずつ変化する．初版で使った1950年分点のデーターを，この改訂版で2000年分点にさしかえた．目的の天体を目盛り環を使ってさがすという楽しみ方も，ぜひ試してみていただきたい．

　　　1994年5月1日

　　　　　　　　　　　　　　　　　　　　　　　　　　　　山　田　　卓

星座星名さくいん

アンドロメダ座
$\alpha\cdots\beta/218$
$\gamma_{1,2}\cdots\delta\cdots\zeta\cdots\lambda\cdots\mu\cdots$
$51/220$
いっかくじゅう座
$\alpha\cdots\beta\cdots\gamma\cdots\delta/298$
$\varepsilon/299$
いて座
$\alpha\cdots\beta_1\beta_2/146$
$\gamma\cdots\delta\cdots\varepsilon\cdots\eta\cdots\lambda\cdots\mu$
$\cdots\nu_{1,2}\cdots\xi_{1,2}\cdots\pi/$
148
$\rho_{1,2}\cdots\sigma\cdots\tau\cdots\phi/149$
いるか座
$\alpha\cdots\beta\cdots\gamma/175$
$\delta\cdots\eta\cdots\varepsilon/176$
うお座
$\alpha\cdots\beta\cdots\gamma/214$
$\delta\cdots\varepsilon\cdots\zeta\cdots\eta/215$
うさぎ座
$\alpha\cdots\beta\cdots\gamma\cdots\delta\cdots\varepsilon\cdots R/$
276
うしかい座
$\alpha\cdots 102$
$\beta\cdots\gamma\cdots\delta\cdots\varepsilon\cdots\mu_{1,1}\cdots\xi$
$/103$
うみへび座
$\alpha/72$
$\varepsilon\to\pi/74$
エリダヌス座
$\alpha\cdots\beta\cdots\gamma\cdots\delta\cdots\varepsilon\cdots\eta\cdots\theta$
$/256$
おうし座
$\alpha\cdots\beta\cdots\gamma/260$
$\delta\cdots\varepsilon\cdots\zeta\cdots\mu\cdots\theta_1\theta_2$
$\cdots\lambda\cdots\sigma_1\sigma_2/261$

おおいぬ座
$\alpha/304$
$\beta/306$
$\gamma\cdots\delta\cdots\varepsilon\cdots\zeta\cdots\eta\cdots\theta/$
307
おおぐま座
$\alpha/58$
$\beta\cdots\gamma\cdots\delta\cdots\varepsilon\cdots\xi\cdots\eta/$
60
$\iota-\kappa\cdot\lambda-\mu\cdot\nu-\zeta/61$
おとめ座
$\alpha\cdots\beta\cdots\gamma/90$
$\delta\cdots\varepsilon\cdots\zeta\cdots\eta/92$
おひつじ座
$\alpha\cdots\beta\cdots\gamma_{1,2}\cdots\delta\cdots\lambda/$
245
オリオン座
$\alpha\cdots\beta/268$
$\gamma\cdots\delta\cdots\varepsilon\cdots\zeta\cdots\eta/269$
$\theta_1\cdots\iota\cdots\kappa\cdots\lambda\cdots\pi_1\pi_2\pi_3$
$\pi_4\pi_5\pi_6/270$
カシオペヤ座
$\alpha\cdots\beta\cdots\gamma\cdots\delta/226$
$\varepsilon\cdots\eta\cdots\theta/228$
かに座
$\alpha\cdots\beta\cdots\gamma\cdots\delta\cdots\zeta_{1,2}/$
43
$\iota_1/44$
かみのけ座
$\alpha\cdots\beta\cdots\gamma/84$
からす座
$\alpha\cdots\beta\cdots\gamma\cdots\delta/70$
かんむり座
$\alpha/104$
$\beta\cdots\gamma\cdots\delta\cdots\varepsilon\cdots\zeta_{1,2}\cdots\delta$
$\cdots R/105$

きりん座
$\alpha/280$
$\beta\cdots\gamma/282$
ぎょしゃ座
$\alpha\cdots\beta/284$
$\delta\cdots\varepsilon\cdots\eta\cdots\theta\cdots\iota/286$
くじら座
$\alpha\cdots\beta\cdots\gamma\cdots\delta\cdots\zeta/232$
$\eta\cdots\theta\cdots\iota\cdots\tau\cdots\theta/234$
ケフェウス座
$\alpha\cdots\beta\cdots\gamma/194$
$\varepsilon\cdots\zeta\cdots\mu/195$
ケンタウルス座
$\alpha\cdots\beta/96$
けんびきょう座
$\alpha/191$
こいぬ座
$\alpha\cdots\beta\cdots\gamma/302$
こうま座
$\alpha\cdots\beta\cdots\gamma\cdots\delta/176$
こぎつね座
$\alpha/173$
こぐま座
$\alpha\cdots\beta/138$
$\gamma\cdots\delta\cdots\varepsilon/139$
こじし座
$\beta\cdots o/49$
コップ座
$\alpha\cdots\beta\cdots\gamma/68$
こと座
$\alpha/158$
$\beta_{1,2}\cdots\gamma\cdots\delta_{1,2}\cdots\varepsilon_{1,2}$
$/160$
$\zeta_{1,2}\cdots\eta/161$
さそり座
$\alpha/112$

$\beta\cdots\delta\cdots\varepsilon\cdots\zeta_1\zeta_2\cdots\eta\cdots\theta$
$\cdots\iota_1\iota_2\cdots\kappa\cdots\lambda\cdots\upsilon\cdots$
$\mu_1\mu_2/114$
$\nu\cdots\zeta_{1,2}\cdots\omega_1\omega_2/115$
さんかく座
$\alpha\cdots\beta\cdots\gamma\cdots\iota/242$
しし座
$\alpha\cdots\beta\cdots\gamma_{1,2}\cdots\delta\cdots\varepsilon\cdots$
53
$\zeta\cdots\eta\cdots\theta/54$
たて座
$\alpha\cdots\beta\cdots\gamma/167$
ちょうこくしつ座
$\alpha\cdots\beta/238$
つる座
$\alpha\cdots\beta\cdots\gamma/206$
てんびん座
$\alpha_{1,2}\cdots\beta\cdots\gamma\cdots\iota/110$
とかげ座
$\alpha/224$
とも座
$\alpha\cdots\zeta\cdots\pi\cdots\rho/310$
はくちょう座
$\alpha\cdots\beta/178$
$\gamma\cdots\delta\cdots\varepsilon\cdots\zeta\cdots\eta\cdots\chi\cdots$
$\mu_{1,2}\cdots 61/180$
はと座
$\alpha\cdots\beta/277$
ふたご座
$\alpha/292$
$\beta\cdots\gamma\cdots\delta\cdots\varepsilon\cdots\zeta\cdots\eta\cdots\theta$
$\cdots\iota\cdots\kappa/293$
ペルセウス座
$\alpha\cdots\beta\cdots\gamma/250$
$\delta\cdots\varepsilon\cdots\zeta\cdots\eta\cdots\theta/251$
みずがめ座

$\alpha/198$
$\beta\cdots\gamma\cdots\delta\cdots\varepsilon\cdots\zeta\cdots\eta\cdots\theta$
　$/199$
$\lambda\cdots\pi/200$
みなみじゅうじ座
$\alpha\cdots\beta/98$
みなみのうお座
$\alpha\cdots\beta\cdots\gamma/204$
みなみのかんむり座
$\alpha\cdots\beta/156$
や　座
$\alpha\cdots\beta\cdots\gamma\cdots\delta/170$
やぎ座

$\alpha_{1,2}\cdots\beta/189$
$\gamma\cdots\delta\cdots\zeta\cdots\omega/190$
やまねこ座
$\alpha\cdots38/48$
ペガスス座
$\alpha\cdots\beta\cdots\gamma/208$
$\delta\cdots\varepsilon\cdots\zeta\cdots\eta\cdots\theta\cdots\iota/$
　210
$\kappa\cdots\lambda\cdots\mu/211$
へび座
$\alpha\cdots\beta\cdots126$
$\gamma\cdots\delta_{1,2}\cdots\varepsilon\cdots\theta_{1,2}\cdots$
　128

へびつかい座
$\alpha\cdots\beta\cdots\gamma\cdots/120$
$\delta\cdots\varepsilon\cdots\zeta\cdots\eta\cdots\iota\cdots\kappa\cdots\lambda$
　$\cdots\rho/122$
ヘルクレス座
$\alpha_{1,2}\cdots\beta/132$
$\gamma\cdots\delta\cdots\varepsilon\cdots\zeta\cdots\iota\cdots\kappa\cdots\rho$
　$/133$
りゅう座
$\alpha/140$
$\beta\cdots\gamma\cdots\delta\cdots\varepsilon\cdots\zeta\cdots\eta/$
　141
$\theta\cdots\iota\cdots\kappa\cdots\lambda\cdots\mu\cdots\nu_{1,2}$

　$/142$
りゅうこつ座
$\alpha/315$
りょうけん座
$\alpha_{1,2}\cdots\beta\cdots15\text{-}17/78$
ろ　座
$\alpha\cdots\beta/239$
ろくぶんぎ座
$\alpha/66$
わし座
$\alpha\cdots\beta/164$
$\gamma\cdots\delta\cdots\varepsilon\cdots\zeta\cdots\eta\cdots\theta\cdots\lambda$
　$/166$

星雲・星団さくいん

散開星団

M（NGC）天体
6(6405)‥‥‥‥115
7(6475)‥‥‥‥116
11(6705)‥‥‥‥167
16(6611)‥‥‥‥128
18(6613)‥‥‥‥149
21(6531)‥‥‥‥150
23(6494)‥‥‥‥150
24(6603)‥‥‥‥150
25(IC4725) ‥‥‥151
26(6694)‥‥‥‥168
29(6913)‥‥‥‥181
34(1039)‥‥‥‥253
35(2168)‥‥‥‥295
36(1960)‥‥‥‥286
37(2099)‥‥‥‥287
38(1912)‥‥‥‥288
39(7092)‥‥‥‥182
41(2287)‥‥‥‥307
44(2632)‥‥‥‥ 44
45(Mel 22)‥‥‥‥261
46(2437)‥‥‥‥310
47(2422)‥‥‥‥311
48(2548)‥‥‥‥ 74
50(2323)‥‥‥‥299
52(7654)‥‥‥‥228

67(2682)‥‥‥‥ 45
93(2447)‥‥‥‥312
103(581)‥‥‥‥229
NGC 天体
133 ‥‥‥‥‥‥229
146 ‥‥‥‥‥‥230
457 ‥‥‥‥‥‥230
663 ‥‥‥‥‥‥230
752 ‥‥‥‥‥‥220
869 ‥‥‥‥‥‥
　　　　　　 251
884 ‥‥‥‥‥‥
1528 ‥‥‥‥‥253
1647 ‥‥‥‥‥263
1746 ‥‥‥‥‥264
2158 ‥‥‥‥‥295
2169 ‥‥‥‥‥271
2194 ‥‥‥‥‥271
2244 ‥‥‥‥‥299
2264 ‥‥‥‥‥301
2281 ‥‥‥‥‥289
2360 ‥‥‥‥‥308
2362 ‥‥‥‥‥309
2423 ‥‥‥‥‥312
2451 ‥‥‥‥‥312
2477 ‥‥‥‥‥313
6124 ‥‥‥‥‥117
6231 ‥‥‥‥‥117
6242 ‥‥‥‥‥117
6530 ‥‥‥‥‥151

6940 ‥‥‥‥‥173
7789 ‥‥‥‥‥230
IC 天体
4665 ‥‥‥‥‥122
Mel 天体
20 ‥‥‥‥‥‥251
25 ‥‥‥‥‥‥262
111 ‥‥‥‥‥‥ 86
H 天体
12 ‥‥‥‥‥‥117

球状星団

M（NGC）天体
2(7089)‥‥‥‥200
3(5272)‥‥‥‥ 78
4(6121)‥‥‥‥117
5(5904)‥‥‥‥129
9(6333)‥‥‥‥124
10(6254)‥‥‥‥124
12(6218)‥‥‥‥125
13(6205)‥‥‥‥133
14(6402)‥‥‥‥125
15(7078)‥‥‥‥211
19(6273)‥‥‥‥126
22(6656)‥‥‥‥152
28(6626)‥‥‥‥152
30(7099)‥‥‥‥190
53(5024)‥‥‥‥ 86
54(6715)‥‥‥‥153

55(6809)‥‥‥‥153
56(6776)‥‥‥‥161
62(6402)‥‥‥‥126
68(4590)‥‥‥‥ 75
69(6637)‥‥‥‥154
70(6681)‥‥‥‥154
71(6838)‥‥‥‥172
72(6981)‥‥‥‥201
75(6864)‥‥‥‥154
79(1904)‥‥‥‥277
80(6093)‥‥‥‥118
92(6341)‥‥‥‥134
107(6171)‥‥‥‥126
NGC 天体
288 ‥‥‥‥‥‥239
5139 ‥‥‥‥‥ 96

惑星状星雲

M（NGC）天体
1(1952)‥‥‥‥264
27(6853)‥‥‥‥173
57(6720)‥‥‥‥161
76(650,651)‥‥‥254
97(3587)‥‥‥‥ 61
NGC 天体
246 ‥‥‥‥‥‥235
2438 ‥‥‥‥‥313
6543 ‥‥‥‥‥142

さくいん 319

7009 ……………202	81(3031)…………62	105(3379)…………56
7293 ……………202	82(3034)…………62	106(4258)…………82
7662 ……………221	83(5236)…………76	108(3556)…………64
	84(4374)…………93	109(3992)…………64

系外星雲

M（NGC）天体

31(224)…………222	85(4382)…………88
32(221)…………223	86(4406)…………93
33(598)…………242	87(4486)…………93

散光星雲

NGC 天体

205 ……………223
253 ……………239

M（NGC）天体

8(6523)…………154	49(4472)…………92	2403 ……………282
17(6618)…………155	51(5194)…………81	2683 ……………48
20(6514)…………155	58(4579)…………92	2903 ……………56
42(1976)…………272	59(4621)…………92	3115 ……………66
43(1982)…………273	60(4649)…………92	3245 ……………49
78(2068)…………273	61(4302)…………92	3384 ……………56
	63(5055)…………81	3628 ……………54

NGC 天体

6960 ……………183	64(4826)…………88	5128 ……………97
6992-5 …………183	65(3623)…………54	5195 ……………81
7000 ……………183	66(3627)…………54	6776 ……………161

IC

349 ……………265	74(628)…………215
	77(1068)…………235
	88(4501)…………88
	89(4552)…………93
	90(4569)…………93
	94(4736)…………82
	95(3351)…………56
	96(3368)…………56
	98(4192)…………88
	99(4254)…………88
	100(4321)…………88
	101(5457)…………63
	102？(5866)………143
	104(4594)…………93

星の固有名さくいん

〔ア〕

アークトゥルス 102
アカマル 256
アケベンス 43
アクラブ 114
アケルナル 256
アズア 256
アセラ 148
アセルス・アウストラリス 43
アセルス・ボレアリス 43
アダフェラ 54
アダラ 307
アリオト 60
アルアドファル 161
アルカブ 146
アルキオネ 261
アルギエバ 53
アルキバ 70
アルケス 68
アルゲニブ 208

アルゲニブ 250
アルゴラブ 70
アルゴル 250
アルシャイン 164
アルタイル 164
アルタルフ 43
アルデバラン 260
アルデラミン 194
アルドラ 307
アルナイル 206
アルナスル 148
アルニラム 269
アルニタク 269
アルネブ 276
アルバリ 199
アルビレオ 178
アルファルド 72
アルフィルク 194
アルフェラッツ 210
アルフェラッツ 218
アルヘナ 293
アル・マーズ 286
アルマク 220

アルヤ 128
アルライ 194
アルラミ・ルクバト 146
アルリスカ 214
アルラ 149
アンカ 199
アンタレス 112
イエド・プリオル 122
イエド・ポステリオル 122
イルドゥン 139
ウェズン 279
ウエゼン 307
エタミン 141
エニフ 210

〔カ〕

ガーネット・スター 195
カーフ 226
カーラ 78
カウス・アウストラリス 148
カウス・メリディオナリス 148
カウス・ボレアリス 148
カストル 292
カッファルジドマ 232
カノープス 315
カプト・トリアングリ 242
カペラ 284
ギアンサル 142
キイ 226
ギエナ 70
ギエナー 180
ギェディ 189
クラズ 70
クリムゾンスター 276
クルサ 256
ケルブ・アルライ 120
ゲンマ 104
コカブ 138
ゴメイザ 302

コル・カロリ　78
コル・セルペンティス
　126
コルネフォ・オルス　132

〔サ〕
サイフ　269
サイフ　270
ザウラク　256
サダルアクビア　199
サダルスド　199
サダルメリク　198
サディル　180
サビク　122
ザビジャバ　90
シエアト　208
シエダル　226
シエラタン　245
シエリアク　160
シャウラ　114
シリウス　304
スアロキン　175
スカト　199
スピカ　90
ズベン・エスカマリ
　110
ズベン・エルゲヌビ
　110
ズベン・エルハクラビ
　110

スラファト　160
セギヌス　103
ゾスマ　53

〔タ〕
ダビー　189
ダブルダブルスター
　115
タラゼド　166
デネボラ　53
デネブ　166
デネブ　176
デネブ　178
デネブ　234
デネブ・アルギエディ
　190
デネブ・カイトス　232
ツーバン　140
ドウベ　58
ドシュバ　114
トラペジウム　270

〔ナ〕
ナオス　310
ナト　260
ニハル　276
ネッカル　103
ノドウス1　141
ノドウス2　141

〔ハ〕
ハマル　245
バハム　210
バテン・カイトス　232
ビンデミアトリックス
　02
ファクダ　60
ファクト　279
フォマルハウト　204
プリケルマ　103
フルド　307
プロキオン　302
プロプス　293
ベガ　158
ベテルギウス　268
ベネトナッシュ　60
ベラトリックス　269
ペルカド　139
ホマム　210
ボテイン　245
ポリマ　90
ポラリス　138
ポルックス　293

〔マ〕
マタル　210
マルカブ　208
マルフィク　122
ミザール　60

ミネラウバ　92
ミラ　234
ミラク　218
ミラム　251
ミルザム　306
ミンタカ　269
ムリフェイン　307
メイッサ　270
メグレズ　60
メサルティム　245
メクブダ　293
メラク　60
メンカリナン　284
メンカル　232
メンキブ　251

〔ラ〕
ラス・アルハゲ　120
ラス・アルゲティ　132
ラスタバン　141
リゲル　268
ルクバ　226
レグルス　53
レサト　114
ロタネブ　175

〔ワ〕
ワサト　293

新装版刊行にあたって

　この『ほしぞらの探訪』は今回の復刊で第三版となりました．初版は 1974 年，第二版が 20 年後の 1994 年の刊行です．そして，著者の山田卓先生は 2004 年 3 月 7 日に星の世界へ旅立たれました．

　山田先生は 1962 年の名古屋市科学館開館時からプラネタリウムの解説をされてきました．山田先生の業績は枚挙に暇がありません．当時，いわゆる講演調での解説で行われていたところを，独自の発想で話し言葉による対話形式の解説を始められました．

　1985 年には，都会の真ん中にある名古屋市科学館の屋上に，当時日本一の口径 65cm 大望遠鏡を設置し，「天文台は山奥に」という常識をうちやぶりました．1994 年には宿泊設備の整った長野県のおんたけ市民休暇村に 60cm の大望遠鏡を設置．プラネタリウムによる事前学習と観望を一体化した，交通の便利な街中の大規模観望会と，何泊もしてじっくり山奥の星を楽しむという，二種類の市民天文台のセットは山田先生ならではの発想と実現力です．

　また，今では全国で行われるようになった昼間に星を見る観望会も，この大望遠鏡を活かすために山田先生が定例行事として始められたことです．そして，これらの行事を継続的に行っていくための指導者養成も始められました．

　長年の山田先生のさまざまな試みのおかげで名古屋市科学館のプラネタリウムは人気を博し，2011 年の大規模な改築で，世界一の大きさのドームを持つプラネタリウムとなりました．これは 1980 年に地人書館の月刊誌『天文と気象』の連載記事の中で山田先生が描かれた巨大なドームを持った未来のプラネタリウムのイメージを一部実現したものといえます．山田先生が描かれた夢のプラネタリウムと比べるとまだまだですが……．

　この名古屋市科学館の新しいプラネタリウムを山田先生にご覧いただけなかったことが残念でなりません．しかしその改築の主要な役割を，山田先生を慕って当館に集い，先生に育てられた仲間たちが担っていました．今の名古屋市科学館があるのは幾重にも山田先生のおかげなのです．

1979 年，名古屋市内の高校の天文部に入ったとき，狭い部室で先輩たちが『バイブル』と呼んで大切にしていた「本」．それがこの『ほしぞらの探訪』でした．本書は初版から 5 年で，生意気な高校生たちが最大級の敬意をもって大切にするという「本」になっていたのです．この本を形容する上での『バイブル』という言葉を，自分のいた高校だけではなく，その後出会うことになる多くの方から聞きました．往年の天文ファンにとって，この本はまさに『バイブル』だったのです．

　街中にある高校校舎の屋上での徹夜観測でも，山奥での合宿でびっくりするほど多くの星の下でも，星雲や星団，二重星を探す時，いつも赤色カバーの初版がいっしょでした．山田先生は，「あとがき」で「他人のみた印象などあてにならないということだ．本書の"みえかた"についての記載も例外ではない」と書かれているのですが，とんでもない．どれほどこの本の記載に助けられたことでしょう．どれほど時々忍ばせてあるウィットの効いた表現にニヤリとさせていただいたことでしょうか．

　その後，縁あって名古屋市科学館・プラネタリウムの解説者となり，山田先生の下で，前述の仲間たちと共に，第二版のお手伝いをさせていただくことになりました．まさかのめぐり合わせに，高校の時の自分に話してびっくりさせたい気分でした．この第二版は星の位置を 1950 分点から 2000 年分点に置き換えつつの再版で，カバーの色は青になり，スタッフ間ではそれぞれ「赤探」（あかたん）・「青探」（あおたん）と呼ばれるようになります．

　時は流れ，プラネタリウムの解説者も世代交代が進みました．入ったばかりのスタッフに，解説者の心得の一つとして『ほしぞらの探訪』を買って熟読せよ，と指示したところ，なんと「版元品切れ重版未定」とのこと．もうそんな歳月が流れていたんですね．今回，多くの方からの熱い要望，そして地人書館の柏井さん，永山さんのご尽力もあって，この復刻となりました．

　今回の新装版は，改訂ではなく復刻とさせていただきました．1974 年の初版以来，43 年もの歳月が流れました．それだけ長く読み継がれてきた『バイブル』そのものの良さを，懐かしさも含めて楽しんでいただこうということです．山田先生もいらっしゃらないことですから，誤植などの最小限の修正にとどめ，表記や読み方が懐かしいところはそのままにしました．星の位置は第二版時点で 2000 年分点になっているので，実用上は全くの現役としてお使いい

ただけます．

　山田先生がひとつひとつ小型望遠鏡を使って探し，見た天体たち．そのプロセスをわかりやすいように，見つけやすいように，そしてなんといっても読者が楽しめるように表現されているこの『バイブル』の魅力は尽きることはありません．

2017年3月7日

名古屋市科学館　毛利勝廣

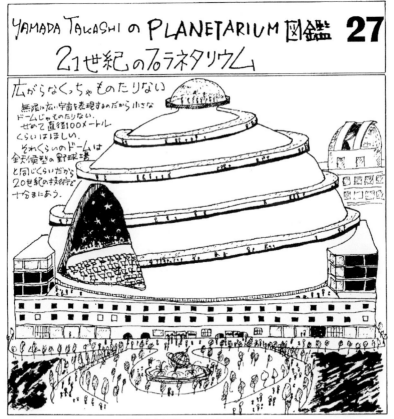

『天文と気象』1980年3月号より

【著者紹介】
山田　卓（やまだ・たかし，1934 - 2004）
愛知学芸大学（現愛知教育大学）卒業．教員，科学雑誌の編集者を経て，1962年より名古屋市科学館勤務．プラネタリウム解説などを通じて科学普及活動に携わる．科学館ではプラネタリウム来場者に語りかける対話形式の"生解説"を日本で最初に実践し，また，各種の天文普及教育活動を通じて，サイエンス・コミュニケーションをその独創的なアイディアで具現化した．1992年，同館天文主幹を退き，フリーの立場で著作，講演活動に従事する．2004年4月，科学館における天文教育の普及・啓発活動の業績により「科学技術普及啓発功績者」として文部科学大臣賞受賞．著書には，『春（夏，秋，冬）の星座博物館』，『星座カード』，『星暦』などがあり，訳書には『オーロラ』（ニール・デイビス著），『月面ウォッチング』（A.ルークル著）などがある．

肉眼・双眼鏡・小望遠鏡による
ほしぞらの探訪《新装版》

2017年4月15日　新装版第1刷

著　者　山田　卓
発行者　上條　宰
発行所　株式会社地人書館
　　　　162-0835 東京都新宿区中町15
　　　　電話 03-3235-4422　　FAX 03-3235-8984
　　　　郵便振替 00160-6-1532
　　　　e-mail chijinshokan@nifty.com
　　　　URL http://www.chijinshokan.co.jp/
印刷所　平河工業社
製本所　イマヰ製本

©1974, 1994, 2017 Takashi Yamada
Printed in Japan.
ISBN978-4-8052-0908-0

[JCOPY]〈出版者著作権管理機構　委託出版物〉
本書の無断複製は，著作権法上での例外を除き禁じられています．複製される場合は，そのつど事前に，出版者著作権管理機構（電話 03-3513-6969，FAX 03-3513-6979，e-mail: info@jcopy.or.jp）の許諾を得てください．

星座名さくいん

※星座名の下の数字は本文記載ページ

星　座　名	ページ	肉眼でみえる星数	面積(平方度)	星　座　名	ページ	肉眼でみえる星数	面積(平方度)
アンドロメダ	217	108	722	カメレオン		22	132
いっかくじゅう	296	104	482	からす	65	24	184
いて	145	152	867	かんむり	100	29	179
いるか	169	25	189	きょしちょう		33	295
インデアン		25	294	ぎょしゃ	283	102	657
うお	212	95	889	きりん	280	95	757
うおさぎ	274	58	290	くじゃく		55	378
うさぎ	100	114	907	くじら	231	128	1231
うしかい	71	164	1303	ケフェウス	192	118	588
うみへび	255	146	1138	ケンタウルス	94	190	1060
エリダヌス	258	171	797	けんびきょう	186	29	210
おおいぬ	303	122	380	こいぬ	296	32	183
おおかみ	94	82	334	こうま	169	10	72
おおぐま	57	151	1280	こぎつね	169	53	268
おおとかげ	89	126	1294	コップ	135	28	256
おひつじ	240	66	441	こじし	46	26	232
オリオン	266	155	594	コンパス	65	22	282
おがんぶ		32	247	コンパス	157	53	286
カシオペヤ	225	106	598	さいだん		29	93
かじき		21	179	さそり		47	237
かに	40	71	506	さんかく	111	126	497
かみのけ	83	48	386	さんかくす	240	22	132